无公害畜产品认证现场检查概要

沙玉圣　辛盛鹏　主编

中国农业大学出版社

编　委　会

前　　言

开展无公害畜产品认证工作几年来，相关制度基本建立，工作程序基本完善，通过无公害畜产品认证企业的数量不断增加，无公害畜产品认证在促进现代畜牧业发展，保障畜产品质量等方面发挥了重要作用。为了不断规范无公害畜产品认证工作，提高申报认证企业和获证企业的生产管理水平，我们组织编写了《无公害畜产品认证现场检查概要》一书。本书系统阐述了无公害畜产品的概念、认证工作组织机构、认证制度、认证程序、相关法律法规以及对不同类型畜产品生产企业现场检查的有关要求等内容。同时，编写了无公害畜产品生产企业生产记录档案样本，收集了无公害畜产品有关的法律法规和技术性文件，供读者参考。

本书共分八章，包括无公害畜产品认证概论、无公害畜产品的认证制度、无公害畜产品认证现场检查、产地环境的现场检查、畜禽养殖场现场检查的重点与要求、畜产品初加工厂现场检查的重点与要求、奶牛场和乳品厂现场检查的重点与要求、养蜂场和蜂产品加工厂现场检查的重点与要求。

本书从畜产品生产技术和质量安全管理的角度，重点就畜产品生产企业申报无公害认证过程中如何实施现场检查进行了介绍，对现场检查过程中可能发现的主要问题作了提示，对无公害畜产品相关法律法规也进行了阐述。

本书是无公害畜产品认证检查员对申报认证企业进行现场检查工作的重要工具书，也可供无公害畜产品生产、管理、认证、教学与科研人员参考。

本书在编写过程中得到了农业部农产品质量安全中心、全国畜牧总站和部分省级工作机构和检测机构的支持与帮助，在此表示衷心的感谢！由于编写时间仓促，书中错误和遗漏之处在所难免，恳请同行专家和广大读者批评指正。

编　者

2008 年 11 月

目　录

第一章 无公害畜产品认证概论

20 世纪 90 年代后期，我国农产品市场供给与需求发生了质的变化，农业生产由追求数量增长向数量与质量并重转变，我国农业经济进入了新的发展阶段。进入 21 世纪，特别是中国加入世贸组织后，随着人民生活水平的不断提高和农产品国际贸易的发展，我国政府开始全面加强农产品质量安全管理。农业部于 2001 年 4 月，启动实施了“无公害食品行动计划”，以农产品生产源头污染控制为重点，通过健全农产品质量安全法律法规，完善标准、检验检测、认证等保障体系，强化农产品质量安全监督，加强农业投入品监管和农业生产环境治理等措施，全面提高农产品质量安全水平。

无公害农产品认证是“无公害食品行动计划”的重要组成部分，是政府抓农产品质量安全工作的重要措施，是一项事关广大老百姓健康的民心事业。“无公害食品行动计划”启动后，各地本着“探索路子，开展试点”的原则，相继在本地区尝试性地开展了无公害农产品产地认定和产品认证工作。农业部在总结各地认证工作经验的基础上，依据相关法律法规和标准规范，于 2003 年 4 月正式组织开展了全国统一标志的无公害农产品认证工作。无公害农产品认证从行业管理的角度，分为无公害种植业、畜牧业和渔业产品认证三种，本章主要介绍了无公害农产品（畜牧业产品），即无公害畜产品的概念和特点、认证机构、认证程序、认证要求等内容。

第一节 无公害畜产品概念

一、定义及内涵

无公害农产品是指产地环境、生产过程、产品质量符合国家有关标准和规范的要求，经认证合格获得认证证书并允许使用无公害农产品标志的未经加工或初加工的食用农产品。

无公害畜产品是其中的一种类型，是安全畜产品。它具有三个内涵：一是使用安全的投入品；二是按照规定的技术规范生产，产地环境、产品质量符合国家强制性标准；三是由于无公害农产品的管理是一种质量认证性质的管理，而通常质量认证合格的表示方式是颁发“认证证书”和“认证标志”，并予以注册登记。因此，只有经农业部农产品质量安全中心认证合格，颁发认证证书，并在产品及产品包装上使用全国统一的无公害农产品标志的食用畜产品，才是无公害畜产品。

关于无公害农产品和无公害食品的称谓问题，这只是我国由于历史、体制等方面的原因，将食物分为农产品和食品，国际上统称食物(food)。为了体现农产品质量安全从“农田到餐桌”全程控制和政府抓农产品消费安全的切入点，农业部在“无公害食品行动计划”和行业标准中使用的是无公害食品。行业标准是技术法规，需要全社会共同遵循，包括生产消费和流通领域，所以叫无公害食品；“无公害食品行动计划”是受国务院委托，由农业部牵头，各相关方面共同推进，所以叫“无公害食品行动计划”。为了便于各级农业部门根据职能分工抓住工作重点，农业部在各项规章、制度和办法中使用的是无公害农产品概念。

二、特征

1.在市场定位上，无公害畜产品是公共安全品牌，保障基本安全，满足大众消费。

2.在产品结构上，无公害畜产品主要是老百姓日常生活离不开的“菜篮子”大宗未经加工或初级加工的畜产品。

3.在技术制度上，无公害畜产品推行“标准化生产、投入品监管、关键点控制、安全性保障”的技术制度。

4.在认证方式上，无公害畜产品认证采取产地认定与产品认证相结合的方式，产地认定主要解决产地环境和生产过程中的质量安全控制问题，是产品认证的前提和基础，产品认证主要解决产品安全和市场准入问题。

5.在发展机制上，无公害畜产品认证是为保障农产品生产和消费安全而实施的政府质量安全担保制度，属于公益性事业，实行政府推动的发展机制，认证不收费。

6.在标志管理上，无公害农产品标志是由农业部和国家认证认可监督管理委员会联合公告的，依据《无公害农产品标志管理办法》实施全国统一标志管理。

第二节 工作机构

农业部农产品质量安全中心根据自身职能，为满足无公害农产品认证工作的需要，在农业部的领导下，在农业部有关单位和各省级农业行政主管部门的支持配合下，努力规范工作程序，健全工作机构，逐步形成了相对完善的无公害农产品认证的组织机构。农业部农产品质量安全中心内设办公室、技术处、审核处、监督处四个处室，下设种植业产品、畜牧业产品、渔业产品三个专业认证分中心。其中，畜牧业产品认证分中心主要负责畜牧业产品的认证，依托全国畜牧总站。(组织机构见图 1-1)目前，地方工作机构中省级农业行政主管厅(局、委、办)已明确无公害农产品省级工作机构 67 个；全国所有的地市、五分之四的区县都已明确了无公害农产品工作部门或机构，全国共有 466 个地市级工作机构和 2 559 个县级工作机构；委托的无公害农产品定点检测机构 165 家；备案公告的产地环境检测机构 191 家；聘请的无公害农产品认证评审委员会专家 325 人；无公害农产品认证检查员 6 018 名。

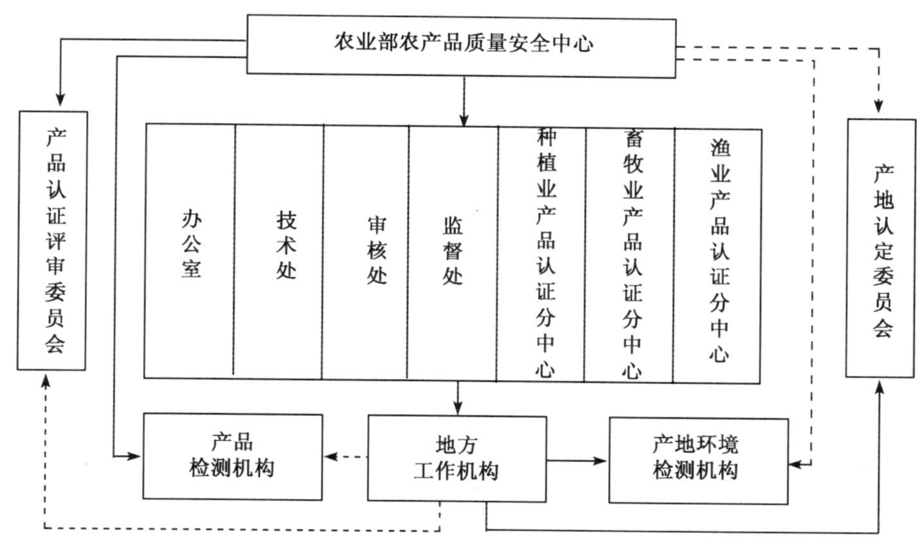

图 1-1 无公害农产品认证组织机构图

一、农业部农产品质量安全中心(包括三个分中心)

重点抓好无公害农产品认证工作规划计划、组织协调、审批发证、标志管理、监督检查。

办公室负责中心发文核稿、文件印刷，制作和发放认证证书等。

技术处提出《实施认证的产品目录》，负责检查员培训、注册和管理，选定、委托和管理产品检测机构等。

审核处制(修)订认证程序，审核分中心上报的审查意见，向评审委员会提交认证报告，接受无公害农产品产地认定备案等。

监督处负责办理并监管认证标志的发放和使用，跟踪检查获证产品，受理投诉和认证结论异议申诉，组织和配合有关部门开展市场监督与管理工作等。

种植业产品认证分中心受理种植业相关产品生产单位和个人提出的认证申请，并组织检查员对认证产品进行型式和文件审查，并出具审查意见上报中心等。

畜牧业产品认证分中心受理通过省级工作机构审核合格的畜产品认证申请，组织检查员对认证产品进行型式和文件审查，并出具审查意见上报中心，必要时组织对申报产品的现场核查，出具现场检查报告，组织开展培训工作，协助完成中心交办的其他工作等。

渔业产品认证分中心受理渔业相关产品生产单位和个人提出的认证申请，并组织检查员对认证产品进行型式和文件审查，并出具审查意见上报中心等。

二、地方工作机构（包括省级工作机构、地县工作机构）

省级工作机构的工作重点是抓好产地认定、产品检测、认证初审、标志推广、监督抽查；地县两级工作机构的工作重点是抓好宣传动员、组织申报、技术指导、技术培训，具体承担实施现场检查与证后的日常监督管理。

省级工作机构主要职责是：负责制定本地区本行业无公害农产品认证工作计划和推进方案，建立规范的工作制度；负责本地区本行业无公害农产品产地认定和产地认定结果备案的组织申报工作；负责本地区本行业无公害农产品认证的组织申报，接受生产单位和个人提出的认证申请，完成申报材料的初审工作，将初审合格的材料报送专业认证分中心；负责组织和协调本地区本行业无公害农产品标志的申领，并指导和监督获证单位及个人正确使用无公害农产品标志；负责本地区本行业获证产地和产品的跟踪检查和监督管理；完成农业部农产品质量安全中心和省级农业行政主管厅（局、委、办）交办的相关工作。

三、产品认证评审委员会

评审委员会在农业部农产品质量安全中心的组织和领导下，承担无公害农产品的技术评审工作，保证无公害农产品评审工作的科学、公正、规范。评审委员会成员由农业部有关方面领导、相关专业的技术专家及质量管理专家等组成。其主要职责是：负责制（修）订无公害农产品认证评审工作原则；审议中心提交的认证报告，做出认证结论；对认证工作提出意见和建议。

四、产地认定委员会

产地认定委员会在省级农业行政主管部门的组织和领导下，承担无公害农产品产地认定的终审工作，保证无公害农产品产地认定工作的科学、公正、规范。其主要职责是:负责制(修)订无公害农产品产地认定实施细则;负责产地认定材料的全面终审,做出认定结论;对产地认定工作提供智力支持和技术支撑。

五、产地环境检测机构

承担无公害农产品产地认定中的产地环境检测与评价任务;及时准确出具产地环境检测报告和产地环境现状评价报告。

六、无公害农产品检测机构

承担申报产品的抽样和检验任务;承担无公害农产品年度抽检任务;依照法律、法规、无公害农产品标准及有关规定,客观、公正地出具检验报告。

第三节　认证程序

无公害畜产品认证包括产地认定和产品认证两个环节,产地认定是产品认证的前提和基础,产品认证是产地认定的成果体现。在 2006 年一体化实施以后,在保持基本制度不变的前提下,在操作环节,把产地认定和产品认证紧密结合起来一体化运作,基本实现一套材料、一次申请、一次审查。其认证程序可用图 1-2 来表示。

1. 申请人备齐相关申请材料后,向所在县级工作机构提出产地认定与产品认证申请。

2. 县级工作机构自收到申请之日起 10 个工作日内,负责完成对申请人申请材料的形式审查。符合要求的,在《无公害农产品产地认定与产品认证报告》(以下简称《认证报告》)签署推荐意见,连同申请材料报送地级工作机构审查。不符合要求的,书面通知申请人整改、补充材料。

3. 地级工作机构自收到申请材料、县级工作机构推荐意见之日起 15 个工作日内,对全套申请材料进行符合性审查,符合要求的,在《认证报告》上签署审查意见(北京、天津、重庆等直辖市和计划单列市的地级工作合并到县级一并完成),报送省级工作机构。不符合要求的,书面告之县级工作机构通知申请人整改、补充材料。

4. 省级工作机构自收到申请材料及县、地两级工作机构推荐、审查意见之日起 20 个工作日内,应当组织或者委托地县两级有资质的检查员按照《无公害农产品认证现场检查工作程序》进行现场检查,完成对整个认证申请的初审,并在《认证报告》上提出初审意见。通过初审的,报请省级农业行政主管部门颁发《无公害农产品产地认定证书》,同时将申请材料、《认证报告》和《无公害农产品产地认定与产品认证现场检查报告》及时报送部直各业务对口分中心复审。未通过初审的,书面告之地县级工作机构通知申请人整改、补充材料。

5.部直专业分中心自收到申请材料及县、地、省三级工作机构推荐、审查意见之日起20个工作日内，完成对产品认证申请的复审，并在《认证报告》上提出复审意见。通过复审的，将申请材料、《认证报告》和《无公害农产品产地认定与产品认证现场检查报告》及时报送部中心。未通过复审的，书面告之省级工作机构通知申请人整改、补充材料。

6.部中心自收到申请材料及县、地、省、分中心四级推荐、审查意见之日起20个工作日内，组织召开认证评审专家会，完成对整个产品认证的终审。通过终审的，报中心领导审批后颁发《无公害农产品证书》，并核发认证标志。未通过终审的，由部直专业分中心书面告之省级工作机构通知申请人整改、补充材料。

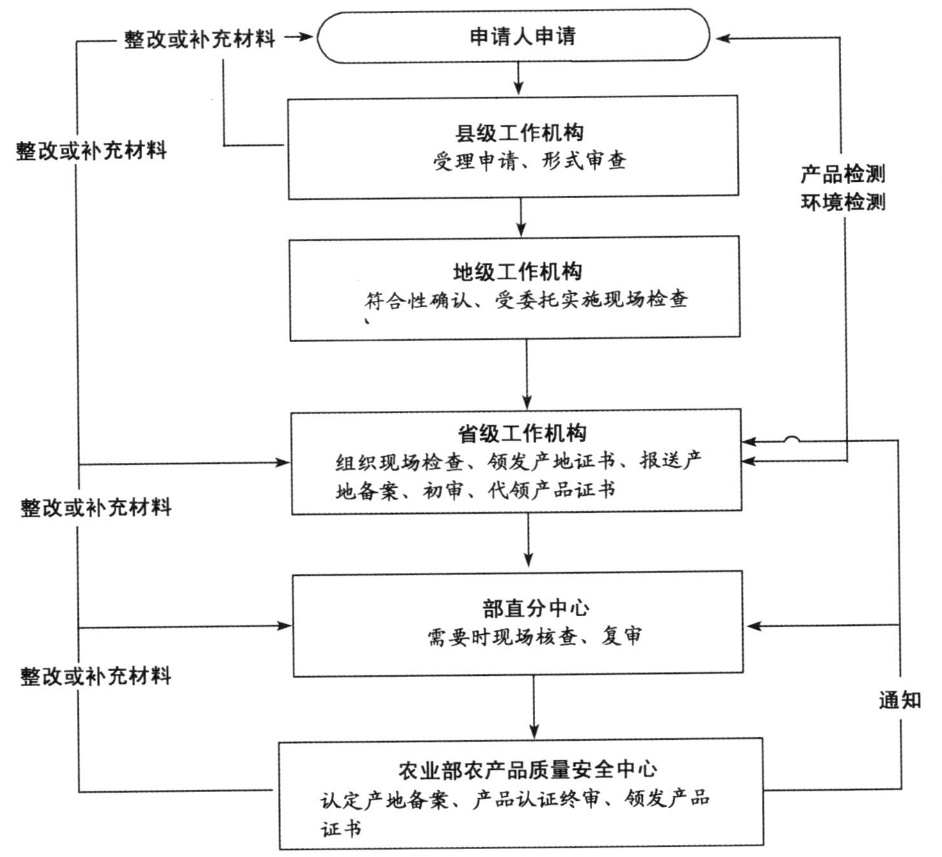

图1-2　认证流程图

第四节　认证要求

无公害畜产品认证的基本要求和无公害农产品认证的要求相一致，包括对产地环境、产地规模、生产过程以及申报材料的要求。

一、产地环境要求

农产品生产与产地环境密切相关，良好的产地环境是无公害农产品生产的先决条件和基本保证。产地的合理选择是防止农产品污染，切断环境中有毒有害物质进入食物链的关键措施。生产无公害农产品必须按照农业可持续发展的理念，对产地环境条件进行特别的规定和限制，从而建立起农产品安全生产保证体系。

无公害农产品产地是建立在环境检测和环境质量现状评价的基础上，应达到相关无公害食品标准对产地环境的要求。主要对产地环境构成污染的是大气、水体与土壤，无公害农产品产地应选择在具有良好农业生态环境的区域，达到空气清新、水质清净、土壤未受污染。周围及水源上游或上风方向一定范围内应没有对产地环境可能造成污染的污染源，尽量避开工业区和交通要道，并要与交通要道保持一定的距离，以防止农业环境遭受工业“三废”、农业废弃物、医疗废弃物、城市垃圾和生活污水等的污染。产地生产两种以上农产品且分别申报无公害农产品产地的，其产地环境条件应同时符合相应的无公害农产品产地环境条件要求。

二、产地规模要求

产地生产规模宜为：蛋禽存栏 3 000 羽以上，肉禽年出栏 6 000 羽以上，生猪年出栏 600 头以上，肉牛年出栏 200 头以上，奶牛存栏 60 头以上，羊存栏 180 只以上。

三、生产过程要求

(一)管理制度

应有能满足无公害农产品生产的组织管理机构和相应的技术、管理人员，并建立无公害农产品生产管理制度，明确岗位、职责。

(二)生产规程

生产过程控制应参照无公害食品相应标准，并结合本产地生产特点，制定详细的无公害农产品生产质量控制措施和生产操作规程细则，产地生产质量控制措施包括组织措施、技术措施、自控措施、产地环境保护措施等。

(三)农业投入品使用

按无公害畜产品生产技术规程(规范、准则)要求使用农业投入品(兽药、饲料、饲料添加剂、生物制剂等)。实施兽药休药期(弃奶期、弃蛋期)制度。严禁使用国家禁用、淘汰的农业投入品。

(四)动物疫病监测

无公害畜产品产地应由当地县级以上动物防疫监督机构定期开展动物疫病监测,并建立动物疫病监测报告档案,并按《动物防疫法》要求实施动物疫病免疫程序和消毒制度等。

(五)生产记录档案

应按照无公害畜产品生产技术规程要求组织生产,对生产过程及主要措施建立生产记录。应建立投入品使用记录,内容包括使用方式、时间、剂量、剂型、休药期(弃奶期、弃蛋期)和操作人/负责人签字等。公司(行业协会等)加农户形式的申请人应制定对农户的管理措施,并与农户签订无公害农产品生产技术指导协议和产品购销协议。

四、申报材料要求

申请无公害农产品认证的单位或个人(以下简称"申请人")必须按农业部农产品质量安全中规定的统一格式填写《无公害农产品产地认定与产品认证申请书》(以下简称"《申请书》")和相应的证明性材料。其中,申请书正式文本可以向农业部农产品质量安全中心申领,也可以从中心网站(http//www.aqsc.gov.cn)或中国农业信息网(http//www.agri.gov.cn)下载。《申请书》的编制是保证无公害农产品认证工作顺利开展的关键环节,申请人应认真填写。其他证明性材料也是无公害农产品认证的重要依据,申请人应按照统一要求、本着全面、准确的原则,认真组织编制。

申请人可以根据自己申请的产品类型和申报类型,按要求组织申报材料通过县级工作机构逐级上报的地级工作机构、省级工作机构、畜牧业分中心、中心。同一申请人、同一产品类型的申报产品可以通过一套申请材料完成无公害农产品认证。

1.首次申报材料要求

(1)《无公害农产品产地认定与产品认证申请书》;

(2)国家法律法规规定申请者必须具备的资质证明文件(复印件);

(3)无公害农产品生产质量控制措施;

(4)无公害农产品生产操作规程;

(5)符合规定要求的《产地环境检验报告》和《产地环境现状评价报告》或者符合无公害农产品产地要求的《产地环境调查报告》;

(6)符合规定要求的《产品检验报告》;

(7)规定提交的其他相应材料。

2. 扩项认证材料要求

扩项认证是指申请人已经进行过产地认定和产品认证,由于生产上的调整,要在该产地上增加或变更养殖产品,对增加或变更的养殖产品进行无公害农产品认证为扩项认证申请。这种申报类型的申报材料要求具体如下:

(1)《无公害农产品产地认定与产品认证申请书》;

(2)无公害农产品生产操作规程;

(3)《无公害农产品产地认定证书》;

(4)《产品检验报告》;

(5)其他相应材料。

3. 复查换证材料要求

复查换证认证申请是指已获得无公害农产品认证证书的申请人在证书有效期满,按照规定时限和要求提出重新取证申请,经确认合格准予换发新的无公害农产品证书的过程。

(1)复查换证认证申请的材料要求具体如下:

①《无公害农产品产地认定与产品复查换证申请书》;

②原《无公害农产品产地认定证书》复印件;

③原《无公害农产品证书》复印件;

④《产品检验报告》;

⑤其他相应材料。

(2)便捷式复查换证申请的材料要求。便捷式复查换证只适用于证书有效期内产品质量稳定、从未出现过质量安全事故的获证无公害农产品。符合便捷式复查换证要求的无公害农产品在申请换证时只需要提交以下 2 份材料,除此之外产品的复查换证仍按照上款要求提供材料:

①复查换证申请人已经核对确认产品信息的《无公害农产品复查换证信息登录表》;

②《无公害农产品产地认定与产品认证复查换证申请和审查报告》。

4. 申报材料常见问题

(1)认证申报材料的一致性问题:

①认证产品生产规模的问题。申请认证的产品生产规模要在申请认定的产地

范围之内，产量不要超出产地规模的最大产出量，即实际生产规模应小于或等于产地认定规模。如申请人的产地认定规模为 5 000 头生猪，申请猪肉产品的产量又远远大于 5 000 头猪的产量，超出了产地认定规模，这是不符合要求的。

②主体名称不一致的问题。在无公害农产品认证过程中，会存在产地申报名称与产品申报主体名称不一致的情况，这需要补充产地认定证书持有人和产品申请人之间关系或协议等证明材料。

(2)认证申报材料的完整性问题：

①投入品填写(包括申请书表中填报的、生产操作规程中规定使用的)要有详细信息，既包括有商品名、通用名、化学成分、生产厂家和批准文号等详细信息。此外，申报要求的材料不要漏报，如营业执照复印件、注册商标证复印件等。

②各份材料之间的逻辑关系、对应关系等要保持一致，如申报产品与产地的“产品名称”要保持一致。

③投入品的填写要符合生产产品的实际情况。

④质量控制措施和生产操作规程内容不要过于原则，要具可操作性。

(3)检测报告的规范性问题：

①《产品检验报告》封面及检验结论要有“检验报告专用章”或检验单位公章。

②《产品检验报告》不要涂改。

③《产品检验报告》要有制表、审核、批准人签章(手签)。

④产品检测要抽样检测，不要送样检测，且要求附检测机构基地采样原始记录复印件。

⑤申报企业生产、经营同一商标名称的同一种产品，若产地不在同一区域内，应分别提交各区域产品的检验报告。

⑥同一基地混养的几种产品均申报无公害农产品认证时，应分别提交每种产品的检验报告。

⑦产品检验应按产品所对应的无公害食品行业标准所要求的项目进行检验。且检测报告要由农业部农产品质量安全中心委托的检测机构，依据标准抽样形式检测出具的产品检验报告原件或复印件加盖公章。

(4)不在目录产品的情况：暂不在规定《实施无公害农产品认证的产品目录》范围内的产品可依据现行相关食品安全方面的国家标准、行业标准实施认证；如暂无国家和行业标准的，可作为特殊个案，由省级工作机构根据当地的生产情况，依据地方标准或申请产品实际情况，组织专家论证确定质量安全控制指标，提请全国无公害农产品认证评审委员会审定后作为认证的技术条件，实施认证。

第二章　无公害畜产品的认证制度

为确保认证的公平、公正、规范，无公害农产品认证（包括无公害畜产品）是在一套既符合国家认证认可规则又满足相关法律法规、规章制度、技术标准规范要求的认证制度下进行运作的。无公害农产品认证制度框架见图 2-1。本章主要介绍无公害畜产品认证的有关法律法规、技术规范和标准等制度文件。

第一节　法律法规

一、畜牧业产品质量安全相关法律法规

（一）畜牧业产品法律法规框架

1. 中华人民共和国农业法

2. 中华人民共和国农产品质量安全法

（1）农产品包装和标识管理办法

（2）农产品产地安全管理办法

3. 中华人民共和国畜牧业法

4. 中华人民共和国动物防疫法

（1）动物检疫管理办法

（2）动物疫情报告管理办法

（3）动物防疫条件审核管理办法

（4）动物免疫标识管理办法

5. 中华人民共和国进出境动植物检疫法

6. 兽药管理条例

（1）兽药管理条例实施细则

（2）兽药标签和说明书管理办法

（3）兽用生物制品管理办法

（4）兽药质量监督抽样规定

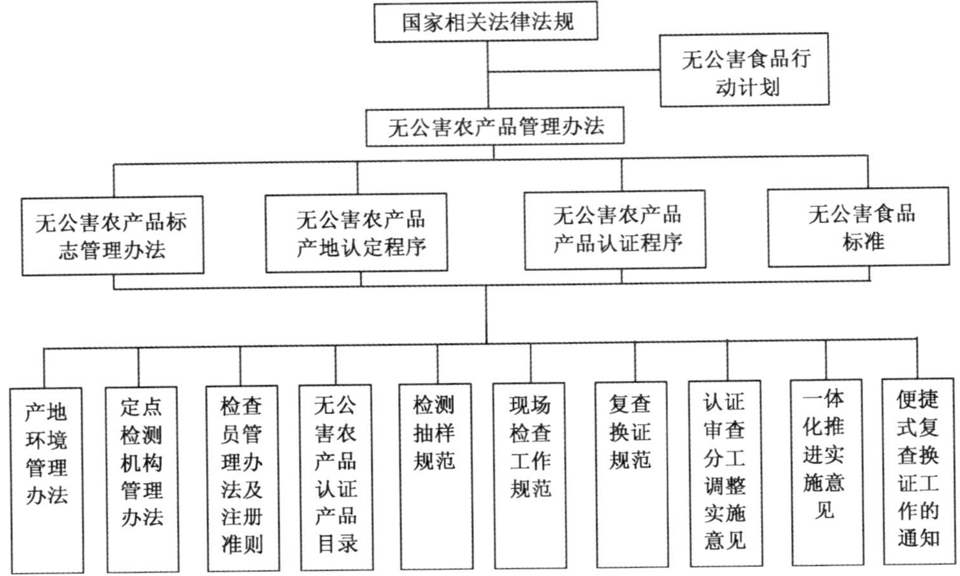

图 2-1 无公害农产品认证制度框架

(5)兽药生产质量管理规范

(6)进口兽药管理办法

(7)兽药批准文号管理规定

(8)兽药药政药检工作管理办法

(9)新兽药及兽药新制剂管理办法

(10)兽用麻醉药品的供应、使用、管理办法

(11)核发《兽药生产许可证》、《兽药经营许可证》、《兽药制剂许可证》管理办法

(12)兽药广告审查办法

(13)关于严禁非法使用兽药的通知

(14)关于加强兽药名称管理的通知

(15)食品动物禁用的兽药及其他化合物清单

7. 种畜禽管理条例

(1)种畜禽管理条例实施细则

(2)《种畜禽生产经营许可证》管理办法

8. 饲料和饲料添加剂管理条例

(1)饲料药物添加剂使用规范

(2)进口饲料和饲料添加剂登记管理办法

(3)新饲料和新饲料添加剂管理办法

(4)饲料添加剂和添加剂预混合饲料产品批准文号管理办法

(5)饲料添加剂和饲料添加剂预混合饮料生产许可证管理办法

9.农业转基因生物安全管理条例

10.生猪屠宰管理条例

11.兽用新生物制品管理办法

12.生物制品生产车间管理办法

13.兽医微生物菌种保藏管理试行办法

(二)中华人民共和国农产品质量安全法

1.无公害食品标准的要求

在《农产品质量安全法》第二章,规定了应建立农产品质量安全标准体系,明确了农产品质量安全标准是技术性法规的性质,要求应当充分考虑农产品质量安全风险评估结果来制定,并根据科学技术发展水平以及农产品质量安全的需要及时修订农产品质量安全标准。无公害食品标准是农产品质量安全标准体系的重要组成部分,其制定(修订)应依据法的要求加以完善。

2.对农产品检测机构的要求

第三十五条规定了农产品质量安全检测机构建设、条件、资格及管理,明确了农产品质量安全检测应当充分利用现有符合条件的检测机构,从事农产品质量安全检测的机构,必须具备相应的检测条件和能力;第四十四条明确了对农产品检测机构的法律责任。

3.对无公害农产品的要求

《农产品质量安全法》第三十二条规定生产者可以申请使用无公害农产品标志。《农产品包装和标识管理办法》第七条规定获得无公害农产品认证的农产品(鲜活畜、禽、水产品除外)必须包装;第十二条规定销售获得无公害农产品标志使用权的农产品,应当标注相应标志和发证机构。无公害农产品工作从认证转向无公害标志使用权获得的转变。

4.对生产纪录的要求

第二十四条　农产品生产企业和农民专业合作经济组织应当建立农产品生产记录,如实记载下列事项:

(一)使用农业投入品的名称、来源、用法、用量和使用、停用的日期;

(二)动物疫病、植物病虫草害的发生和防治情况;

(三)收获、屠宰或者捕捞的日期。

农产品生产记录应当保存二年。禁止伪造农产品生产记录。

国家鼓励其他农产品生产者建立农产品生产记录。

(四)中华人民共和国畜牧法

1. 生产纪录档案

第四十一条　畜禽养殖场应当建立养殖档案，载明以下内容：

(一)畜禽的品种、数量、繁殖记录、标识情况、来源和进出场日期；

(二)饲料、饲料添加剂、兽药等投入品的来源、名称、使用对象、时间和用量；

(三)检疫、免疫、消毒情况；

(四)畜禽发病、死亡和无害化处理情况；

(五)国务院畜牧兽医行政主管部门规定的其他内容。

2. 质量安全保障

第五十四条　县级以上人民政府应当组织畜牧兽医行政主管部门和其他有关主管部门，依照本法和有关法律、行政法规的规定，加强对畜禽饲养环境、种畜禽质量、饲料和兽药等投入品的使用以及畜禽交易与运输的监督管理。

第五十五条　国务院畜牧兽医行政主管部门应当制定畜禽标识和养殖档案管理办法，采取措施落实畜禽产品质量责任追究制度。

第五十六条　县级以上人民政府畜牧兽医行政主管部门应当制定畜禽质量安全监督检查计划，按计划开展监督抽查工作。

第五十七条　省级以上人民政府畜牧兽医行政主管部门应当组织制定畜禽生产规范，指导畜禽的安全生产。

二、无公害农产品认证相关法律法规

农产品质量安全认证的法律体系主要包括国内有关农产品质量安全认证的法律法规，这些法律法规既是我国农产品质量安全认证体系的有机构成部分，又是其运行的最基本保障，是认证体系实施功能的基础和关键因素。除了国内法律，农产品质量安全认证的国外法律渊源还包括：世界贸易组织的《技术性贸易壁垒协议》(TBT 协议)、《卫生与植物卫生措施协议》(SPS 协议)等国际多边协议；双边互认协议；ISO/ IEC 等国际标准化组织发布的相关国际指南和导则等国际性文件。

就我国国内法律而言，按立法权限和法律效力，可以将其分为四个等级：法律、行政法规、部门规章以及地方法规和规章。

(一)国家关于农产品质量安全认证认可的法律

目前国家已经颁布实施了《中华人民共和国标准化法》、《产品质量法》、《农产品质量安全法》、《农业法》、《进出口商品检验法》、《进出境动植物检疫法》、《国境卫生检疫法》等。

——《中华人民共和国标准化法》

1988年颁布的《标准化法》中首次出现了产品质量认证这一制度。《标准化法》第十五条规定"企业对国家标准或者行业标准的产品，可以向国务院标准化行政主管部门或者国务院标准化行政主管部门授权的部门申请产品质量认证。认证合格的，由认证部门授予认证证书，准许在产品或者其包装上使用规定的认证标志。已经取得认证证书的产品不符合国家标准或者行业标准的，以及产品未经认证或者认证不合格的，不得使用认证标志出厂销售。"

——《中华人民共和国产品质量法》

1993年颁布的《产品质量法》(2000年修订)进一步明确了推行产品质量认证制度和质量体系认证制度，首次在法律中提出了"认可"这个概念，从而为我国开展认证机构认可奠定了法律基础，同时，第一次提出了"国务院产品质量监督部门授权的部门认可"的概念，表明我国的认可活动开始从政府部门直接开展向第三方机构开展逐步转变。其第十四条规定："国家根据国际通用的质量管理标准，推行企业质量体系认证制度。企业根据自愿原则可以向国务院产品质量监督部门认可的或者国务院产品质量监督部门授权的部门认可的认证机构申请企业质量体系认证。经认证合格的，由认证机构颁发企业质量体系认证证书。国家参照国际先进的产品标准和技术要求，推行产品质量认证制度。企业根据自愿原则可以向国务院产品质量监督部门认可的或者国务院产品质量监督部门授权的部门认可的认证机构申请产品质量认证。经认证合格的，由认证机构颁发产品质量认证证书，准许企业在产品或者其包装上使用产品质量认证标志。"

——《中华人民共和国农业法》

2002年修订的《农业法》(1993年颁布)首次将农产品的认证和地理标志保护纳入法律的调整范围内，并且要求政府应该推动农产品认证，为农产品质量安全认证奠定了法律基础。其第二十三条规定："国家支持依法建立健全优质农产品认证和标志制度。国家鼓励和扶持发展优质农产品生产。县级以上地方人民政府应当结合本地情况，按照国家有关规定采取措施，发展优质农产品生产。符合国家规定标准的优质农产品可以依照法律或者行政法规的规定申请使用有关的标志。符合规定产地及生产规范要求的农产品可以依照有关法律或者行政法规的规定申请使用农产品地理标志。"

——《中华人民共和国农产品质量安全法》

2006年颁布的《农产品质量安全法》将无公害农产品纳入法律的调整范围内，并明确规定通过标志管理的方式加以监管。其第三十二条规定："销售的农产品必须符合农产品质量安全标准，生产者可以申请使用无公害农产品标志。农产品质量符合国家规定的有关优质农产品标准的，生产者可以申请使用相应的农产品质量标志。”

——《中华人民共和国进出口商品检验法》

2002年修订的《进出口商品检验法》(1989年颁布)规范了进出口商品检验行为，明确了进出口贸易有关各方的合法权益。其第二十四条规定根据国家统一的认证制度，对有关的进出口商品实施认证管理。原国家出入境检验检疫局根据《进出口商品检验法》的规定，对107种进口商品实施了进口商品安全质量许可证制度，涉及到60多个国家和地区，同时还对76种出口商品实施了出口商品质量许可制度。

(二)国家关于农产品质量安全认证认可的行政法规

主要是《认证认可条例》。

2003年9月3日颁布的《中华人民共和国认证认可条例》，明确了“通过规范认证认可活动，提高产品、服务质量和管理水平，促进经济和社会的发展”的宗旨，确立了“统一的认证认可监督管理制度”、“统一的认可制度”、“自愿性认证和强制性认证相结合的认证制度”、“政府监督与行为自律并举的监督制度”、“设立认证机构的审批制度”、“检查机构、实验室资质能力评价”和“认证咨询机构和培训机构的监督管理”等制度。由此建立完善了围绕适应我国经济和社会发展，提高产品、服务和管理体系质量的需要的一系列基本原则和管理制度。

(三)部门规章

有关农产品质量安全认证的部门规章主要有农业部、国家质量监督检验检疫总局等相关部门以部长令形式发布的文件。

1.《无公害农产品管理办法》

《无公害农产品管理办法》(见附录)由农业部和国家质量监督检验检疫总局联合发布，提出了无公害农产品管理工作，由政府推动，并实行产地认定和产品认证的工作模式，明确省级农业行政主管部门负责组织实施本辖区内无公害农产品产地认定工作，标志着无公害农产品管理工作正式纳入依法行政的轨道。

2.《无公害农产品标志管理办法》

《无公害农产品标志管理办法》由农业部与国家认证认可监督管理委员会联合发布，规范了无公害农产品标志印制、使用、管理等工作。

3.《无公害农产品产地认定程序》和《无公害农产品认证程序》

《无公害农产品产地认定程序》和《无公害农产品认证程序》由农业部和国家认

证认可监督管理委员会联合颁发，规范了产地认定和产品认证工作程序，明确了农业部农产品质量安全中心承担无公害农产品认证工作。

4.《实施无公害农产品认证的产品目录》

认证产品目录共有 815 个，其中，种植业产品 546 个，畜牧业产品 65 个，渔业产品 204 个。

（四）制度和程序性文件

1.《关于进一步规范无公害农产品产地认定和产品认证有关工作的通知》

系统、全面地对工作机构、产地证书、产品申报书的格式、编号、备案管理等提出了规范要求。

2.《加快推进无公害农产品产地认定和产品认证步伐的实施意见》

提出了“上下一条线、全国一盘棋”的无公害农产品认证工作格局已初步形成，无公害农产品产地认定和产品认证工作进入了一个新的时期，工作重心由认证转换转移到加快正常认证的发展轨道，并全面步入统一规范、简便快捷的发展阶段，并对加快推动产地认定和产品认证工作提出了具体措施。

3.《无公害农产品认证审查分工调整实施意见》

对无公害农产品认证各环节审查重点与分工作了适当调整，首次确定产品认证申报材料由省级工作机构初审，减少中间环节、简化申报材料、加强沟通等操作意见。

4.《无公害农产品认证产地环境检测管理办法》

规定了产地检测机构的资质条件和申报委托程序、职责任务、检测程序、检测抽样和检测依据标准，同时还规定了检测报告和环境评价报告格式，进一步明确了农业部农产品质量安全中心和省级产地认定机构对无公害农产品认证产地环境检测机构的监督和管理职责范围。

5.《无公害农产品定点检测机构管理办法》

对无公害农产品检测机构的选定程序、职责任务、监督管理等工作进行了规范。

6.《无公害农产品检查员管理办法》和《无公害农产品检查员注册准则》

规范了无公害农产品认证检查员执业资格、工作行为和注册管理工作。

7. 现场检查规范

《无公害农产品认证现场检查规范》规定了现场检查职责分工、工作流程、现场检查程序、检查组成员组成、现场实地检查工作时限、现场检查结论以及后续工作处理要求。

《无公害农产品(畜牧业产品)认证现场检查评定细则》、《无公害农产品认证(种植业、渔业产品)现场检查实施细则(试行)》对实施现场检查的内容和结果判定原则作出了具体要求。

8. 复查换证规范

《无公害农产品产地认定复查换证规范》和《无公害农产品认证复查换证规范》分别规定了无公害农产品产地认定复查换证和产品认证复查换证规范需要提交的材料以及复查换证程序。

9.《无公害农产品认证复查换证有关问题的处理意见》

针对农产品认证复查换证中的地方认证向全国统一认证转换产品证书有效期限认定、必检和选检参数确定、《产品检验报告》确认以及与绿色食品、有机农产品的衔接问题作了说明。

10.《关于印发〈无公害农产品产地认定与产品认证一体化推进实施意见〉的通知》

就推进无公害农产品产地认定与产品认证一体化推进工作提出了具体的实施意见,明确了一体化推进工作的总体思路、实施重点和实施要求。

11.《无公害农产品标志标识征订说明及使用规定》

针对无公害农产品标志的图案、种类、规格、尺寸、单价、权威性、防伪查询、征订及使用方式、监督检查等内容进行了详细说明。

12.《关于开展无公害农产品便捷式复查换证工作的通知》

提出了便捷式复查换证工作适用范围、工作内容以及具体要求,将复查换证申报材料简化,工作重心前移。

13.《无公害农产品内检员管理办法》

规定了无公害农产品内检员的基本要求和职责任务。

第二节 畜牧业相关的无公害食品标准

无公害食品标准是无公害农产品认证的技术依据和基础,是判定无公害农产品的尺度。为了使全国无公害农产品生产和加工按照全国统一的技术标准进行,消除不同标准差异,树立标准一致的无公害农产品形象,农业部组织制定了一系列产品标准以及包括产地环境条件、投入品使用、生产管理技术规范、认证管理技术规范等通则类的无公害食品标准,标准系列号为 NY 5000。无公害食品标准框架图图 2-2。

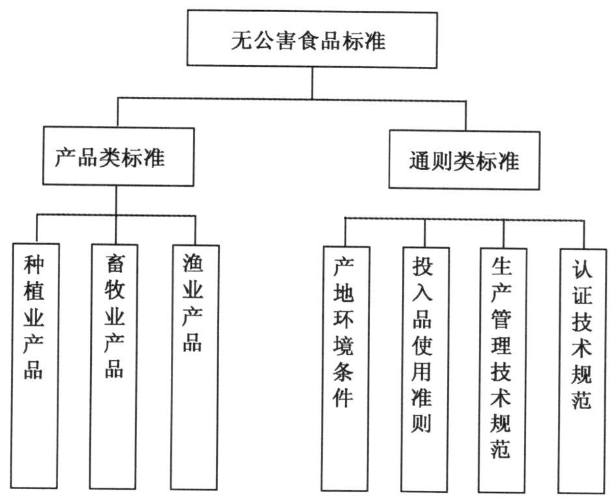

图 2-2　无公害食品标准框架图

一、概况

(一)产品标准(18 个)

NY 5029—2008 无公害食品 猪肉
NY 5034—2005 无公害食品 禽肉及禽副产品
NY 5039—2005 无公害食品 鲜禽蛋
NY 5044—2008 无公害食品 牛肉
NY 5045—2008 无公害食品 生鲜牛乳
NY 5129—2002 无公害食品 兔肉
NY 5134—2008 无公害食品 蜂蜜
NY 5135—2002 无公害食品 蜂王浆与蜂王浆冻干粉
NY 5136—2002 无公害食品 蜂胶
NY 5137—2002 无公害食品 蜂花粉
NY 5140—2005 无公害食品 液态乳
NY 5142—2002 无公害食品 酸牛奶
NY 5143—2002 无公害食品 皮蛋
NY 5144—2002 无公害食品 咸鸭蛋
NY 5146—2002 无公害食品 猪肝
NY 5147—2008 无公害食品 羊肉

NY 5268—2004 无公害食品 毛肚

NY 5271—2004 无公害食品 驴肉

(二)投入品标准(5个)

NY 5027—2008 无公害食品 畜禽饮用水水质

NY 5028—2008 无公害食品 畜禽产品加工用水水质

NY 5030—2006 无公害食品 畜禽饲养兽药使用准则

NY 5032—2006 无公害食品 畜禽饲料和饲料添加剂使用准则

NY 5138—2002 无公害食品 蜜蜂饲养兽药使用准则

(三)生产规范标准(8个)

NY/T 5339—2006 无公害食品 畜禽饲养兽医防疫准则

NY/T 5038—2006 无公害食品 家禽养殖生产管理规范

NY/T 5033—2001 无公害食品 生猪饲养管理准则

NY/T 5049—2001 无公害食品 奶牛饲养管理准则

NY/T 5128—2002 无公害食品 肉牛饲养管理准则

NY/T 5133—2002 无公害食品 肉兔饲养管理准则

NY/T 5139—2002 无公害食品 蜜蜂饲养管理准则

NY/T 5151—2002 无公害食品 肉羊饲养管理准则

(四)加工标准(5个)

NY/T 5050—2001 无公害食品 牛奶加工技术规程

NY/T 5296—2004 无公害食品 皮蛋加工技术规程

NY/T 5297—2004 无公害食品 咸蛋加工技术规程

NY/T 5298—2004 无公害食品 乳粉加工技术规程

NY/T 5338—2006 无公害食品 家禽屠宰加工生产管理规范

(五)认证认定标准(8个)

NY/T 5295—2004 无公害食品 产地环境评价准则

NY/T 5335—2006 无公害食品 产地环境质量调查规范

NY/T 5340—2006 无公害食品 产品检验规范

NY/T 5341—2006 无公害食品 认定认证现场检查规范

NY/T 5342—2006 无公害食品 产品认证准则

NY/T 5343—2006 无公害食品 产地认定规范

NY/T 5344.1—2006 无公害食品 产品抽样规范 第一部分:通则

NY/T 5344.6—2006 无公害食品 产品抽样规范 第六部分:畜禽产品

二、产地环境要求及监测评价技术要点

这部分内容共涉及7个国标和4个行业标准，即农产品安全质量(GB/T 18407.3—2001)、畜禽养殖业污染排放标准(GB/T 18596—2001)以及中小型集约化养猪场建设、经济技术指标、设备、环境参数和环境管理、商品肉猪生产技术规程(GB/T 17824.1—1999至GB/T 17824.5—1999)等7个国标；以及畜禽饮用水水质(NY 5027—2008)、畜禽产品加工用水水质(NY 5028—2008)、畜禽场环境质量标准(NY/T 388—1999)和农、畜、水产品污染监测技术规范(NY/T 398—1999)等4个行标。

1. 选址要求

地址应选择在地势高燥、生态环境好、无或不直接接受工业三废及农业、城镇生活、医疗废弃物污染的生产区域。养殖场周围500 m范围内、水源上游没有对产地环境构成威胁的污染源(包括工业三废、农业、城镇生活、医疗废弃物污染)。应避开水源防护区、风景区、人口密集等环境敏感地区，符合环境保护、兽医防疫要求，场区应布局合理，生活区和生产区严格分离。与水源有关的地方病高发区，不能作为无公害畜禽肉产品生产、加工地。

2. 设施要求

应配备保证产品符合相应标准和法规要求的相应资源。畜禽养殖地应设置防止渗漏、径流、飞扬且具有一定容量的专用储存设施和场所，设有粪尿污水处理设施、畜禽病害肉尸及其无害化处理设施并符合相应的规定。排放的生产用水和废弃物应符合GB 8978的规定。饲养场、加工场应设有适宜的消毒设施、更衣室、兽医室等，并配备工作所需的仪器设备。

3. 水质要求

畜禽饮用水要符合饮用水质量标准(NY 5027—2008)。加工用水要符合加工用水要求(NY 5028—2008)。

4. 环境空气要求

环境空气要求见表2-1。

三、畜禽饲养管理

饲养管理是无公害农产品(畜牧业产品)生产的重要环节。农业部先后发布了8种畜禽饲养管理准则，它们和兽医防疫、饲料及兽药使用准则等共同构成了我国无公害农产品(畜牧业产品)生产的标准化体系。8种畜禽饲养管理标准分别是：

NY/T 5339—2006 无公害食品 畜禽饲养兽医防疫准则

表 2-1 生产加工环境空气质量指标

项 目	日平均	1 h平均
总悬浮颗粒物(标准状态)(mg/m³)	≤0.30	
二氧化硫(标准状态)(mg/m³)	≤0.15	≤0.50
氮氧化物(标准状态)(mg/m³)	≤0.12	≤0.24
氟化物[μg/(dm²·d)]	≤3(月平均)	
铅(标准状态)(μg/m³)	季平均1.50	

NY/T 5038—2006 无公害食品 家禽养殖生产管理规范

NY/T 5033—2001 无公害食品 生猪饲养管理准则

NY/T 5049—2001 无公害食品 奶牛饲养管理准则

NY/T 5128—2002 无公害食品 肉牛饲养管理准则

NY/T 5133—2002 无公害食品 肉兔饲养管理准则

NY/T 5139—2002 无公害食品 蜜蜂饲养管理准则

NY/T 5151—2002 无公害食品 肉羊饲养管理准则

四、投入品的要求

NY 5032—2006 无公害食品 畜禽饲料和饲料添加剂使用准则规定了生产无公害畜禽所需的饲料原料、饲料添加剂、添加剂预混料、浓缩饲料、配合饲料和饲料加工过程的要求、试验方法、检验规则、判定规则、标签、包装、贮藏、运输的规范，适用于生产无公害畜禽所需的商品配合饲料、浓缩饲料、精料补充料、粗饲料、添加剂预混料和生产无公害畜禽的自配料。

NY 5030—2006 无公害食品 畜禽饲养兽药使用准则规定了生产无公害食品的畜禽饲养兽药使用准则和允许使用的兽药种类、剂型、用法与用量、休药期、注意事项。适用于生产无公害食品的畜禽的饲养、管理和认证。

NY 5138—2002 无公害食品 蜜蜂饲养兽药使用准则规定了生产无公害食品的蜜蜂饲养兽药使用准则和允许使用的兽药种类、剂型、用法与用量、休药期、注意事项。适用于生产无公害食品的蜜蜂的饲养、管理和认证。

第三章　无公害畜产品认证现场检查

现场检查是无公害畜产品认证过程中的一个重要环节，是认证机构对申请人的生产经营情况是否能够达到无公害相关标准要求进行现场核实和评价的过程。现场检查工作的有效实施，对保证认证工作的质量起到至关重要的作用。

第一节　无公害畜产品现场检查的基本要求

一、现场检查的实施主体

按照《无公害农产品认证现场检查规范》和《无公害农产品产地认定与产品认证一体化推进实施意见》文件要求，各省级工作机构负责具体组织实施现场检查工作，并且要在每个月的15日前将下个月拟实施的现场检查计划报分中心备案确认。省级工作机构要在收到申请材料及县、地两级工作机构推荐、审查意见之日起20个工作日内，组织或者委托地县两级有资质的检查员按照《无公害农产品认证现场检查工作程序》进行现场检查，并将《无公害农产品产地认定与产品认证现场检查报告》随材料一同上报。

二、现场检查的评定依据

为了规范无公害畜产品现场检查工作，农业部农产品质量安全中心下发了《无公害农产品(畜牧业产品)认证现场检查细则》。该细则包括了10类产品的评定方法，每类产品的评定项目分关键项目和一般项目，其中生猪屠宰加工厂现场检查评定项目共56项，关键项目10项，一般项目46项；牛、羊屠宰加工厂现场检查评定项目共58项，关键项目10项，一般项目48项；家兔屠宰加工厂现场检查评定项目共41项，关键项目9项，一般项目32项；肉鸡屠宰加工厂现场检查评定项目共57项，关键项9项，一般项目48项；蛋鸡场现场检查评定项目共34项，关键项目8项，一般项目26项；奶牛场现场检查评定项目共44项，关键项目17项，一般项目27项；蜂蜜、蜂花粉加工厂现场检查评定项目共28项，关键项目8项目，一般项目20项；生猪养殖场现场检查评定项目共26项，关键项目8项，一般项目18项；牛、羊养殖场现场检查评定项目共33项，关键项目6项，一般项目27项；肉鸡养殖场现场检查评定项目共35项，关键项目6项，一般项目29项。

三、现场检查的结果判定

检查员在现场检查时，要按照细则所列项目对申请人生产情况进行评定。其中，关键项目如不合格则称为严重不合格项；一般项目不合格则称为一般不合格项。若关键项目出现不合格，检查员还要对此说明原因。具体评判原则如表3-1所示。

表 3-1　现场检查的评判原则

项　目		结果
严重不合格项	一般不合格项 *	
0	＜15％	现场检查通过
0	15％～30％	限期整改，跟踪检查
0	＞30％	现场检查不通过
≥1		

现场检查通过的，省级工作机构要结合原申请材料进行初审，提出初审意见，连同《无公害农产品认证现场检查报告》一并报分中心；现场检查基本通过或不通过的，省级工作机构要根据检查组结论和建议督促申请人整改，并确认整改结果，符合要求后再上报。

第二节　无公害畜产品现场检查程序

一、制定现场检查方案

根据检查内容制定可操作的《无公害农产品认证现场检查方案》。

二、通知申请人

以《无公害农产品认证现场检查通知单》的形式书面通知申请人，并请申请人予以确认。

三、实施现场检查

依据现场检查方案和现场检查细则进行检查，具体程序如下：

（一）召开首次会议

检查组与申请人见面时召开首次会议。会议由检查组组长主持，参加人员包括检查组全体人员、申请代表和部门负责人等。内容包括：

1. 介绍参会人员；
2. 确认检查范围、检查依据、日程安排、检查方法和检查结论的报告方式；
3. 宣读保密承诺；
4. 确定陪同人员；
5. 明确注意事项，说明相关问题；
6. 确定末次会议的安排。

（二）进行实地检查

在检查过程中，检查组应按照检查方案进行实地检查。检查组内部应及时沟通，汇总分析检查中发现的问题，确定不符合项，商定末次会议有关事宜。发现的问题和不合格项，应请申请人或其代表确认并在《无公害农产品认证现场检查报告》上签字；双方存在异议及其他需协商的事宜，应通过说明和沟通，达成共识。通过说明和沟通仍不能达成共识的，应在《无公害农产品认证现场检查报告》上如实记载双方的意见。

（三）召开末次会议

现场检查结束前召开末次会议。由检查组组长主持，参会人员应包括检查组全体人员、申请人代表和地方有关方面人员等。内容包括：

1. 简述检查的总体情况（目的、依据、范围等）；
2. 介绍检查过程和发现的主要问题；
3. 对产地环境状况和生产过程质量控制情况的有效性评价；
4. 宣布检查结论、提出改进或整改意见；
5. 申请人代表讲话；
6. 宣布末次会议和现场检查结束。

四、现场检查报告及后续工作

检查组在完成现场检查后10个工作日内，向省级工作机构提交《无公害农产品认证现场检查报告》，省级工作机构根据现场检查结果和检查组意见负责现场检查的后续工作。

第三节 无公害畜产品现场检查的实施与技巧

一、现场检查前的准备

(一)组成检查组

检查组是认证工作机构实施现场检查的代表,因此检查组的组成对于是否能够很好地完成现场检查任务至关重要。检查组根据申请认证产品的不同,一般由3人组成,实行组长负责制。检查员应为无公害农产品(畜牧业产品)认证机构成员或畜牧兽医专业技术机构的工作人员,熟悉无公害认证和畜牧业的相关工作,至少具有畜牧、兽医、畜产品安全等相关专业的大专以上学历。检查组成员应当实行回避制度,检查员与被查申请人应无利害关系,避免出现不公正的事情。

(二)准备现场检查材料

为了使现场检查顺利的进行,检查组要带齐与现场检查相关的文件材料,例如现场检查报告、评定细则、检查员证等。现场检查评定细则最好能够每人一份,以便于分工实施检查。另外,检查组还应带上数码相机或摄像机等工具,便于检查中对于出现的问题记录和保存。

(三)熟悉申请人情况

检查组成员必须认真查阅申请人的申报材料,然后对申请人的基本情况进行沟通,提出对申请人情况的看法,找出申请人的技术、管理等方面可能存在的问题。

(四)分配检查任务

组长要根据各位检查员的专业特点,分配检查任务。为方便检查工作,一般情况以细则中的“条”或“块”的方式将任务分成若干,在任务分配中要注意避免交叉。

(五)制定检查方案

检查组在熟悉申请人情况的基础上,制定出现场检查方案,包括检查时间、检查地点、检查内容等,以保证现场检查的顺利进行。

二、现场检查的重点内容

在实施现场实地检查时,检查组应根据无公害农产品现场检查工作程序和畜产品现场检查评定细则进行深入检查,并得出最终结论。现场检查应重点检查申请人的生产经营方式、生产规模是否与申报材料一致,其资质条件(许可证照等)、产地环境条件、过程控制是否符合要求以及文件审查时发现的问题等。

(一)环境条件及设施

产地环境的内容主要包括了养殖场(区)和初级加工厂的选址布局、卫生条件、用水水质、环境控制等方面的内容,是无公害农产品(畜牧业产品)生产的基础,也是从产地到餐桌各环节链中,确保无公害农产品(畜牧业产品)生产的重要一环。主要查看以下几个方面:

1. 防止污染,相对隔离

地址应选择在地势高燥、生态环境好、无或不直接接受工业三废及农业、城镇生活、医疗废弃物污染的生产区域。与水源有关的地方病高发区,不能作为无公害畜禽产品类生产、加工地。养殖场周围 500 m 范围内、水源上游没有对产地环境构成威胁的污染源(包括工业三废,农业、城镇生活、医疗废弃物污染)。应避开水源防护区、风景区、人口密集等环境敏感地区,符合环境保护。

2. 防疫合格,设施齐备

场区应布局合理,生活区和生产区严格分离,应符合兽医防疫要求,配备保证产品符合相应标准和法规要求的相应资源。畜禽养殖地应设有粪尿污水处理设施、畜禽病害肉尸及其无害化处理设施,并符合相应的规定。饲养场、加工场应设有适宜的消毒设施、更衣室、兽医室等,并配备工作所需的仪器设备。

3. 空气清新,水质合格

畜禽饮用水要有固定的水源,如果不是自来水厂的生活用水,其水源也要经过卫生检验,并有合格的检验报告。初级加工厂加工用水也要按照标准要求进行检验,并具有合格的检验报告。

(二)人员资质及许可证照

现场检查时应核查申请人相关的许可证照,如营业执照、卫生许可证、动物防疫合格证、定点屠宰许可证,确认申请人的合法生产经营状况。对工作人员的资质情况也应核查,饲养管理人员及加工人员的健康证,检疫人员的检疫证。

(三)质量管理制度及记录

审查生产记录时应重点抽查养殖过程后期的各种生产记录,包括饲料、兽药等投入品的采购、出入库和使用记录等,查看是否有国家的违禁药物,使用是否符合法规和标准的要求。对加工过程的生产记录,应重点抽查原料入场记录、卫生消毒记录、检验检疫记录和产品销售记录。

(四)生产设施及现场操作

根据申请产品的不同,申请人应具备生产该产品所必备的设备和设施,在现场检查时检查人员应根据产品特点按照有关技术标准、评定细则逐一核查,同时观察操作人员是否符合生产操作要求。

三、现场检查的后续工作

(一)《现场检查报告》及相关材料的提交

检查组在完成现场检查后10个工作日内以书面形式提交统一格式的《无公害农产品认证现场检查报告》及相关材料。

(二)纠正或改进措施的跟踪验证

若申请人现场检查过程中发现不符合要求的地方,应明确提出并按照问题程度采取不同的措施,进行跟踪验证。

1. 现场跟踪验证

对产品质量有较大影响的或只能到现场才能验证的纠正或改进措施,应到现场跟踪验证;现场跟踪验证检查人员的组成一般由第一次现场检查人员进行,或至少有一名上一次参加过的检查员。

2. 书面验证

对产品质量有较小影响的、短期内可以完成且可根据申请人提交的证明材料进行跟踪验证的纠正或改进措施,可进行书面验证。

3. 监督检查

对产品质量有较小影响、短期内无法完成的纠正或改进措施,可以对申请人提交的纠正或改进计划进行审核,其实施情况可以在监督检查时进行验证。

四、现场检查需要注意的事项

(一)检查时间

现场检查之前,应提前告知申请人检查的时间、人员、依据等信息,确定的现场检查时间内,应确保申请人正常生产经营所申请认证的产品,主要负责人及与质量安全相关人员在场,相关证照、制度、记录等文件资料可以提供。

(二)检查纪律

检查人员应严格遵守保密制度,在检查过程中应尊重申请人的正常工作制度,自觉作好防疫消毒工作。检查人员应保持礼貌、公正、客观的立场,使用清楚、准确的语言,创造一个良好的检查气氛,不应提与检查无关的要求,避免增加企业负担,避免产生和激化矛盾。

(三)客观证据的收集

现场检查时应注重客观证据的收集,充分收集证据有利于形成现场检查结论,同时减少意见分歧。客观证据是实际存在的，不受情感或偏见影响的，应实事求是。必要时可采用如搜集投入品的包装和说明材料、现场拍照、复印等方式。

（四）现场检查过程的控制

在现场检查实施过程中，检查组长应掌握总体检查进程，对可能出现的问题做出妥善的处理，按计划实施并完成现场检查工作各项任务。

（五）对“公司加农户”、协会等形式的申请人现场检查的要求

对“公司加农户”、协会等形式的申请人现场检查时，要对其所带农户养殖情况进行抽查。抽查的比例是所带农户总数小于或等于100户的申请人至少抽查4户，大于100户的申请人至少抽查8户。对抽查农户的养殖情况要按照《无公害农产品（畜牧业产品）认证现场检查评定细则》判定，其中有一户判定为不通过时，则本次现场检查不通过，要限期整改并派员对整改结果进行确认。最终，要对农户养殖情况的抽查结果要在现场检查报告中进行描述。

第四节　无公害畜产品现场检查报告的编制

现场检查报告是对检查组实施现场检查情况的客观记录，是对申请人生产管理情况的客观反映，也是评判申请人是否达到无公害要求的重要依据。现场检查报告的编制要由检查组共同完成，充分体现检查组的意见，若发生分歧，应以检查组组长最终决定为准。具体栏目填写要求如下：

一、封面

1. 申请人全称

应与申请人有效证件相符，如营业执照、社团法人证书、身份证等。

2. 现场检查结论

应与报告内现场检查结论表填写内容相符，如通过；基本通过，限期整改和报送整改结果；不通过，限期整改并届时派员对整改结果进行确认。不能填写合格、优秀、符合要求等非规定用语。

二、现场检查人员基本情况表

按照栏目要求进行填写，注意检查组派出单位名称应填写省级工作机构的名称。

三、受检单位基本情况表

1.受检单位名称

按实际检查单位名称填写。可以与申请人不一致,但应在检查报告内说明其与申请人的关系,如申请人所属养殖场、合约农户等。

2.现场检查日期

应填写到达检查现场的实际日期。

3.检查依据和主要内容

按照具体实施时依据和内容填写,如:按照《无公害农产品认证现场检查规范》、《无公害农产品(畜牧业产品)认证现场检查细则》和相关无公害标准进行检查,检查内容包括产地环境、生产操作、质量控制措施、投入品使用、人员管理、生产过程记录等。

其他内容按照栏目要求填写即可。

四、现场检查客观事实记录

该部分内容是现场检查报告的核心,应按照检查实际情况如实填写。填写时的描述要客观,不写主观判断语言,如检查组认为,检查组觉得等。填写不下可以附页。

五、现场检查结论表

该页要求填写全面,需要签字盖章的地方必须由本人亲自完成,不得空缺。

附表3-1:无公害农产品产地认定与产品认证现场检查报告

附表 3-1

无公害农产品
产地认定与产品认证现场检查报告
（2008 新版）

申请人全称：________________________

现场检查结论：________________________

农业部农产品质量安全中心印制

填 写 说 明

1.本报告由现场检查组填写,检查组应当在现场检查后10个工作日内,将本报告(原件)报省级工作机构,并作为认证报告的附件,与申请人申报材料一并上报。

2.检查组成员必须为有资质的无公害农产品检查员。现场检查应依据《无公害农产品现场检查工作程序》及种植业(畜牧业、渔业)产品现场检查实施细则进行。

3.报告的内容用钢笔或蓝黑色签字笔填写,字迹整洁、术语规范准确。栏目不得空缺,没有填写内容的填“无”。

4.检查组组长签字必须由本人签字,不得代签。

5.报告格式可从www.aqsc.gov.cn网下载后用A4纸印制。

6.报告内容由农业部农产品质量安全中心负责解释。联系电话:010-62191437,传真:010-62191434。

现场检查人员基本情况表

检查组派出单位名称(省级工作机构)						
类别	分工	姓名	单位	职务/职称	联系电话	备注
检查组	组长					
	成员					
参加人员						
保密承诺	检查组承诺:严格按照有关无公害农产品认证的法律法规实施现场检查,对于检查组在检查中可能涉及的认证申请人的产品、技术等非公开信息,在未得到法律许可或认证申请人同意的情况下不向第三方透漏。					

受检单位基本情况表

受检单位名称			法人代表	
通讯地址			邮编	
联系人		电话		传真	
产品名称				
检查地点		现场检查日期	年　月　日	
检查依据和主要内容:				

现场检查客观事实记录

现场核对申请材料中申请人注册资质及基本情况的描述：
产地周边现状与环境评估报告是否一致，目视范围内3公里有无对申报产品质量安全可能产生影响的工矿企业等污染源的描述：
申请人是否有投入品管理措施的制度文件，制度文件名称及文号的描述：
生产过程投入品使用、病虫害（疫病）防治、产地环境和产品质量检测等是否有记录，记录名称及其记录中是否含有禁用物质或其他不符合项情况的描述：
其他需要说明情况的描述：
根据现场检查实施细则判定的不合格项以及应符合的标准或规定的描述：

现场检查结论表

<table>
<tr><td>现场
检查
结论</td><td>□ 通过
□ 基本通过，限期整改和报送整改结果
□ 不通过，限期整改并届时派员对整改结果进行确认</td></tr>
<tr><td colspan="2">现场检查组组长签字

年　　月　　日</td></tr>
<tr><td colspan="2">申请人(签字、盖章)

年　　月　　日</td></tr>
<tr><td>不合格项目确认</td><td>申请人同意检查组认定的不合格项目，将按要求采取措施在　　年　　月　　日整改完成，并将有关情况书面报告。
申请人若不同意检查组认定的不合格项目，请填写意见：

申请人(签字、盖章)　　　　年　　月　　日</td></tr>
<tr><td>整改
结果
备注</td><td>整改结果验证方式：□书面验证 □现场验证

省级工作机构意见(或现场检查组组长签字)年　　月　　日</td></tr>
</table>

第四章 产地环境的现场检查

无公害农产品认证的现场检查,是指在审查无公害农产品认证申报材料的过程中,根据需要对申请人相关情况进行实地核实确认的行为,检查员依据《无公害农产品认证现场检查规范》实施现场检查。现场检查内容一般包括质量管理体系、环境条件及设施、投入品管理、饲养管理(针对养殖场)或加工操作管理(针对屠宰等加工场)和产品质量管理五个方面。目前认证过程中,生产企业尤其关注产品或产地检测结果是否达标,其实产地环境与产品质量检测仅仅是手段之一,确切地讲仅仅是一个产品质量的终端检验。检测结果未必能完全体现产品质量,或从源头上以及生产过程中有效控制产品质量。如无公害畜产品认证过程中的产地环境认定,仅作一个饮用水或加工用水检测是远远不够的,这就需要现场检查进行补充,从畜禽场的选址布局、卫生防疫条件、水质、环境条件及生产设施等方面,按照现场检查规范进行充分论证,保障产地环境免受外界环境污染或加工过程的交叉污染,满足卫生防疫要求,确保产品质量安全。

第一节 畜禽养殖场产地环境要求

就畜禽场生产环境而言,环境质量对畜产品生产安全的影响分为直接影响和间接影响两个方面,畜禽场环境质量的优劣直接影响着畜产品品质的提升。直接影响主要指环境中有毒有害物质通过食物链在畜禽体内的残留积累,如畜禽饮用水中的重金属、氟化物等的残留累积;间接影响主要指畜禽环境质量超标,如温度、湿度超标等导致畜禽产生各种应激反应、免疫力降低等而引发疾病,造成畜产品品质降低以及因进行药物治疗而造成兽药残留等。

因此,为促进畜禽的健康生长,保障畜产品质量安全,就必须从畜禽养殖场的选址、布局、卫生防疫条件、饮用水水质、空气质量等各个方面进行科学管理、有效控制,为畜禽生长提供一个健康舒适的生长环境,保护畜产品生产的源头环境质量。同时,综合考虑畜禽养殖业污染物排放与周边地区的环境容量,采用种养结合、土地消纳的方式,发展循环经济,促进畜禽养殖业与生态环境的协调发展。

一、环境要求

畜禽养殖场产地环境的内容主要包括选址布局、饮用水水质、空气环境质量、生态环境质量、废弃物处理与排放等六个方面的内容。具体要求如下：

(一)选址

选址应从自然环境和社会环境两个方面进行综合考虑,既符合区域发展规划要求,不污染周边环境,同时又能满足畜禽生产所需的卫生防疫要求,产地环境能够充分保障畜产品质量安全。

1. 符合区域发展规划要求,与区域功能定位相适应

《中华人民共和国畜牧法》第四十条明确规定,禁止在下列区域内建设畜禽养殖场、养殖小区：a. 生活饮用水的水源保护区,风景名胜区,以及自然保护区的核心区和缓冲区；b. 城镇居民区、文化教育科学研究区等人口集中区域；c. 法律、法规规定的其他禁养区域。

除在禁养区域不得建设畜禽场之外,应根据当地的常年主导风向、风频等气象条件,尽可能选在保护目标的下风下水方位,尽可能减少畜禽场产生的恶臭、粪污等对周边大气和水体的污染。

2. 按照畜禽卫生防疫和畜产品质量安全要求,应综合考虑地形地势、水源、交通等自然环境质量情况

(1)地形地势：养殖场应选在地势较高、干燥平坦及排水良好的地方,要避开低洼潮湿的场地,远离沼泽地。地势要向阳背风,以保持场区小气候温热状况的相对稳定,减少冬春季风雪的侵袭。

(2)水源：在畜牧生产过程中,畜禽饮用、饲料配制、畜舍及设施的清洗消毒、畜体清洁以及小气候环境改善等都需要大量的水,因此必须保证充足的水源,且水质达标。故畜禽场选址考虑水源情况时,应主要考虑运营期间饮用水的稳定供应和卫生安全。对水源考察时,一般来说,需要了解场址周围地面水系分布情况与汛情,地下水水位及水质情况,水源附近有无大的污染源等。

(3)交通：在满足卫生防疫要求,与主要的交通干线保持一定的安全距离的前提下,养殖场选址应保证交通方便顺畅,有利于饲料原料等和产品销售的运输,最好距离饲料生产基地和放牧地较近。

(4)卫生防疫要求：为了防止养殖场受到周围环境的污染,选址时应避开居民点的污水排污口,不能将场址选在化工厂、屠宰场、制革厂、造纸厂等容易产生环境污染企业的下风向或附近。在考虑交通便利的同时,又不能太靠近交通要道与工厂、住宅区,有利于防疫和环境卫生。在城镇郊区建厂应距离大城市 20 km,小城

镇 10 km。按照畜牧场建设标准，要求距离国道、省际公路 500 m；距离省道、区际公路 300 m；一般道路 100 m；距居民区 500 m 以上。禁止在旅游区、畜病区建场；不同养殖场，尤其是具有共患传染病的畜种场及大规模养殖场，各场之间应保持足够的安全距离。

场区周围可以利用树林或自然山丘等作为绿色隔离带，就可以起到绿化美化环境，同时也能起到阻断疫病传播途径的天然屏障作用。

场界应设有围墙。

（二）布局

养殖场布局就是在养殖场范围内对各类建筑物进行的功能组团与合理分区，是养殖场规划设计的重要组成部分。养殖场场区布局应本着因地制宜、科学饲养、环保高效的原则，合理布局，统筹安排。综合考虑周围情况，有效利用场地的地形、地势、地貌，并为今后的进一步发展留有空间。场区建筑物的布局在既做到紧凑整齐，又兼顾防疫要求、安全生产和消防安全的基础上，提高土地利用率，节约用地，尽量不占或少占耕地，节约土地资源。场区各建筑物布局是否合理，直接影响基建投资、经营管理、生产组织、劳动生产率、经济效益、场区的环境状况与防疫卫生。因此，合理的场区布局至关重要，应遵循以下主要原则：

（1）根据不同畜禽场的生产工艺要求设计，因地制宜地进行场区的功能分区。

（2）合理组织场内外的人流和物流，创造最有利的环境条件和生产联系，实现高效生产，如净道、污道要分开，如运送粪污、废弃物与饲料、产品等不能共用一个大门等，生产区和生活区要分开。

（3）保证建筑物具有良好的朝向与间距，满足采光、通风、防疫和防火的要求。

（4）养殖场建设必须考虑粪尿、污水及其他废弃物的处理和资源化利用，确保其符合清洁生产的要求。

（5）养殖场一般包括 3～4 个功能区，即生活区、管理区、生产区和粪便污水处理区、病畜隔离区。生产区是养殖场的核心，畜舍、饲料加工、贮存、产品贮存、初加工等畜牧生产建筑物集中在此；管理区是畜牧生产经营管理部门所在地；生活区则是从业人员的生活居住区。同时应搞好场区绿化建设工程。各功能区的建设应符合以下要求：

①生活区：应建在整个场区的上风头和地势较高地段，并与生产区保持 100 m 以上的距离，以保证生活区良好的卫生环境。

②管理区：要和生产区严格分开，保证 50 m 以上距离。外来人员只能在管理区内活动。

③生产区：应设在场区的下风向位置，要能控制场外人员和车辆，使之不能直接进入生产区。生产区的畜舍要合理布局，按科学的饲养模式布置畜舍。为综合考虑防疫、采光与通风，各畜舍之间要保持适当距离，前后两栋畜舍之间的距离以不小于 20 m 为宜。粗饲料库设在生产区下风口地势较高处，与其他建筑物保持 60 m 以上的防火距离。饲料库、干草棚、加工车间和青贮池，要布置在适当位置，便于车辆运送，减小劳动强度。但必须防止因污水渗入而污染草料。

④粪尿污水处理、病畜管理区：畜禽粪便与生产污水的堆放与贮存设施应设在生产区下风向，地势稍低处，且应有 300 m 的卫生间隔。最好有围墙隔离，并远离水源，以防污染。

另外，尸坑和焚尸炉距畜舍 300～500 m 以上。防止污水、粪尿等废弃物外溢蔓延而污染环境。

(6)场区绿化：搞好场区绿化，不仅可以调节小气候(如温度、湿热、气流等)，改善空气质量，降低噪声，而且在卫生防疫、防火以及美化环境方面有着不可忽视的作用。一般要求场区绿化率不低于 20%。绿化的主要地段包括生活区、道路两侧、隔离带等。

(三)饮用水水质与空气质量

除在选址时应考虑水源不受工业企业、医院等排污的影响外，还应考虑水质情况。反映水质好坏的主要参数包括色、浑浊度、臭和味、总硬度、溶解性总固体、pH 值、硫酸盐、总大肠菌群、氟化物、氰化物、砷、汞、铅、铬、镉、硝酸盐等。水质检测时由省级农业行政主管部门通知申请人委托具有资质的检测机构，即经农业部备案的无公害农产品产地环境检测机构进行检测。检测机构应根据《无公害食品 畜禽饮用水水质》(NY 5027—2008)标准进行抽样检验，各项指标应符合《无公害食品 畜禽饮用水水质》(NY 5027—2008)(表 4-1)标准的要求。

空气质量除了在建场时应符合周围 3 km 内无大型化工厂、矿厂或其他畜牧场等污染源，避免外界环境对畜禽生产环境的影响这一要求以外，其舍内空气质量也应达到相关标准的要求。通常情况，畜舍以及场区都会因为畜禽养殖密度较高，粪便、污水、饲料以及垫料等等致使氨气、硫化氢等有害气体聚集而影响空气质量，同时还会由于畜舍内特有的湿热环境而引起细菌滋生，不利于畜禽卫生防疫而引发疾病。畜禽养殖场空气质量的重要污染影响因子包括氨气、硫化氢、二氧化碳、恶臭、细菌总数、飘尘、总悬浮颗粒物。各项指标应符合《畜禽场环境质量标准》(NY/T 388—1999)(表 4-2)的要求。

表 4-1 畜禽饮用水水质标准

项目		标准值	
		畜	禽
感官性状及一般化学指标	色	≤30°	
	浑浊度	≤20°	
	臭和味	不得有异臭、异味	
	总硬度(以 $CaCO_3$ 计)(mg/L)	≤1 500	
	pH	5.5～9.0	6.5～8.5
	溶解性总固体(mg/L)	≤4 000	≤2 000
	硫酸盐(以 SO_4^{2-} 计)(mg/L)	≤500	≤250
细菌学指标	总大肠菌群(MPN/100 mL)	成年畜 100,幼畜和禽 10	
毒理学指标	氟化物(以 F^- 计)(mg/L)	≤2.0	≤2.0
	氰化物(mg/L)	≤0.20	≤0.05
	砷(mg/L)	≤0.20	≤0.20
	汞(mg/L)	≤0.01	≤0.001
	铅(mg/L)	≤0.10	≤0.10
	铬(六价)(mg/L)	≤0.10	≤0.05
	镉(mg/L)	≤0.05	≤0.01
	硝酸盐(以 N 计)(mg/L)	≤10.0	≤3.0

表 4-2 畜禽场空气环境质量

序号	项目	单位	缓冲区	场区	舍区			
					禽舍		猪舍	牛舍
					幼	成		
1	氨气	mg/m³	2	5	10	15	25	20
2	硫化氢	mg/m³	1	2	2	10	10	8
3	二氧化碳	mg/m³	380	750	1 500		1 500	1 500
4	PM_{10}	mg/m³	0.5	1	4		1	2
5	TSP	mg/m³	1	2	8		3	4
6	恶臭	稀释倍数	40	50	70		70	70

注:表中数据均为日平均值。

(四)生态环境质量

生态环境质量指标主要包括温度、湿度、风速、照度、细菌、噪声和粪便含水率。生态环境质量超标可导致畜禽产生各种应激反应、免疫力降低等而引发疾病。如环境温度直接影响着畜禽的体热调节,通过热调节影响家畜健康状况、生产性能和生长速度。在炎热环境中,畜禽散热困难,引起体温升高、采食量下降等,从而导致生产力下降，免疫水平也将受到影响；在寒冷的条件下，畜体散热过快，为维持体热平衡需要大量的饲料用于产热消耗，这也将导致生产力的下降。

各项指标应符合《畜禽场环境质量标准》(NY/T 388—1999)(表 4-3)的要求。

表 4-3 舍区生态环境质量标准

序号	项目	单位	禽		猪		牛
			幼	成	仔	成	
1	温度	℃	21～27	10～24	27～32	11～17	10～15
2	湿度(相对)	%	75		80		80
3	风速	m/s	0.5	0.8	0.4	1.0	1.0
4	照度	lux	50	30	50	30	50
5	细菌	个/m³	25 000		17 000		20 000
6	噪声	dB	60	80	80	75	
7	粪便含水率	%	65～75		70～80		65～75

(五)废弃物处理与排放

畜禽养殖废弃物主要为家畜粪便。就粪尿本身而言，其组成成分主要为粗纤维、蛋白质、糖类和脂类物质，它们在自然界中容易分解，并参与物质的再循环过程，如果以适当方式在适当的地点排放或利用，它们不仅不会造成环境污染，而且还是农业生产中一种很好的肥料资源。但随着现代化、集约化畜牧业的迅速发展以及市场利益的推动，与传统的农户养殖相比，目前的畜禽粪便数量和特性均发生了很大的改变。一方面，集约化养殖致使粪尿排放量大而且集中；另一方面，生产中为了促进动物生长、防治动物疫病、生产功能性畜产品和经济利益驱动，抗生素、维生素、激素和金属微量元素添加剂等滥用的现象普遍存在，一部分兽药和饲料添加剂在动物体内残留或代谢分解，其余未吸收利用部分随粪尿排出体外。

粪便的高浓度集中排放，很容易超出区域环境容量，超出土壤、水、空气等的自净能力时，造成环境富积而产生污染。

另外就是粪尿及污水中还含有病原微生物、寄生虫卵等，在向外界排放时，很容易导致周围水域和地下水的污染，或借助水体作介质进行疾病传播。而圈舍垫料、废饲料、散落的羽毛、孵化产生的胚蛋、蛋壳、养殖场内剖检、病畜死尸及皮毛等，虽然数量较少，其环境污染问题较畜禽粪便而言，不甚突出，但其无害化处理尤其重要，也应引起足够重视。

针对畜禽养殖业污染物的排放特点以及污染特性，国家环境保护总局制定了《畜禽养殖业污染物排放标准》(GB 18596—2001)。从推动畜禽养殖业污染物的减量化、无害化和资源化的角度出发，规定了废水日排放量、恶臭排放标准、废渣无害化环境标准，以及污水中 COD、BOD_5、悬浮物、氨氮、总磷、粪大肠菌群数与蛔虫卵的最高允许排放浓度(表 4-4)。

表 4-4 集约化畜禽养殖业水污染物最高允许日均排放浓度

控制项目	五日生化需氧量(mg/L)	化学需氧量(mg/L)	悬浮物(mg/L)	氨氮(mg/L)	总磷(mg/L)	粪大肠菌群数(个/100 mL)	蛔虫卵(个/L)
标准值	150	400	200	80	8.8	1000	2.0

用于直接还田的畜禽粪便，必须进行无害化处理，禁止直接将废渣倾倒入地表水体或其他环境中，畜禽粪便还田时，不能超过当地的最大农田负荷量，避免造成面源污染和地下水污染。经无害化处理后的废渣，应符合蛔虫卵死亡率大于95%、粪大肠菌群数小于 10^5 个/kg 的标准要求。

二、设施要求

生产设施主要包括环境质量控制设施、卫生防疫设施及其他基本生产设施。环境质量控制设施、卫生防疫设施是为了改善畜舍环境质量质量，加强卫生防疫，减少疾病传播，提高生产力。

(一)温控与通风设施

1. 温湿度控制

畜舍的结构设计、方位及场址选择等应根据当地气候特点，符合防暑、防潮的要求，并根据实际需要适当配备风机、喷雾降温等防暑降温设备。畜舍结构设计主要包括屋顶使用隔热材料或隔热涂料、屋顶开天窗、采用开放或半开放的畜舍、外遮阳等，减少日照、降低日射吸收量，加强自然通风效果达到防暑降温的效果。另外由于畜禽粪尿大量排放及生产用水，使舍内空气、地面、墙体等表面比较潮湿，为了防潮，除将畜舍建在高燥的地方以外，畜舍墙体和地面均应作防潮处理，并便于消毒清洗。

2. 通风

通风是为了排出舍内对家畜生活上不必要且有害的热、水分、二氧化碳、氨气、硫化氢等不良气体，并补给新鲜空气而施行。屋顶上方开口的建筑有利于自然通风，亦可加装风机以加强通风效果。

(二)卫生防疫设施

卫生防疫中卫生消毒属于重中之重，消毒内容主要包括车辆消毒、人员消毒、器具与环境消毒。消毒设施配备是否到位直接影响卫生防疫。

1. 车辆消毒

养殖场大门入口处应设有车辆消毒设施，车辆消毒池的宽度与大门相同，长度和消毒液的高度能保证入场车辆所有车轮外沿充分浸没在消毒液中，一般为 3.8 m×3 m×0.1 m。同时也可以配备喷雾消毒设施，不仅可以对进入场区的车辆进行消毒，还可以对清洗完毕后的畜禽舍、带畜禽环境、道路和周围环境进行喷雾消毒。

2. 人员消毒

场区入口除设车辆消毒池外，应设人员消毒通道。该通道除设地面消毒池外，还需增设紫外线消毒灯。同时在生产区门口应设有洗手消毒、脚踏消毒池、更衣换鞋处或淋浴室等设施。生产人员进入生产区内时，应进行严格的清洁消毒，更换衣鞋。

3. 器具消毒

器具消毒主要指饲喂用具、兽医用具、产品贮存及运输设施等的消毒。对于一般体积较小的器具只需配制合适的消毒液进行浸泡消毒即可，而产品运输车辆的车厢、库房等的消毒用浸泡方式显然不行，可以配备喷雾器，采用喷雾消毒方式进行消毒。

对于奶牛场而言，要保持挤奶设备、奶罐车等所有容器具的清洁卫生，应配置完善的清洗系统及与之配套的锅炉提供足够的热水，保证有效清洗。

另外，肉鸡、蛋鸡养殖场应设有防鸟、防鼠设施，并定期进行除虫灭害工作；奶牛场的生鲜牛奶应设单间存放，与牛舍隔离，并且有防尘、防蝇、防鼠的设施。

（三）基本生产设施

根据畜禽养殖场的建筑布局与卫生防疫要求，办公区、生活区、生产区、生产辅助区、畜禽粪便堆积区、无害化处理区、病畜隔离区等应相互隔离，应建有消毒室、兽医室、隔离舍等基础设施，但具体设施的相应配置因畜禽品种不同而异。大概归纳如表 4-5、表 4-6 和表 4-7 所示。

表 4-5 鸡场

<table>
<tr><th></th><th>生产建筑设施</th><th>辅助生产建筑设施</th><th>生活管理建筑设施</th></tr>
<tr><td>种鸡场</td><td>育雏舍、育成舍、种鸡舍、孵化厅</td><td rowspan="3">消毒门廊、消毒沐浴室、兽医化验室、急宰间和焚烧间、饲料加工间、饲料库、蛋库*、汽车库、修理间、配电室、发电机房、水塔、蓄水池、压力罐、水泵房、物料库、污水及粪便处理设施</td><td rowspan="3">办公用房、食堂、宿舍、文化娱乐用房、围墙、大门、门卫、厕所、场区其他工程</td></tr>
<tr><td>蛋鸡场</td><td>育雏舍、育成舍、蛋鸡舍</td></tr>
<tr><td>肉鸡场</td><td>育雏舍、肉鸡舍</td></tr>
</table>

注：* 蛋库应与其生产能力相适应，温湿度可控，冷库温度保持在 −1～0℃，相对湿度保持在 80%～90%。

表 4-6 猪场

生产建筑设施	辅助生产建筑设施	生活管理建筑设施
配种、妊娠舍 分娩哺乳舍 仔猪培育舍 育肥猪舍 病猪隔离舍 病死猪无害化处理设施 装卸猪台	消毒门廊、消毒沐浴室、兽医化验室、急宰间和焚烧间、饲料加工间、饲料库、汽车库、修理间、配电室、发电机房、水塔、蓄水池、压力罐、水泵房、物料库、污水及粪便处理设施	办公用房、食堂、宿舍、文化娱乐用房、围墙、大门、门卫、厕所、场区其他工程

表 4-7 牛场

	生产建筑设施	辅助生产建筑设施	生活管理建筑设施
奶牛场	成乳牛舍、青年牛舍、育成牛舍、犊牛舍、产房、挤奶厅(应配备机械化挤奶设备、配套的冷藏贮罐、运输罐车)	消毒沐浴室、兽医化验室、急宰间和焚烧间、饲料加工间、饲料库、青贮窖、干草房、汽车库、修理间、配电室、发电机房、水塔、蓄水池、压力罐、水泵房、物料库、污水及粪便处理设施办	办公用房、食堂、宿舍、文化娱乐用房、围墙、大门、门卫、厕所、场区其他工程
肉牛场	母牛舍、后备牛舍、育肥牛舍、犊牛舍		

第二节 屠宰加工厂产地环境要求

屠宰加工厂的产地环境要求主要包括选址、布局、水源以及车间生产设施卫生要求等方面。基本原则就是防止污染、相对隔离，防疫合格、设施齐备，空气清新、水质达标。

一、环境要求

(一)选址

厂址选择应从生产条件和投资收益两个方面综合考虑，既要做到有利生产和施工，同时又符合国家的法律法规以及区域发展的规划要求，它将对投资额、经营管理条件、生产运行成本和产品质量起着决定性作用。

屠宰加工厂应选在环境卫生状况比较好的区域建厂，科学合理，符合动物防疫和环境质量的要求。场区应建在地势高燥，排水良好的地方，距离水源保护区和饮用水取水口、居民住宅区、公共场所及畜禽饲养场 500 m 以上，不受工业“三废”及农业、生活、医疗废弃物等有害气体、灰尘及其他污染源的污染。厂区应远离水源保护地和饮用水取水口，避开居民住宅区、公共场所及畜禽饲养场。

水源是保证生产正常进行的基本条件，因此必须有充足的水源供应。水源水质应符合《无公害食品 畜禽产品加工用水水质》(NY 5028—2008)的要求。该标准对加工用水水质从感官、一般化学指标、毒理学和微生物学等几个方面进行规定。感官指标包括色、浑浊度、臭和味、肉眼可见异物、总硬度、硫酸、pH、氯化物、溶解性总固体；毒理学指标包括氟化物、氰化物、总砷、总汞、总铅、铬、总镉、硝酸盐；微生物指标包括总大肠菌群和粪大肠菌群。各指标具体限值见表 4-8。

表 4-8　屠宰加工用水水质卫生要求

项　　目		卫生要求
感官指标	色	≤20°
	浑浊度	≤10°
	臭和味	不得有异臭、异味
	肉眼可见物	不得含有
一般化学指标	总硬度(以 $CaCO_3$ 计)(mg/L)	≤550
	pH	5.5～9.0
	硫酸盐(以 SO_4^{2-} 计)(mg/L)	≤300
	氯化物(以 Cl^- 计)(mg/L)	≤300
	溶解性总固体(mg/L)	≤1 500
	氟化物(以 F^- 计)(mg/L)	≤1.20
	氰化物(mg/L)	≤0.05
	砷(mg/L)	≤0.05
	汞(mg/L)	≤0.001
	铅(mg/L)	≤0.05
	铬(六价)(mg/L)	≤0.05
	镉(mg/L)	≤0.01
	硝酸盐(以 N 计)(mg/L)	≤20
微生物指标	总大肠菌群(MPN/100 mL)	≤10
	粪大肠菌群(MPN/100 mL)	≤0

注：畜禽制品深加工用水水质卫生要求应符合《生活饮用水标准》(GB/T 5749)的要求。

(二)布局

根据生产工艺要求及场地条件等实际情况，本着既方便生产的顺利进行，又便于实施生产过程的卫生质量控制这一原则进行厂区的规划和布局。

屠宰加工厂包括管理区、验收间、待宰间、急宰间、病畜隔离圈、屠宰车间、分割车间、冷库、无害化处理间等主要功能性建筑物。各功能性建筑物、物流与人流通道等应根据加工生产工艺流程的需要进行合理分区和布局。生产区和生活区必须严格分开。生产区内的各管理区应通过设立标志牌和必要的隔离设施来加以界定,以控制不同区域的人员和物品相互间的交叉流动。如屠宰、分割及贮存等不同加工环节对环境要求不同,为满足不同的生产要求,各生产车间应相对独立,同时为了保持物流通畅,又应保证各建筑物之间的有效衔接,以保障生产的高效运转。总之科学合理的厂区布局是保证加工生产安全、高效的前提和基础。主要应遵循以下主要原则:

1. 屠宰加工生产区与生活区或管理区应严格分开,生产区位于生活区的下风向。

2. 病畜禽隔离圈、急宰间、无害化处理间、锅炉房、储煤厂、污水处理设施等应位于生活区和生产加工区的下风向。

3. 生产厂区各生产车间的设置应满足生产工艺流程的需要,宰前、屠宰加工、分割、冷藏等区域合理布局。一般遵循从原料—半成品—成品的过程,即从非清洁到清洁的过程。因此,厂区布局按照产品的加工进程,使产品从不清洁的环节向清洁的环节过度,不允许加工流程中出现交叉和倒流。

4. 为防止产品污染,各建筑物之间应相对隔离。如原料、辅料、生肉、熟肉和成品的存放场所分开设置,化制间、锅炉房、储煤厂、污水处理设施等与屠宰加工车间、分割肉车间和肉制品车间相隔一定距离;运送活畜与产品出入口应分别设置,原料和产品无交叉相遇。

5. 冷库与分割肉或肉制品车间直接相连。

6. 保证建筑物具有良好的朝向与间距,满足采光、通风、防疫和防火的要求。

7. 厂区道路应该全部用水泥和沥青铺制硬质路面,路面要平坦,不积水,无尘土飞扬。厂区内要植树种草进行立体绿化。

(三)加工车间墙壁、地面、顶面及门窗要求

为保证加工车间的环境卫生,便于日常生产过程车间的清洗消毒,对车间的墙壁、地面、门窗的建筑设计也有严格要求,具体如下:

1. 门窗

门窗、天窗应严密不变形,防护门能两面开,设置位置适当。窗台应高出地面 1 m 以上,内侧下斜 45°或急剧倾斜。

2. 墙壁

墙壁应平整光滑,四壁及其地面交界处呈弧形,以防止污垢的积存,墙壁表层材料应光洁、不吸水、耐温耐腐蚀,以便于清洗消毒。如车间及冷库的屋顶或天花

板应选用不吸水、表面光洁、耐腐蚀、耐温、浅色材料覆涂或装修；生产车间墙壁要用浅色、不吸水、不渗水、无毒材料覆涂，并用白瓷砖或其他易清洗、防腐蚀材料装修高度不低于2.0 m的墙裙。

3.地面

生产车间地面应使用不渗水、不吸收、无毒、防滑材料铺砌，应有适当坡度，在地面最低点设置地漏，以保证不积水。

4.通风

应保证生产车间通风良好。采用自然通风时，通风面积与地面面积之比不应小于1∶16，采用机械通风是，换气量不应小于每小时换气3次。机械通风管道进风口要距离地面2 m以上，并远离污染源和排风口，开口处应设防护罩。

二、设施要求

生产设施主要包括宰前设施、屠宰设施、分割设施、贮存与运输设施，以及人员卫生、供水、防蚊蝇、环境保护等辅助性设施，为满足卫生检疫要求，所有设施的配置、安装规格等均应满足以下要求：

（一）宰前设施

1.场内应设有预检分类圈（含司磅间）或验收间、与屠宰规模相适应的病畜禽隔离圈、急宰间、待宰间和无害化处理间。

2.待宰间应配置有效的宰前冲洗淋浴设施。淋浴设备应在不同角度、不同方向设置喷头，以保证体表冲洗完全；水温20℃左右，喷水孔径2 mm，以使喷射出的水流呈雾状。

（二）屠宰设施

1.屠宰车间放血线轨道面与地面应相隔一定距离：生猪、牛、羊屠宰厂分别为3～3.5 m、4.5～5 m、2.4～2.6 m。

2.屠宰加工车间内传送轨道上的挂畜间距分别为：挂猪间距不小于0.8 m、挂牛间距不小于1.2 m、挂羊间距不小于0.8 m。

3.屠宰车间照明要求：车间内应有充足的自然光线或人工照明。照明灯具的光泽不应改变被加工物的本色，亮度应能满足兽医检验人员和生产操作人员的工作需要。吊挂在肉品上方的灯具，必须装有安全防护罩，以防灯具破碎而污染肉品。

4.屠宰加工设备以及材料应表面光滑、无毒、不渗水、耐腐蚀、不生锈，并便于清洗消毒。

5.屠宰车间应设有可供检疫人员实施检疫操作的空间。

(三)分割设施

1.车间输送设备不造成肉品污染,盛放产品的容器不能直接落地;

2.胴体预冷间温度在0~4℃;

3.包装间温度应在15℃以下。

(四)辅助设施

1.贮存与运输设施

产品运输使用符合食品卫生要求的专用冷藏车或保温车,胴体肉实行悬挂式运输;有符合卫生要求的原辅料和内包装材料库,清洁、卫生、防止鼠虫害。

生产冷库应设有预冷间(0~4℃)、冻结间(-23℃以下)、冷藏间(-18℃以下)。

2.防尘、蚊蝇措施

非全年使用空调的车间、门、窗应有防蚊蝇、防尘设施;建筑物及各项设施应根据生产工艺卫生要求和原材料贮存等特点,设置有效的防鼠、防蚊蝇、防尘、防飞鸟、防昆虫的设施,防止受其危害和污染。

3.消毒与人员卫生设施

活畜入口处应设消毒池,保证对运输车辆进行有效消毒;人员消毒池壁内侧与墙体呈45°坡形,其规格尺寸应使工作人员必须通过消毒池才能进入。

车间应配有与生产规模相适应的更衣室、淋浴间、洗手消毒设施以及卫生间。

更衣室大小应与加工人员数量相适宜,且与车间相连。个人衣物、鞋帽应分开放置。

淋浴间也应与车间直接相连,大小与车间内加工人员数量相适应。淋浴间内应通风良好,地面和墙群应采用浅色、易清洁、耐腐蚀、不渗水的材料建造,地板要防滑,墙群以上部分和顶面要涂刷防霉涂料,地面要排水通畅,有冷热水供应。

要为在清洁区和非清洁区作业的加工人员洗手设施分别设置在车间进口处和车间内适当的地点,要配备冷热水混合器,其开关应采用非手动式,洗手龙头所需数量按10人1个龙头,200人以上每增加20人增设1个的比例配置;干手用具必须是不会导致交叉污染的物品,如一次性纸巾、消毒毛巾等。

为了便于生产管理,与车间相连的卫生间,不应设在加工作业区内,可以设在更衣区内。卫生间的门窗不能直接开向加工作业区,卫生间的墙面、地面和门窗应该用浅色、易清洗消毒、耐腐蚀、不渗水的材料建造,并配有冲水、排气除臭装置、洗手消毒设施,窗口有防虫蝇装置。

4.给排水设施

车间内生产用水的供水管必须采用不易生锈的管材,供水方向应同加工进程方向相反，即由清洁区向非清洁区流动。

车间内供水管路应尽量统一走向，冷水管要避免从操作台的上方通过，以免冷凝水凝集后低落到产品上。

车间内排水沟应该采用表面光滑、不渗水的材料铺砌，施工时不得出现凹凸不平和裂缝，并形成3%的倾斜度，以保证车间内排水通畅。

排水沟的出口要有防鼠网罩，车间的地漏或排水沟的出口应适用U型等有存水弯的水封，以便防虫防臭。

第三节　畜产品初加工厂产地环境要求

一、环境要求

加工厂必须建在交通方便，水源充足，无有害气体、烟雾、灰沙及其他污染源的地区。

加工用水水质一定要符合无公害相关标准要求，如乳品加工、皮蛋加工用水水质必须符合《生活饮用水卫生标准》(GB 5749—2006)要求，咸蛋加工用水水质应符合《无公害食品 畜禽产品加工用水水质》(GB 5028—2008)的要求。

厂区主要道路、进入厂区的道路及停车场应铺设适于车辆通行的坚硬路面(如混凝土或沥青路面)，路面应平整、不起尘，平坦、无积水，厂区不得有裸露地面，除建筑物与道路之外必须全部绿化。

厂区应合理布局，按照产品加工生产工艺流程，从原料接收、预处理、成品加工、成品包装、贮存等各环节合理安排物流通道，污道与净道分开，避免交叉污染。

厂区内禁止饲养畜禽和其他动物。

生产过程中废水废料的排放或处理应达到国家环保总局规定的二级排放标准。

二、设施要求

(一)乳品加工厂设施要求

1. 设备和器具要求

生产车间内接触乳品的设备、工器具和容器，必须采用无毒、无异味、抗腐蚀、易清洗、易消毒的材料制作，表面应光滑，无凹坑、裂缝，不得使用竹木工器具和容器。所有生产车间的设备、工器具的结构、固定设备的安装位置都应便于彻底清洗消毒。

2. 给排水设施

乳品厂用水主要分为生产用水、非饮用水和蒸汽用水。各类用水水质及输送管网设计均应符合相关要求。

生产用水：工厂应有足够的生产用水，水压和水温均应满足生产需要；水质应符合 GB 5749 的规定。应配备水源供应保障设施，如贮水设施，且有相应的防污染措施，并定期清洗、消毒。

非饮用水：不与乳品接触的冷却用水、制冷用水、消防用水、蒸汽用水等必须用单独管道输送，不得与生产(饮用)用水系统交叉连接，这些管道应有明显的颜色区别。

蒸汽用水：直接或间接用于加工乳品的蒸汽用水，不得含有影响人体健康或污染乳品的物质。

厂区应有良好的排水系统，能承受最大的排水负荷，并不得污染供水系统。废水废气必须有相应的处理措施，废水废气的排放必须符合国家环境保护的规定。

3. 通风

生产车间应安装通风设施，及时排出潮湿和污浊的空气。排气时应使车间内的空气流向合理，不得使污浊空气流向清洁区。通风口应装有易清洗、耐腐蚀的网罩。

另外，工厂应有足够的供风能力，以保证干燥、输送、冷却和吹扫等工序的正常用风。关键工序和接触乳品表面的压缩空气应采取措施滤除油分、水分、灰尘、微生物、昆虫和其他杂物。

4. 照明

工厂应有充足的自然照明或人工照明。厂房内照明灯具的光泽应尽量不改变被加工物的本色；亮度应能满足工作场所和操作人员的正常工作需要。吊挂在乳品上方的灯具，必须装有安全防护罩。

5. 卫生设施

乳品加工车间必须设有更衣室、厕所、淋浴室、休息室，这些场所应灯光明亮、通风良好、洁净，门窗不得直接开向车间。更衣室内应按操作人员的人数配备更衣柜。

洗手设施：加工车间及厕所内都应有非手动开关的洗手设施以及用于干手的热风吹干器或一次性纸巾。

消毒设施：加工车间内必须设有工器具、容器和固定设备的清洗、消毒设施，并应有充足的冷、热水源。

6. 贮存与运输设施

原料乳运输工具必须使用密闭的、洁净的、经消毒的奶槽车或奶桶。

(二)蜂产品、蛋制品加工厂设施要求

1. 厂房及设施

厂房宽敞,地面平整,场地清洁、阴凉、干燥;既要避免日光直射,又要通风透气;车间按工艺流程要求布局合理,无交叉污染环节;车间墙壁要用浅色、不吸水、不渗水、无毒材料覆涂,并用防腐材料装修高度不低于 1.5 m 的墙裙;车间屋顶或天花板应选用无毒、不易脱落的材料,屋顶结构要有适当的坡度,避免积水;车间门窗应完整密封,并设有防蚊装置;车间内生产线上方的照明设施应有防爆灯罩或采用其他安全照明设施;泡制车间应装有换气或空调设备,进、出气口应有防止害虫侵入的装置。

2. 卫生设施

车间入口处应设有消毒设施;更衣室应与车间相连,且宽敞整洁。更衣室内应配备足够的更衣柜及鞋柜;与车间相连的卫生间内应设有洗手消毒设施,并配有洗涤用品和干手器。卫生间要保持清洁卫生,门窗不得直接开向车间。

3. 生产设备

加工设备应按工艺流程合理布局;设备、器具与物料的接触面要具有非吸收性,无毒、平滑,要耐反复清洗。同时加工厂应有适当的检验(化验)室和检验设备,对原料进厂、加工及成品出厂进行监督检查。

第五章　畜禽养殖场现场检查的重点与要求

第一节　家畜养殖场生产过程质量控制评价

一、质量管理体系评价

（一）质量管理机构和制度

1. 是否设立质量管理机构，机构的设置是否合理，人员职责是否明确。查阅机构设立、人员职责分工等相关文件。

2. 生产管理制度是否健全，内容是否符合要求，是否能够执行。制度至少应包括原料（投入品）的采购、使用和管理制度，饲养管理制度、卫生防疫制度、无害化处理制度、培训制度。查阅相关制度文件，现场询问工作人员。

3. 是否取得合法经营条件的资质证明，证件是否真是有效。查阅营业执照（身份证）、动物防疫合格证、排污许可证等。

（二）工作人员素质要求

工作人员是否接受过培训，是否有相应岗位的资质证明，是否有健康证。查阅培训记录，相关证件，随机对工作人员进行询问核实。

（三）生产过程记录要求

重点检查是否建立真实有效的生产过程记录，至少要包括以下内容：

1. 生产记录，包括圈舍号、家畜变动情况（调入、调出等）、存栏数、记录时间、记录人员等。

2. 饲料、饲料添加剂和兽药使用记录，包括开始使用时间、投入品名称、生产厂家、批号/加工日期、用量、停止使用时间、记录时间、记录人员等。

3. 消毒记录，包括日期、消毒场所、消毒药名称、用药剂量、消毒方法、操作员签字等。

4. 免疫记录，包括时间、圈舍号、存栏量、免疫数量、疫苗名称、生产厂家、批号

(有效期)、免疫方法、免疫剂量、免疫人员等。

5. 诊疗记录，包括时间、家畜标识编码、圈舍号、日龄、发病数、病因、诊疗人员、用药名称、用药方法、诊疗结果等。

6. 防疫检测记录，包括采样日期、圈舍号、采样数量、监测项目、监测单位、监测结果、处理情况等。

7. 病死家畜无害化处理记录，包括日期、数量、处理或死亡原因、家畜标识编码、处理方法、处理单位(或责任人)。

二、投入品管理评价

(一)种畜、仔畜的购入

1. 是否在具有种畜禽经营许可证的企业购买，查阅购买合同或发票，种畜禽经营许可证的复印件。

2. 是否经过动物防疫监督机构检验，查阅《动物及动物产品运载工具消毒证明》、《动物产地检疫合格证明》或《出县境动物检疫合格证明》，活畜入场检疫监督记录。

3. 种畜是否进行规定期限的隔离饲养。查阅隔离观察记录。

(二)饲料和饲料添加剂

1. 饲料添加剂是否在《饲料添加剂品种目录内》，是否从具有饲料添加剂生产许可证的企业购买，并具有产品批准文号，进口饲料添加剂是否具有饲料添加剂进口登记证。查看饲料库内的饲料，查看饲料标签，查看购买合同。

2. 配合饲料、浓缩饲料和添加剂预混合饲料使用是否遵照产品饲料标签所规定的用法和用量；药物饲料添加剂的使用是否遵守《饲料药物添加剂使用规范》，是否执行休药期的规定。查阅饲料使用记录，药物饲料添加剂使用记录，询问饲养员。

3. 自产饲料是否有饲料原料接收、饲料配方档案及相应生产记录，饲料原料和各个批次生产的饲料产品是否保留样品，样品是否保留至该批产品保质期满后3个月。查阅原料接收记录、生产情况记录、样品保存记录。

4. 干草类及秸秆类饲料贮存场是否通风良好，能够防止日晒、雨淋，是否霉变；青绿饲料堆放是否合理，是否发生霉变。现场查看贮存场，查阅存储和使用记录。

(三)药品

1. 所用兽药是否具有《兽药生产许可证》，并获得农业部颁发《中华人民共和国兽药 GMP 使用证书》的兽药生产企业或者具有《进口兽药许可证》的供应商，并具有批准文号。查看兽药生产企业或供应商相关证件的复印件、兽药购货发票、兽药库房。

2. 兽药是否存放在药品柜、冰箱等处，是否在保质期内，是否合理存放，是否有专人进行管理。现场查看兽药库、兽药保存情况、兽药领用记录。

3. 兽药使用是否符合国家法规规定，没有违禁药物，执行休药期规定，并作好兽药使用记录。现场查看兽药，查阅兽药使用记录，询问兽医、技术人员。

三、饲养管理评价

(一)人员管理

1. 生产人员进入生产区内时，应进行清洁消毒，更换衣鞋；非生产人员一般不允许进入生产区，特殊情况下，应严格执行消毒程序后方可入场。查看消毒设施、进出场制度，询问工作人员。

2. 场内人员不得对外进行动物疫病诊疗和配种工作；食堂不从外购入肉及其副产品。查阅相关制度、询问。

(二)卫生防疫

1. 养殖场是否选择合适的消毒剂，定期对环境、人员、畜舍、用具、家畜进行消毒。查阅消毒记录和消毒制度，查看消毒药品，询问工作人员。

2. 畜舍地面平整，勤换垫料，保持清洁干燥，防止粪尿积存，便于打扫、消毒。

3. 活畜出入场口是否设有消毒设施，消毒药是否定期更换。查看相关设施和制度。

4. 饲料运输工具、养殖用具和装卸场地是否定期清洗和消毒。查看运输工具及场地的清洗消毒记录。

5. 养殖场是否根据《中华人民共和国动物防疫法》及其配套法规的要求，结合当地实际情况制定免疫和疫病监测制度，做好免疫接种和疫病监测，发生可疑重大动物疫病时，对病畜及时隔离的同时上报当地兽医行政主管部门。疫病确诊后，按照国家相关要求进行处置。查看相关制度、现场操作、记录和相关报告。

6. 是否有用于病死动物、废弃物、污水和粪尿的无害化处理和销毁的设施，且运转有效。查看现场设施、记录和相关报告。

7. 是否定期投放灭鼠药，控制啮齿类动物。投放鼠药定时、定点，及时收集死鼠和残余鼠药进行无害化处理，并有记录。查看鼠药和投放地点，查阅鼠药使用记录。

8. 是否在场内饲养其他畜禽。现场查看。

四、家畜销售评价

1. 家畜上市前是否应经兽医卫生检疫部门进行检疫，并出具检疫证明。查阅相关制度、询问。

2. 家畜运输车辆在运输前和使用后是否用消毒液彻底消毒。查阅消毒记录。

3. 是否有销售产品记录，包括销售时间、销售数量、销售地点等。查阅记录。

第二节　家禽养殖场生产过程质量控制评价

一、质量管理体系评价

（一）质量管理机构和制度

1. 是否设立质量管理机构，机构的设置是否合理，人员职责是否明确，要包括投入品接收、卫生防疫、饲养管理等。查阅机构设立、人员职责分工等相关文件。

2. 生产管理制度是否健全，内容是否符合要求，是否能够执行。制度至少应包括原料（投入品）的采购、使用和管理制度，饲养管理制度、卫生防疫制度、无害化处理制度、培训制度、家禽销售制度。查阅相关制度文件，现场询问工作人员。

3. 是否取得合法经营条件的资质证明，证件是否真实有效。查阅营业执照（身份证）、动物防疫合格证、排污许可证等。

（二）工作人员资质

工作人员是否接受过培训，是否有相应岗位的资质证明，是否有健康证。查阅培训记录，相关证件，随机对工作人员进行询问核实。

（三）生产过程记录

重点检查是否建立真实有效的生产过程记录，至少要包括以下内容：

1. 生产记录，包括圈舍号、家禽变动情况（调入、调出等）、存栏数、记录时间、记录人员等。

2. 饲料、饲料添加剂和兽药使用记录，包括开始使用时间、投入品名称、生产厂家、批号/加工日期、用量、停止使用时间、记录时间、记录人员等。

3. 消毒记录，包括日期、消毒场所、消毒药名称、用药剂量、消毒方法、操作员签字等。

4. 免疫记录，包括时间、圈舍号、存栏量、免疫数量、疫苗名称、生产厂家、批号（有效期）、免疫方法、免疫剂量、免疫人员等。

5. 诊疗记录,包括时间、圈舍号、日龄、发病数、病因、诊疗人员、用药名称、用药方法、诊疗结果等。

6. 防疫检测记录,包括采样日期、圈舍号、采样数量、监测项目、监测单位、监测结果、处理情况等。

7. 病死家禽无害化处理记录,包括日期、数量、处理或死亡原因、处理方法、处理单位(或责任人)。

二、投入品管理评价

(一)禽苗的购入

1. 是否经过动物防疫监督机构检验,查阅《动物及动物产品运载工具消毒证明》、《动物产地检疫合格证明》或《出县境动物检疫合格证明》,活禽入场检疫监督记录。

2. 是否有孵化厂出具的沙门氏菌检测合格证明。查阅相关证明。

(二)饲料和饲料添加剂

1. 饲料添加剂是否在《饲料添加剂品种目录内》,是否从具有饲料添加剂生产许可证的企业购买,并具有产品批准文号,进口饲料添加剂是否具有饲料添加剂进口登记证。查看饲料库内的饲料,查看饲料标签,查看购买合同。

2. 配合饲料、浓缩饲料和添加剂预混合饲料使用是否遵照产品饲料标签所规定的用法和用量;药物饲料添加剂的使用是否遵守《饲料药物添加剂使用规范》,是否执行休药期的规定。查阅饲料使用记录,药物饲料添加剂使用记录,询问饲养员。

3. 自产饲料是否有饲料原料接收、饲料配方档案及相应生产记录,饲料原料和各个批次生产的饲料产品是否保留样品,样品是否保留至该批产品保质期满后3个月。查阅原料接收记录、生产情况记录、样品保存记录。

4. 饲料配方和投料频率是否符合家禽营养需要。查看饲料配方,投料记录。

(三)药品

1. 所用兽药是否具有《兽药生产许可证》,并获得农业部颁发《中华人民共和国兽药GMP使用证书》的兽药生产企业或者具有《进口兽药许可证》的供应商,并具有批准文号。查看兽药生产企业或供应商相关证件的复印件、兽药购货发票、兽药库房。

2. 兽药是否存放在药品柜、冰箱等处,是否在保质期内,是否存放合理,是否有专人进行管理。现场查看兽药库、兽药保存情况、兽药领用记录。

3.兽药使用是否符合国家法规规定，没有违禁药物，执行休药期规定，并作好兽药使用记录。现场查看兽药，查阅兽药使用记录，询问兽医、技术人员。

三、饲养管理评价

(一)人员管理

生产人员进入生产区内时，应进行清洁消毒，更换衣鞋；非生产人员一般不允许进入生产区，特殊情况下，应严格执行消毒程序后方可入场。查看消毒设施、进出场制度，询问工作人员。

(二)卫生防疫

1.是否实行“全进全出”饲养方式。

2.养殖场是否选择合适的消毒剂，定期对环境、人员、禽舍、用具、家禽进行消毒。查阅消毒记录和消毒制度，查看消毒药品，询问工作人员。

3.禽舍地面平整，勤换垫料，保持清洁干燥，防止粪尿积存，便于打扫、消毒。

4.家禽出入场口是否设有消毒设施，消毒药是否定期更换。查看相关设施和制度。

5.饲料运输工具、养殖用具和装卸场地是否定期清洗和消毒。查看运输工具及场地的清洗消毒记录。

6.养殖场是否根据《中华人民共和国动物防疫法》及其配套法规的要求，结合当地实际情况制定免疫和疫病监测制度，做好免疫接种和疫病监测，发生可疑重大动物疫病时，对病禽及时隔离的同时上报当地兽医行政主管部门。疫病确诊后，按照国家相关要求进行处置。查看相关制度、现场操作、记录和相关报告。

7.是否有用于病死动物、废弃物、污水和粪尿的无害化处理和销毁的设施，且运转有效。查看现场设施、记录和相关报告。

四、家禽销售评价

1.家禽上市前是否应经兽医卫生检疫部门进行检疫，并出具检疫证明。查阅相关制度、询问。

2.家禽运输车辆在运输前和使用后是否用消毒液彻底消毒。查阅消毒记录。

3.是否有销售产品记录，包括销售时间、销售数量、销售地点等。查阅记录。

第三节 蛋鸡养殖场生产过程质量控制评价

一、质量管理体系评价

(一)质量管理机构和制度

1. 是否设立质量管理机构,机构的设置是否合理,人员职责是否明确,要包括投入品接收、卫生防疫、产品质量检验、产品管理等。查阅机构设立、人员职责分工等相关文件。

2. 生产管理制度是否健全,内容是否符合要求,是否能够执行。制度至少应包括原料(投入品)的采购、使用和管理制度,饲养管理制度、卫生防疫制度、成品管理制度、产品质量检验制度、无害化处理制度、培训制度等。查阅相关制度文件,现场询问工作人员。

3. 是否取得合法经营条件的资质证明,证件是否真实有效。查阅营业执照(身份证)、卫生许可证、动物防疫合格证等。

(二)工作人员资质

工作人员是否接受过培训,是否有相应岗位的资质证明,是否有健康证。查阅培训记录,相关证件,随机对工作人员进行询问核实。

(三)生产过程记录

重点检查是否建立真实有效的生产过程记录,至少要包括以下内容:

1. 生产记录,包括圈舍号、蛋鸡变动情况(调入、调出等)、存栏数、记录时间、记录人员等。

2. 饲料、饲料添加剂和兽药使用记录,包括开始使用时间、投入品名称、生产厂家、批号/加工日期、用量、停止使用时间、记录时间、记录人员等。

3. 消毒记录,包括日期、消毒场所、消毒药名称、用药剂量、消毒方法、操作员签字等。

4. 免疫记录,包括时间、圈舍号、存栏量、免疫数量、疫苗名称、生产厂家、批号(有效期)、免疫方法、免疫剂量、免疫人员等。

5. 诊疗记录,包括时间、圈舍号、日龄、发病数、病因、诊疗人员、用药名称、用药方法、诊疗结果等。

6. 防疫检测记录,包括采样日期、圈舍号、采样数量、监测项目、监测单位、监测结果、处理情况等。

7. 病死蛋鸡无害化处理记录，包括日期、数量、处理或死亡原因、处理方法、处理单位(或责任人)。

二、投入品管理评价

(一)雏鸡的购入

商品代雏鸡是否来自通过有关部门验收的种鸡场或专业孵化厂；外购种蛋应来自通过无公害产地认定并与其签订购销协议的蛋鸡养殖场。查阅种鸡场或专业孵化厂相关证件、蛋鸡养殖场的无公害农产品产地认定证书的复印件。

(二)饲料和饲料添加剂

1. 饲料添加剂是否在《饲料添加剂品种目录内》，是否从具有饲料添加剂生产许可证的企业购买，并具有产品批准文号，进口饲料添加剂是否具有饲料添加剂进口登记证。查看饲料库内的饲料，查看饲料标签，查看购买合同。

2. 配合饲料、浓缩饲料和添加剂预混合饲料使用是否遵照产品饲料标签所规定的用法和用量；药物饲料添加剂的使用是否遵守《饲料药物添加剂使用规范》，是否执行休药期的规定。查阅饲料使用记录，药物饲料添加剂使用记录，询问饲养员。

3. 外购饲料的养殖场是否有饲料生产企业提供的饲料注册证明材料复印件、购销合同和外购饲料的检验报告。查阅相关材料。

4. 自产饲料是否有饲料原料接收、饲料配方档案及相应生产记录，饲料原料和各个批次生产的饲料产品是否保留样品，样品是否保留至该批产品保质期满后3个月。查阅原料接收记录、生产情况记录、样品保存记录。

(三)药品

1. 所用兽药是否具有《兽药生产许可证》，并获得农业部颁发《中华人民共和国兽药GMP使用证书》的兽药生产企业或者具有《进口兽药许可证》的供应商，并具有批准文号。查看兽药生产企业或供应商相关证件的复印件、兽药购货发票、兽药库房。

2. 兽药是否存放在药品柜、冰箱等处，是否在保质期内，是否存放合理，是否有专人进行管理。现场查看兽药库、兽药保存情况、兽药领用记录。

3. 兽药使用是否符合国家法规规定，没有违禁药物，执行休药期规定，并作好兽药使用记录。现场查看兽药，查阅兽药使用记录，询问兽医、技术人员。

4. 产蛋期使用治疗药物时，在弃蛋期内所产鸡蛋是否进行合理处置。查阅用药记录、生产记录，询问工作人员。

三、饲养管理评价

(一)人员管理

1.生产人员进入生产区内时,应进行清洁消毒,更换衣鞋;非生产人员一般不允许进入生产区,特殊情况下,应严格执行消毒程序后方可入场。查看消毒设施、进出场制度,询问工作人员。

2.集蛋人员集蛋前是否洗手消毒。现场查看人员操作。

(二)卫生防疫

1.是否实行“全进全出”饲养方式。

2.现存栏鸡只健康状况是否良好;鸡舍喂料器内的饲料是否保持新鲜,无霉变和污染;鸡舍饮水设备内的水质是否保持清洁、无污染。现场查看。

3.是否定期在鸡舍内无蛋时进行带鸡消毒;是否定期对鸡蛋养殖、贮存、分装的场地和设施进行消毒。不使用酚类消毒剂,产蛋期不使用醛类消毒剂。查看消毒剂购货发票、兽药库房、消毒记录。

4.鸡舍周围环境、场区周围及场内污水池、排粪坑、下水道出口是否定期消毒;每批鸡出栏后是否对鸡舍进行彻底清洗、消毒,空舍2周以上。查阅消毒记录,询问相关人员。

5.是否定期投放灭鼠药,控制啮齿类动物。投放鼠药是否定时、定点,及时收集死鼠和残余鼠药进行无害化处理。查阅鼠药购货发票、使用记录。

6.使用高效低毒化学药物杀虫,喷洒杀虫剂时避免喷洒到鸡蛋表面、饲料中和鸡体上。查阅杀虫药物购货发票。

7.养殖场是否根据《中华人民共和国动物防疫法》及其配套法规的要求,结合当地实际情况制定免疫和疫病监测制度,做好免疫接种和疫病监测,发生可疑重大动物疫病时,对病禽及时隔离的同时上报当地兽医行政主管部门。疫病确诊后,按照国家相关要求进行处置。查看相关制度、免疫程序、现场操作、记录和相关报告。

8.是否有用于病死动物、废弃物、污水和粪尿的无害化处理和销毁的设施,且运转有效。查看现场设施、记录和相关报告。

四、产品销售评价

1.运送鸡蛋的车辆是否用消毒液彻底消毒;运送鸡蛋的车辆是否是封闭货车或集装箱,不让鸡蛋直接暴露在空气中进行运输。现场查看。

2.是否有销售产品记录,包括销售时间、销售数量、销售地点等。查阅记录。

第四节　常见问题和注意事项

一、质量管理机构和制度问题

1. 没有质量管理机构成立文件或资料。受到养殖规模，人员数量和素质的影响，有些申请人并没设立质量管理机构，或者只是口头任命，而没有相关的文件资料。

2. 生产制度不健全。大部分申请人都有饲养管理和卫生防疫制度，但对于投入品采购（如饲料、兽药等）没有明确要求，无害化处理制度和培训制度更是容易被忽视，即使有也很少落实。

二、生产过程记录问题

1. 生产过程记录缺少。容易缺少兽药使用、休药期监控记录，疫病监测和无害化处理记录。

2. 生产过程记录临时填写，应付检查。部分申请人还没有认识到生产过程记录的重要性，认为只是上级机构为监督企业而设置。因此，当得知有检查时，才临时集中填写。

3. 生产过程记录保管不善。没有专门的档案管理人员，甚至没有专门的档案柜，对于生产过程记录的保存期限也不了解。

三、卫生防疫问题

1. 卫生防疫设施不全。例如养殖场出入口没有消毒池，消毒池内的消毒剂不经常更换，家禽场或蛋鸡场没有防鸟设施等。

2. 人员卫生防疫意识差。例如不按照净道污道的原则进行生产操作，蛋鸡场集蛋人员不洗手，没有良好的卫生习惯等。

四、兽药问题

1. 兽药休药期。在使用药物时，并不注意休药期，缺乏相关的知识。

2. 使用人药。使用人药进行治疗，不符合要求。

3. 滥用药物。对所有畜禽使用抗菌素，来增加抵抗力。

4. 兽药保管。兽药没有专人管理，保存方式不当等。

5. 兽医资质。没有兽医资质的人员进行疫病诊治。

五、对加盟农户监管不到位

1. 没有管理制度、标准要求。申请人和农户关系松散，只管收购产品，没有统一的饲养要求。

2. 没有加盟农户条件要求。对于农户养殖条件、养殖规模没有限制，造成农户数量大，条件差，难以进行有效管理。

3. 没有专门的人员对农户进行技术服务和监督管理。

以上这些问题是对养殖场进行现场检查时经常遇到的，这就要求检查人员在现场检查时多加留意，发现问题时，不但要及时地指出问题所在，还要提供相应的解决意见建议。对于申请人不理解的问题，要以国家法律法规和无公害标准作为依据，耐心讲解，以达到帮助申请人提高安全生产意识和生产管理水平的目的。

第六章　畜产品初加工厂现场检查的重点与要求

第一节　畜禽屠宰加工厂生产过程质量控制评价

一、生猪屠宰加工厂生产过程质量控制评价

（一）质量管理体系

1. 质量安全管理专门组织机构。此项为关键项。原料接收、卫生防疫、产品质量检验、成品管理等方面有专门机构负责。主要检查相关机构岗位职责、文件资料，从中判定是否成立质检科或检验室等机构。

2. 质检科或检验室与生产能力相适应。检查所需的仪器设备和检验人员资质证明，并检查实际操作能力。

3. 文件化的质量安全管理制度。此项为关键项。主要检查各类管理制度、程序文件和生产操作规程至少包括药物使用管理措施、采购和销售制度、卫生消毒制度、检疫制度、成品管理制度、无害化处理制度、人员培训制度。

4. 操作人员健康证齐全有效，相关人员经培训上岗，检疫员由动物防疫监督机构派驻。检查操作人员健康证、培训记录（培训对象、时间、内容）、动物检疫证。

5. 营业执照、动物防疫合格证、食品卫生许可证、定点屠宰许可证、排污许可证。此项为关键项。检查各种证书的原件，并且在有效期内。

6. 建立批生产记录（时间、规格、数量、批号）和可追溯的产品销售记录，并由操作人及复核人签名。检查批生产记录（时间、规格、数量、批号）和销售记录（数量、批次、购买方）。

（二）投入品管理

1. 生猪

生猪应来自通过认定的无公害农产品产地。此项为关键项。检查生猪购销合同及猪场的无公害农产品产地认定证书。

2.药品

(1)用于卫生消毒的各类药品如清洗剂、消毒剂,杀虫剂、灭鼠剂以及其他有毒有害物品应标识明显,贮存于专门库房或柜橱内,分类存放,并由专人负责保管。检查药品库房、管理制度文件和领用记录。

(2)药品的使用应由经过培训的人员按照使用方法进行。此项为关键项。检查药品使用记录、现场操作。

(3)除卫生和工艺需要,均不得在生产车间使用和存放可能污染食品的任何种类的药品,如存放应在指定处标示。现场查看。

3.加工用水

加工用水符合畜禽产品加工用水水质或饮用水水质要求。检查其由有资质单位出具的2年内的水质检验报告,查看水源。

(三)加工操作管理

1.屠宰操作

(1)屠宰过程中做到胴体、内脏、头蹄不落地。查看现场操作。

(2)副产品中内脏、血、毛、皮、蹄壳及废弃物的流向不应对产品和周围环境造成污染。现场查看。

(3)屠宰或检疫过程中,被污染的刀具要更换,并经过高温消毒处理。查看现场操作、询问。

(4)从业人员进入车间前,必须穿戴工作服、帽、靴、鞋,保持清洁卫生。现场查看。

2.常规卫生消毒

(1)厂区整洁、无臭水沟、垃圾或有碍卫生的场所。现场查看。

(2)生产人员每年至少一次健康检查。查看人员档案、记录。

(3)活畜进口处及隔离间、急宰间、化制间门口设置有效的车轮、鞋靴消毒池。查看现场设施。

(4)屠宰车间和分割车间入口应设有非手动洗手设施并备有洗手液,靴、鞋消毒池,更衣室等卫生设施,有专人管理,应经常保持良好状态。此项为关键项。现场查看。

(5)生产人员进车间前,必须穿戴工作服、帽、靴、鞋,工作服应盖住外衣,头发不得露于帽外,并洗净双手。现场实施情况。

(6)厂区内应定期或在必要时进行除虫灭害工作,要采取有效措施防止鼠类、蚊、蝇、昆虫等。现场查看相应设施、管理制度和记录。

3. 检疫

(1)生猪和猪肉产品的检疫工作由动物防疫监督机构实施，并做到严格实施宰前检疫、宰后检疫，检疫人员的数量应与生产规模相适应；厂内设有专门的检疫工作室。此项为关键项。检查检疫人员证件、现场查看检疫人员的操作，以及检疫工作室的设置。

(2)经产地动物防疫监督机构检疫，有规定的检疫证明；经驻厂动物检疫人员查证验物，合格的方可入厂屠宰。确认为患有传染病时按 GB 16548 的规定处理。此项为关键项。随机抽查本年度最近 1 个月或 2 个月回收的生猪检疫合格证明、宰前检疫记录。

(3)屠宰车间设有可供检疫人员实施检疫操作的检疫位点和相应的空间。查看屠宰车间和宰后检疫记录。

(4)检疫合格的胴体，在规定的部位加盖"检疫验讫"印章并出具检疫证明，印色须使用食用级色素配制；分割肉外包装应当印有或加贴规定的检疫合格标志。此项为关键项。现场查看。

(5)检疫不合格的产品，按 GB 16548 的规定做无害化处理。查看无害化处理设施和记录。

4. 运输

(1)猪肉运输车辆进出厂前应彻底清洗、装运前消毒。查看相应设施、管理制度和实施情况的记录。

(2)产品运输使用符合食品卫生要求的专用冷藏车或保温车，胴体肉实行悬挂式运输。现场查看。

(四)产品质量管理

1. 产品质量检验由企业质检部门负责，应按国家规定的卫生标准和检验方法进行检验，要逐批次对投产前的原材料、半成品和出厂前的成品进行检验，并签发检验结果单。查看文件、记录和检验单存根。

2. 产品出厂须经动物防疫监督机构检疫，并出具检疫合格证明。查看产品出厂记录和检疫证明存根。

二、牛、羊屠宰加工厂生产过程质量控制评价

(一)质量管理体系

1. 生产和质量安全管理机构：包括原料接收、卫生防疫、产品质量检验、成品管理等。此项为关键项。通过查阅文件资料，检查相关机构岗位职责。

2. 质检能力要与生产能力相适应。检查所需的仪器设备和检验人员资质证

明，实际操作能力。

3. 质量管理文件：各类管理制度、程序文件和生产操作规程至少包括药物使用管理措施、采购和销售制度、卫生消毒制度、检疫制度、成品管理制度、无害化处理制度、人员培训制度。此项为关键项。现场查看相关文件。

4. 操作人员健康证齐全有效，相关人员经培训上岗，检疫员由动物防疫监督机构派驻。查看操作人员健康证、培训记录（培训对象、时间、内容）、检疫证。

5. 营业执照、动物防疫合格证、食品卫生许可证。此项为关键项。检查核实各种证书原件。

6. 建立批生产记录（时间、规格、数量、批号）和可追溯的产品销售记录，并由操作人及复核人签名。检查批生产记录、销售记录（至少包括数量、批次、购买方等）及签字。

（二）投入品管理

1. 活畜

活畜应来自通过认定的无公害农产品产地。此项为关键项。查看购销合同、无公害农产品产地认定证书复印件。

2. 药品

（1）有可追溯的杀虫剂、灭鼠剂、消毒剂等有毒有害物品的使用规则和登记使用记录（名称、来源、数量、领用人、所在部门、领用数量、使用浓度、使用目的等），有专门人员监督管理。查阅管理制度、相应记录和岗位设置。

（2）设置专门的库房和储藏柜存放杀虫剂、灭鼠剂、消毒剂等有毒有害物品，并分类存放、标有醒目标记。查看药品库，无违禁药物。

（3）除卫生和工艺需要，均不得在生产车间使用和存放可能污染食品的任何种类的药剂。现场查看。

3. 加工用水

水质要符合 NY 5028 的要求。查看水质检验报告和水源。

（三）加工操作管理

1. 屠宰操作

（1）开膛时不得割破胃、肠、胆囊、膀胱、孕育子宫等，以免造成肉品污染。看现场操作。

（2）屠宰过程中做到胴体、内脏、头蹄不落地。看现场操作。

（3）屠宰用具应及时用热水进行清洗消毒，当触及带病菌的屠体或病变组织时，必须彻底消毒后再继续使用。看现场操作或询问。

（4）副产品中血、毛、皮、蹄壳及废弃物的流向不对肉品和周围的环境造成污染。看现场操作。

2.常规卫生消毒

(1)厂区整洁、无臭水沟、垃圾或有碍卫生的场所。现场查看。

(2)生产人员每年至少一次健康检查。查阅人员档案、记录。

(3)活畜进口处及隔离间、急宰间、化制间门口设置有效的车轮、鞋靴消毒池。现场检查。

(4)屠宰车间和分割车间入口应设有非手动洗手设施并备有洗手液、消毒池，靴、鞋消毒池，更衣室等卫生设施，有专人管理，应经常保持良好状态。此项为关键项。现场查看。

(5)生产人员进车间前，必须穿戴工作服、帽、靴、鞋，工作服应盖住外衣，头发不得露于帽外，并洗净双手。查看现场实施情况。

(6)厂区内应定期或在必要时进行除虫灭害工作，要采取有效措施防止鼠类、蚊、蝇、昆虫等。现场查看相应设施、管理制度和记录。

3.检疫

(1)检疫工作由动物防疫监督机构实施，并做到严格实施宰前检疫、宰后检疫，检疫人员的数量应与生产规模相适应；厂内设有专门的检疫工作室。此项为关键项。查阅检疫人员证件、现场观察检疫人员的操作，以及检疫工作室的设置。

(2)经产地动物防疫监督机构检疫，有规定的检疫证明；经驻厂动物检疫人员查证验物，合格的方可入厂屠宰。确认为患有传染病时按 GB 16548 的规定处理。此项为关键项。随机抽查本年度最近 1 个月或 2 个月回收的活畜检疫合格证明、宰前检疫记录。

(3)屠宰车间设有同步检疫设施，并设有头部、内脏、胴体及终末等 4～5 个检疫点，在各个检疫点处有可供检疫人员行使检疫操作的足够空间。查看现场设施。

(4)检疫合格的胴体，在规定的部位加盖“检疫验讫”印章并出具检疫证明，印色须使用食用级色素配制；分割肉外包装应当印有或加贴规定的检疫合格标志。此项为关键项。现场查看。

(5)检疫不合格的产品按 GB 16548 规定执行。查看设施、检疫记录和处理记录。

4.贮存与运输

(1)冷冻库贮存的冻肉在垫板上分类堆放，标识清晰，并与墙面、顶棚、排管有一定间距，温度－18℃以下。查看冷冻库、查阅记录。

(2)鲜肉不敞运，装卸鲜肉、冻肉时不脚踩、触地。查看现场操作。

(3)运输容器和车辆使用前后彻底清洗、消毒。查看相应设施、管理制度和实施情况的记录。

(四)产品质量管理

1. 产品质量检验由企业质检部门负责,应按国家规定的卫生标准和检验方法进行检验,要逐批次对投产前的原材料、半成品和出厂前的成品进行检验,并签发检验结果单。查阅文件、记录和检验单存根。

2. 产品出厂须经动物防疫监督机构检疫,并出具检疫合格证明。查阅产品出厂记录和检疫证明存根。

3. 供少数民族食用的牛羊屠宰厂,应尊重少数民族习惯。

三、家兔屠宰加工厂生产过程质量控制评价

(一)质量管理体系

1. 质量安全管理专门组织机构:包括原料接收检验、卫生防疫、产品质量检验、成品管理等。此项为关键项。查阅相关机构岗位职责、文件资料。

2. 质检科(或检验室)与生产能力相适应。查看所需的仪器设备和检验人员资质证明,并检查实际操作能力。

3. 质量管理文件:各类管理制度、程序文件和生产操作规程至少包括药物使用管理措施、采购和销售制度、卫生消毒制度、检疫制度、成品管理制度、无害化处理制度、人员培训制度。现场查看相应管理制度和记录,卫生消毒情况。

4. 操作人员健康证齐全有效,相关人员经培训上岗。查看操作人员健康证、培训记录(培训对象、时间、内容)、检疫证。

5. 拥有有效的营业执照、动物防疫合格证、食品卫生许可证。查阅证件的原件。

6. 建立批生产记录,可追溯的产品销售记录。查阅批生产记录(时间、规格、数量、批号)和销售记录(数量、批次、购买方)。

(二)投入品管理

1. 家兔

活兔应来自通过认定的无公害农产品产地。此项为关键项。查阅购销合同、无公害农产品证书复印件。

2. 药品

(1)用于卫生消毒的各类药品如清洗剂、消毒剂、杀虫剂、灭鼠剂以及其他有毒有害物品应标识明显,贮存于专门库房或柜橱内,分类存放,并由专人负责保管,建立管理制度。查看药品库房、管理制度文件和领用记录。

(2)药品的使用应由经过培训的人员按照使用方法进行。查阅药品使用记录、

询问。

(3)除卫生和工艺需要,均不得在生产车间使用和存放可能污染食品的任何种类的药品,如存放应在指定处标示。现场查看。

3.加工用水

加工用水符合畜禽产品加工用水水质或饮用水水质要求。查看水质检验报告和水源。

(三)加工操作管理

1.屠宰操作

(1)操作人员进车间前,必须穿戴整洁的工作服、帽、靴、鞋,工作服应盖住外衣,头发不得露于帽外,并洗净双手。现场查看实施情况。

(2)放血充分,沥血时间不得少于3分钟。查看现场操作。

(3)剥皮前冷水湿淋,在剥皮过程中,凡是接触过皮毛的手和工具,未经消毒不得再接触胴体。查看现场操作。

(4)副产品中血、毛皮、内脏、肠及内容物、四肢下部等废弃物的流向不应对产品和周围环境造成污染。查看现场操作。

2.检疫

(1)活兔和产品的检疫工作由动物防疫监督机构实施,并做到严格实施宰前检疫、宰后检疫。查阅检疫人员证件。

(2)检疫人员的数量应与生产规模相适应。现场观察检疫人员的操作,以及检疫工作室的设置。

(3)屠宰车间有可供检疫、检验人员操作的空间(至少有胴体、内脏及球虫病检疫点),取脏区设有同步检疫、检验设施(内脏抽样检验器械、化验室)。查看现场设施与操作。

(四)产品质量管理

1.产品质量检验由企业质检部门负责,按国家规定的卫生标准和检验方法进行检验,要逐批次对投产前的原材料、半成品和出厂前的成品进行检验,并签发检验结果单。查阅文件、记录和检验单存根。

2.产品出厂须经动物防疫监督机构检疫,并出具检疫合格证明。查阅产品出厂记录和检疫证明存根。

四、肉鸡屠宰加工厂生产过程质量控制评价

(一)质量管理体系

1.生产和质量安全管理机构:包括原料接收、卫生防疫、产品质量检验、成品管

理等。此项为关键项。查看相关机构岗位职责、文件资料。

2.质检能力要与生产能力相适应。现场查看所需的仪器设备和检验人员资质证明，实际操作能力。

3.质量管理文件：各类管理制度、程序文件和生产操作规程至少包括疫病防治措施、药物使用管理措施、饲料使用管理措施、采购和销售制度、卫生消毒制度、检疫制度、成品管理制度、无害化处理制度、人员培训制度。此项为关键项。现场查阅。

4.操作人员健康证齐全有效，相关人员经培训上岗，检疫员由动物防疫监督机构派驻。现场查看操作人员健康证、培训记录（培训对象、时间、内容）、检疫证。

5.营业执照、动物防疫合格证、食品卫生许可证。此项为关键项。查阅原件。

6.建立批生产记录（时间、规格、数量、批号）和可追溯的产品销售记录，并由操作人及复核人签名。查阅批生产记录、销售记录（至少包括数量、批次、购买方等）及签字。

（二）投入品管理

1.肉鸡

活鸡应来自经过认证的无公害畜禽产地。此项为关键项。查阅购销合同、无公害农产品产地认定证书复印件。

2.药品

（1）有可追溯的杀虫剂、灭鼠剂、消毒剂等有毒有害物品的使用制度和登记使用记录（名称、来源、数量、领用人、所在部门、领用数量、使用浓度、使用目的等），有专门人员监督管理。查阅管理制度、相应记录和岗位设置。

（2）清洗剂、消毒剂、杀虫剂、灭鼠剂以及其他有毒有害物品标示明显，贮存于专门库房或柜橱内，分类存放，并由专人负责保管，建立管理制度。查看药品库房、管理制度文件和使用记录。

（3）除卫生和工艺需要，均不得在生产车间使用和存放可能污染食品的任何种类的药剂。现场查看。

3.加工用水

水质要符合 NY 5028 的要求。查看水质检验报告和水源地。

（三）加工操作管理

1.屠宰操作

（1）从业人员进车间前，必须穿戴工作服、帽、靴、鞋，工作服应盖住外衣，头发不得露于帽外，并洗净双手。查看实施情况。

（2）屠宰过程中胴体、内脏不落地。查看现场操作。

(3)副产品种内脏、血、羽毛等废弃物的流向不应对产品和周围环境造成污染。现场查看。

(4)屠宰或检疫过程中,被污染的刀具要更换,并经过高温消毒处理。查看现场操作、询问。

2.常规卫生消毒

(1)厂区整洁、无臭水沟、垃圾或有碍卫生的场所。现场查看。

(2)生产人员每年至少一次健康检查。查看人员档案和相关记录。

(3)屠宰车间和分割车间入口应设有非手动洗手设施并备有洗手液、消毒池,靴、鞋消毒池,更衣室等卫生设施,有专人管理,应经常保持良好状态。此项为关键项。现场查看。

(4)生产设备、工具、容器、场地等在使用前后均应彻底清洗、消毒;维修、检查设备时,不得污染食品。现场相应设施、管理制度和实施情况的记录。

(5)厂区应定期或在必要时进行除虫灭害工作,要采取有效措施防止鼠类、蚊、蝇、昆虫等的聚集和滋生。现场查看相应设施、管理制度和实施情况的记录。

(6)屠宰加工设备以及材料应表面光滑、无毒、不渗水、耐腐蚀、不生锈,并便于清洗消毒。检查相应设施。

3.检疫

(1)肉鸡和鸡肉产品的检疫工作由动物防疫监督机构实施,并做到严格实施宰前检疫、宰后检疫,检疫人员的数量应与生产规模相适应;厂内设有专门的检疫工作室。此项为关键项。查看检疫人员证件、现场观察检疫人员的操作,以及检疫工作室的设置。

(2)经产地动物防疫监督机构检疫,有规定的检疫证明;经驻厂动物检疫人员查证验物,合格的方可入厂屠宰。确认为患有传染病时按 GB 16548 的规定处理。查阅随机抽查本年度最近 1 个月或 2 个月回收的活畜检疫合格证明、宰前检疫记录。

(3)屠宰车间有可供检疫、检验人员操作的空间(至少 4 个检疫、检验点,头部、体表、光禽及内脏等检疫点),取脏区设有同步检疫、检验设施(内脏抽样检验器械、化验室)。现场查看设施和人员操作。

(4)对可疑病变内脏进行实验室检验。查看实验室检验的仪器和人员配置。

(5)冷藏库产品必须由企业质检部门检验合格后方可办理出入库,产品进入冷藏库,应分品种、规格、生产日期、批次,分批堆放在垫仓板上。查阅记录、入库观察。

(6)检疫不合格产品按 GB 16548 的规定作无害化处理。查阅无害化处理记录。

4.运输

(1)鸡肉运输车辆进出厂前应彻底清洗、装运前消毒。查看相应设施、管理制度和实施情况的记录。

(2)产品运输使用符合食品卫生要求的专用冷藏车或保温车。现场查看。

(四)产品质量管理

1.产品质量检验由企业质检部门负责;企业质检部门应按国家规定的卫生标准和检验方法进行检验,要逐批次对投产前的原材料、半成品和出厂前的成品进行检验,并签发检验结果单。查阅文件和记录、记录和检验单存根。

2.产品出厂须经动物防疫监督机构检疫,并出具检疫合格证明。查阅产品出厂记录和检疫证明存根。

第二节　蛋品加工厂生产过程质量控制评价

一、质量管理体系

(一)质量安全管理机构

工厂设置相对独立的与生产能力相适应的质量安全管理机构,编制质量管理体系组织机构文件。查阅相关文件和执行情况。

(二)人员配备

企业应配备管理人员、技术人员、采购人员,有明确的质量管理人员岗位职责。重要车间或班组设专或兼职质检员,形成一个完整而有效的品质监控体系,负责生产全过程的品质监督。查看技术人员学历证明、培训记录等文件资料。

(三)质量安全管理制度

建立有效的原料、成品的不合格品管理制度,原料进货检验、成品检验管理制度及相应的质量标准、检验规程和抽样方案,实验室管理制度,清场管理制度,生产记录管理制度,档案管理制度等。现场查看相关制度。

二、投入品管理

(一)原料的来源

原料蛋必须来源于无公害生产基地。在原料的购入、使用等方面应制定验收、贮存、使用、检验等制度,并由专人负责。现场查阅无公害产地认定证书。

(二)原料的运输

原料的运输工具等应符合卫生要求。运输过程不得与有毒、有害物品同车或同一容器混装。

(三)原料的验收

原料蛋购进后对来源、规格、包装情况进行初步检查，鲜蛋质量应复合 GB 2478、NY 5039、NY 5259 的要求。按验收制度的规定填写入库账、卡，入库后应向质检部门申请抽样检验。通过旋转轻敲，严格剔除不合格蛋(破损蛋、裂纹蛋、次蛋、粘壳蛋、钢壳蛋、异味蛋、劣蛋、臭蛋、硌窝蛋、水响蛋等。食盐、泥、生石灰、茶叶、硫酸锌等重要加工原料应符合要求。实地检查现场操作。

(四)原料的存放

各种原料应按待检、合格、不合格分区离地存放，并有明显标志，合格备用的还应按不同批次分开存放，同一库内不得储存相互影响风味的原料。应制定原料的储存期，采用先进先出的原则。对不合格或过期原料应加注标志并及早处理。现场查看。

(五)加工用水

生产加工用水水质符合 NY 5028 的要求。查阅检验报告原件。

三、生产加工

(一)生产过程

1. 工厂应结合自身产品的生产工艺特点，制定岗位操作规程。现场查看：①岗位操作规程文件是否齐全；②岗位操作规程是否包括工序操作步骤及注意事项等；③现场抽查：操作人员是否掌握岗位规程。

2. 各生产车间的生产技术和管理人员，应按照生产过程中各关键工序控制项目及检查要求，对每一批次产品从原料加工、产品质量和卫生指标等情况进行记录。现场查看：①有无生产记录；②生产记录是否真实和完整，有无随意涂改。

3. 确定加工过程的质量、卫生关键控制点的，并监控和记录。若有超出控制限的情况，应进行纠偏。现场查看。

(二)产品包装标识

标签是否专人管理，产品说明书、标签的印制是否符合有关部门批准的内容，产品标识必须符合 GB 7718 标准。查阅相关记录、是否符合要求。

(三)贮存与运输部分

1. 成品库是否地面平整，便于通风换气，是否有防鼠、防虫设施。现场查看。

2. 成品的运输工具。查看运输工具是否符合卫生要求，并符合相关规定。

3. 成品出库应有出货记录，内容至少包括批号、出货时间、地点、对象、数量等，以便发现问题及时回收。查阅成品出库记录。

4.成品应按企业标准规定的出厂检验项目对相应指标逐批进行检验。发现问题的产品应予以回收、处理,并建立记录。查阅检测报告和记录。

5.每批产品均应有留样,留样应存放于专设的留样库(或区)内,按品种、批号分类存放,并有明显标志。根据产品的留样跟踪检验的结果,检查产品在保质期内是否都合格。现场检查。

四、卫生及检验

(一)卫生

1.生产操作人员上岗前必须经过卫生法规教育及相应技术培训,企业应建立培训及考核档案。现场查看:①企业从业人员上岗前是否有培训记录;②企业是否有从业人员考核档案。

2.从业人员必须进行健康检查,取得健康证明后方可上岗,以后每年须进行一次健康检查。现场查看:从业人员的健康证明,现场随机抽查企业内一定比例从业人员,看其是否有效的健康证明。有一人没有健康证明,即为本项不符合。

3.从业人员应参照 GB 14881 的要求做好个人卫生。现场查看:车间内从业人员是否穿戴整洁一致的工作服、帽、靴、鞋、工作服盖住外衣,头发不露于帽外,有否穿工作服离开生产加工场所。

4.专用洁具清洗间和洁具存放间。现场查看。

5.凡与原料直接接触的生产用工具、设备应使用符合产品质量和卫生要求的材质。查看所用设备、工具是否使用符合食品卫生要求的材料。

6.直接接触产品的内包装材料必须达到卫生要求。查阅检验报告。

7.杀菌或灭菌操作规程。查阅杀菌或灭菌操作规程。

(二)检验

1.具有与生产产品种类相适应的检验室和化验室,应具备对原料、成品进行检验所需的房间、仪器、设备及器材,并定期鉴定,使其经常处于良好状态。查看微生物和理化检验室及相应的仪器设备。

2.对不具备成品或出厂检验能力的企业,必须委托符合法定资格的检验机构进行产品出厂检验。现场查看设施、记录、成品委托实验室应提供委托实验室资质和合同证明。

3.产品质量必须符合无公害标准。查阅检测报告原件。

第七章　奶牛场和乳品厂现场检查的重点与要求

第一节　奶牛养殖场生产过程质量控制评价

一、质量管理体系

(一)质量安全管理机构

是否建立了质量安全管理机构,机构的设置是否合理,人员职责是否明确。查阅机构设立、人员职责分工等相关文件。

(二)质量安全管理制度及文件

1.是否建立了各类质量安全管理制度、程序文件和生产操作规程,它们是否符合相关法律法规和标准的要求,是否简便易行。查阅相关制度文件,至少包括疫病防治措施、药物使用管理措施和饲料使用管理措施等。

2.是否取得相关资质证明,它们是否在有效期内或通过年检。查阅《营业执照》、《动物防疫合格证》,发证单位分别为当地工商行政管理部门和卫生防疫部门,经营范围包括奶牛饲养和经营。

(三)人员管理

1.员工上岗前是否经过动物防疫法规、食品卫生法规教育及相应技术培训。查阅员工培训及考核档案。培训资料包括计划、结果和总结;考核记录应是原始考卷,而非成绩统计表。

2.挤奶人员上岗前是否经奶牛泌乳生理和挤奶操作工艺的培训。查阅员工培训和考核档案,及上岗证等。培训资料包括计划、结果和总结;考核记录应是原始考卷,而非成绩统计表。

3.员工上岗后应,企业是否继续对其进行无公害生产操作培训。查阅员工培训及考核档案。培训资料包括计划、结果和总结;考核记录应是原始考卷,而非成绩统计表。

(四)档案管理

1.是否建立质量管理档案,设有档案柜和档案管理人员。档案管理制度应包括电脑或文字档案编录、查阅和过期销毁规定。查看档案柜,询问档案管理人员。

2.各种记录档案编号后分类归档,便于检索、查阅,妥善保管,保存期三年。查阅相关记录档案,询问档案管理人员。

二、投入品管理

(一)奶牛引种

1.引进牛只是否来自非疫区,并经检疫合格。查看具体产地和引进牛只的品种、数量及编号(如耳牌);引进地区动物检疫监督机构检疫合格后发放的《动物及动物产品运载工具消毒证明》、《动物产地检疫合格证明》或《出县境动物检疫合格证明》。

2.引进的牛只是否隔离观察至少45天,并经动物防疫监督机构检查确定健康合格。查阅隔离记录、隔离后检疫合格证明等,隔离记录应包括饮食、排泄、性态变化、疾病表症及医药措施内容等。

3.是否具有奶牛引种前档案和预防接种记录、引种时群体和个体检疫记录。查阅相关记录,记录应能与日后记录续接。

(二)饲草饲料

1.外购饲料的养殖场是否保存饲料生产企业提供的饲料注册证明材料复印件、购销合同和外购饲料的检测报告。查阅相关档案记录;进厂检测报告可以自行完成,也可委托完成,一份检测报告只适用于一个进货批次。

2.自己生产饲料的养殖场是否建立饲料原料接收、饲料配方档案及相应生产记录。查阅相关记录。

3.饲料原料和各个批次生产的饲料产品是否保留样品至该批产品保质期满后3个月。查阅相关记录。

4.饲料原料、饲料添加剂、配合饲料、浓缩饲料和添加剂预混合饲料是否具有该品种应有的色、嗅、味和组织形态特征,无发霉、变质、结块、异味及异臭。查看饲料库。

5.饲料原料是否符合无公害食品畜禽饲料使用准则的要求。查阅饲料库、原料进厂检测报告单,进厂检测报告可以自行完成,也可委托完成,一份检测报告只适用于一个进货批次。

6. 在奶牛饲料中是否添加和使用除乳制品外的动物源性饲料原料(如肉骨粉、骨粉、血粉、羽毛粉、鱼粉等)(这是为了防止疯牛病等疾患)。查阅饲料配方和饲养记录等。

7. 饲料是否贮存得当,饲料贮存场地不使用化学药剂。查看干草类、秸秆类饲料贮存场所是否通风良好,防止日晒、雨淋、霉变;青绿饲料堆放在棚内,堆放时间不宜过长,防止日晒、雨淋、霉变;防止青储饲料变质;查看贮存现场;查阅虫鼠害控制措施及实施记录。

(三)兽药

1. 兽药采购、贮存、使用是否符合国家相关的规定。查阅所购兽药的生产企业的《兽药生产许可证》(复印件)和《中华人民共和国兽药 GMP 证书》(复印件);查阅所用的兽药的批准文号,或农业部批准注册进口兽药的许可证号;查阅管理和使用兽药的相关制度文件。

2. 用药过程中是否凭兽医处方用药,是否由专人管理并建立详细可追溯的记录,记录是否做到在清群后保存 2 年以上。查阅管理和使用兽药的相关制度、采购记录、用药记录等。

3. 是否向饲料中添加原料药物。查阅用药记录。

4. 场内是否设置专用兽医室和兽药储存场所。现场查看。

三、饲养管理

1. 是否做到环境消毒:场区内定期进行除虫灭害,清除杂草,防止害虫滋生,但药液不得直接触及牛体和盛奶用具;牛舍周围环境(包括运动场)每周至少消毒 1 次;场周围及场内污水池、排粪坑和下水道出口,每月至少消毒 1 次;在大门口和牛舍入口设消毒池;公共场所(更衣室、淋浴室、休息室、厕所)经常清洗、消毒。查看消毒设施;查阅灭鼠杀虫记录、清洗消毒记录、消毒剂配制记录。

2. 是否做到人员消毒:工作人员进入生产区时应洗手、换鞋和更衣,工作服不得穿出场外;外来参观人员进入场区参观前彻底消毒,更换场区工作服和工作鞋,并遵守场内防疫制度。查看消毒设施;查看现场操作。

3. 是否做到牛舍消毒:每班牛只下槽后彻底清扫干净,用高压水枪冲洗,并进行喷雾消毒或熏蒸消毒。查看现场操作;查阅牛舍消毒记录、消毒剂配制记录。

4. 是否做到用具消毒:定期用消毒剂消毒;兽医用具、助产用具、配种用具、挤奶设备和奶罐车在使用前后进行彻底清洗和消毒。查阅消毒记录、消毒剂配制记录。

5. 饲料运输工具和装卸场地是否定期清洗和消毒，是否使用运输畜禽等动物的车辆运输饲料产品。查阅运输工具及场地的清洗消毒记录。

6. 是否做到带牛环境消毒：不将牛赶离牛舍，用有效的低毒消毒剂定期进行带牛环境消毒，避免消毒剂污染牛奶。带牛环境消毒应在清扫后进行。现场查看；查阅消毒记录、消毒剂配制记录。

7. 挤奶操作前对相关部位进行消毒擦拭。查看现场操作，对乳头及周围区域进行消毒擦拭。

8. 员工是否每年进行健康检查，在取得健康合格证后上岗，企业是否建立职工健康档案。查阅员工健康证。

9. 饲养员和挤奶员工作时是否穿戴工作服、工作帽和工作鞋，工作服、工作帽和工作鞋是否经常清洗；挤奶员工作时是否佩戴饰物和涂抹化妆品，并是否经常修剪指甲。现场查看。

10. 清洗工作结束后是否及时将粪便及污物运送到贮粪场。贮粪场应有管理措施，防止降雨溢出，及时处理，防止蚊蝇等害虫滋生。查看现场操作；查阅质检部门检查记录。

11. 是否根据《中华人民共和国动物防疫法》及其配套法规的要求，结合当地实际情况，有选择地进行疫病的预防接种工作。在炭疽高发区每年三、四月间，是否对全群进行无毒炭疽芽孢苗的防疫注射。是否每年春秋两次对全群进行口蹄疫免疫注射。查阅免疫记录。

12. 是否按照《中华人民共和国动物防疫法》及其配套法规的要求，结合当地实际情况，制定疫病监测方案；是否每年春季和秋季要对全群进行布鲁氏菌病和结核病监测；是否在多雨年份的秋季作肝片吸虫的检查。查阅牛群检疫合格证、疫病监测报告。

13. 是否对病死牛作无害化处理。出现疫情是否做到及时通知当地动物防疫监督机构。病死牛处理记录中应具有病因诊断及当地动物防疫监督机构的处理意见。查阅病死牛处理记录。

14. 场内是否饲养任何其他畜禽，是否防止周围畜禽进入场区。现场查看。

15. 初乳（产后 7 天内）、病牛所产乳和休药期所产乳是否作为商品乳出售。查阅相关管理制度、记录。

16. 是否常备检验记录：生鲜牛奶质量检测情况、检疫（布病、结核）报告、对每日生产的生鲜牛奶进行检验（包括感官指标、理化指标、微生物指标和抗菌素指标等）。

第二节　乳品厂生产过程质量控制评价

一、质量管理体系

（一）质量安全管理机构

是否建立了质量安全管理机构，机构的设置是否合理，人员职责是否明确。查阅机构设立、人员职责分工等相关文件。

（二）质量安全管理制度及文件

1. 是否建立了各类质量安全管理制度、程序文件和生产操作规程，它们是否符合相关法律法规和标准的要求，是否简便易行。查阅相关制度文件，至少包括质量管理制度、生产操作规程等。

2. 是否取得相关资质证明，它们是否在有效期内或通过年检。查阅《营业执照》、《动物防疫合格证》，发证单位分别为当地工商行政管理部门和卫生防疫部门，经营范围包括现生产的乳制品品种。

（三）人员管理

1. 员工上岗前是否经过动物防疫法规、食品卫生法规教育及相应技术培训。查阅员工培训及考核档案。培训资料包括计划、结果和总结；考核记录应是原始考卷，而非成绩统计表。

2. 人员职责及岗位要求。查阅全体员工的职责规定。

3. 员工上岗后，企业是否继续对其进行无公害生产操作培训。查阅员工培训及考核档案。培训资料包括计划、结果和总结；考核记录应是原始考卷，而非成绩统计表。

4. 员工是否每年进行健康检查，在取得健康合格证后上岗，企业是否建立职工健康档案。查阅员工健康证。

（四）档案管理

1. 是否建立质量管理档案，设有档案柜和档案管理人员。档案管理制度应包括电脑或文字档案编录、查阅和过期销毁规定。查看档案柜，询问档案管理人员。

2. 各种记录档案编号后分类归档，便于检索、查阅，妥善保管，保存期三年。查阅相关记录档案，询问档案管理人员。

二、投入品管理

1. 生乳质量是否符合 NY 5045《无公害食品 生鲜牛乳》的规定。生鲜牛乳的生产商要提供结核病和布氏杆菌病检疫合格证明。查阅结核病和布氏杆菌病检疫合格证明、检验报告。

2.辅料质量：复原乳是用乳粉添加或不添加其他成分制成的牛乳，而不是由生乳加工制成。巴氏杀菌乳不准用复原乳作原料，灭菌乳和酸牛乳允许全部或部分用复原乳。生产酸牛乳的乳酸菌品种多样，主要是保加利亚乳杆菌和嗜热链球菌，两种往往按比例配合使用，其他还有嗜酸乳杆菌和双歧杆菌等。乳酸菌可以购入后传代培养。检查辅料质量时应查阅进料批(进料批是指每次进料的总体，可以包括一个或数个生产批次。一个进料批的检验报告不能用于另外进料批。)的有效合格检验报告。

3.辅料管理：查阅有关的规章制度，包括辅料购入、验收、保存，使用和处理；询问有关管理人员制度执行情况；查阅执行记录。

4.加工用水为当地自来水厂供水，或浅井或深井地下水。该水质是否符合GB 5749《生活饮用水卫生标准》的规定。查阅有效合格的检验报告。所谓有效指质量管理文件中规定的检验周期内的检验，一般深井水两年、浅井水一年。

三、生产过程管理

(一)收乳及其处理

1.要对奶槽车进行日常清洗消毒。奶槽车输乳时要经过脱气机，防止空气进入贮奶冷却缸内或倒流入奶槽车。查阅奶槽车日常消毒清洗记录、脱气机运行记录。

2.奶桶收乳的，要防止炎热季节及高温时段用奶桶收乳。查阅收乳记录，核对收乳日期及时刻；询问有关人员产奶地远近，估算运奶时间是否太长。

3.收乳时查体积法所用计量及重量法所用台秤(电子秤)是否具有量具检定证书。查看设备运行时是否在最近的检定周期内。

4.离心净乳机的额定转速是否为5 890 r/min。查运行记录。布层过滤器是否采用单层或双层200目纱布。查阅运行记录、换洗记录。若手动排渣，应查阅排渣记录。

5.冷却器所用冷媒以冰水、冰盐水、氯化钙或氨为主，检查冰媒是否漏入生乳中可在实验室内用冰点测定和酒精试验来检验。现场查看；运行情况、操作记录及以冷媒漏入生乳的实验室检验记录。

6.冷藏：贮奶罐应有备用，以便轮番清洗消毒。查阅清洗消毒记录、运行记录和贮奶的温度记录。

(二)加工过程

1.均质：程序文件中对均质、标准化、预杀(灭)菌规定和实际操作是否一致，对自动封闭式直接标准化则查电脑中贮存资料。生产酸牛乳时的预杀(灭)菌的目的是杀灭生乳中杂菌，预杀菌温度一般为90℃左右，4 min左右；预灭菌温度一般为135℃左右，数秒。查阅运行记录；现场查看。

2. 杀(灭)菌及发酵：生产巴氏杀菌乳采用巴氏杀菌工艺，普遍为75℃～90℃，15 s以上，或采用保温杀菌，我国普遍为110℃，15 s，以及介于两种工艺之间所谓超巴氏杀菌。生产灭菌乳采用超高温灭菌工艺，普遍为135℃～145℃，2 s以上。查阅设备运行记录；现场查看。

3. 生产酸牛乳时发酵工艺是关键工艺，在质量安全方面重要的是菌种选用、接种，发酵温度和时间，发酵终止判断(为人工口尝或仪器测酸度)。查阅设备运行记录、操作记录；现场查看。

4. 出厂检验可按行业标准，也可按严于行业标准的企业标准。进入成品库的包装箱中必须有出厂检验合格证，不可有待检成品，以延迟保质期。查阅出入库记录；现场查看。

5. 使用复原乳作为原料的，标签上要标有"复原乳"。现场查看。

(三)包装

1. 包装容器管理：查阅有关的规章制度，包括包装容器购入、验收、保存，使用和处理；询问有关管理人员制度执行情况；查阅执行记录。

2. 包装材料和容器：材料要求中铝箔不可用于酸牛乳，以免铝质被酸浸出。不可用聚氯乙烯，以免聚氯乙烯单体溶入产品。定型包装容器(如陶瓷杯)的回收再利用尽管符合资源节约性原则，但必须彻底清洗消毒，保证质量安全。查阅包装材料生产商提供的成分说明；查阅包装容器清洗消毒纪录。

3. 包装容器消毒：常用消毒剂是过氧化氢水溶液、高温水、紫外线、灭菌空气，有时可配合使用，即消毒后再用灭菌空气吹干。查阅包装容器消毒记录；现场查看。

(四)产品质量

应符合相应行业标准的规定。现场查看实验室所需仪器、设备、试剂、检验方法；查阅检验报告及其原始记录。

第三节　常见问题和注意事项

一、奶牛场现场检查的常见问题和注意事项

(一)质量管理机构和制度问题

1. 没有质量管理机构设立文件或资料。受到养殖规模，员工数量和素质的影

响，有些申请人并没设立质量管理机构，或者只是口头任命，而缺乏相关的文件资料。

2. 生产制度不健全。大部分申请人都有饲养管理和卫生防疫制度，但对于饲料、兽药投入品的采购和使用没有明确要求，无害化处理制度和培训制度更是容易被忽视，即使有也很少落实。

（二）档案和记录管理问题

1. 档案和生产过程记录不健全。容易缺少饲料、兽药等投入品生产商和供货商资质证明；缺乏饲料使用、兽药使用、弃奶期监控记录，疫病监测和无害化处理记录等。

2. 生产过程记录临时填写，应付检查。部分申请人还没有认识到生产过程记录对质量追溯的重要性，认为只是上级机构为监督企业而设置。因此，当得知有检查时，才临时集中填写，有时造成记录中逻辑不清，无法相互验证，甚至出现常识性错误。

3. 生产过程记录保管不善。没有专职的档案管理人员，甚至没有专门的档案柜，对于生产过程记录的保存期限也不了解。

（三）卫生防疫问题

1. 卫生防疫设施不全。例如养殖场出入口消毒池内的消毒剂不经常更换，甚至没有消毒池等。

2. 人员卫生防疫意识差。例如不按照净道污道分离的原则进行生产操作，员工不经任何卫生消毒措施进入其他生产区，挤奶员缺乏良好的卫生习惯等。

3. 牛群卫生措施不到位。导致乳房炎、腐蹄病和消化道疾病等多发，影响生产性能。

（四）兽药管理问题

1. 兽药弃奶期。在使用药物时，不注意休药期规定，缺乏相关的知识。

2. 滥用药物。长期使用抗菌素，来增加抵抗力，造成残留超标；使用人用药进行治疗等。

3. 兽药保管。兽药没有专人管理，保存方式不当，如生物制品与消毒药品存放在同一室内等。

4. 兽医资质。没有兽医资质的人员进行疫病诊断；不在有资质的兽医指导下用药。

（五）饲料管理问题

1. 饲料原料、青绿饲料和青贮料等，存放不当造成变质等；存方场所清洁消毒措施不当造成对饲料的污染等。

2.药物饲料添加剂。主要问题与兽药管理问题相同。

(六)对加盟农户监管不到位

1.缺乏管理制度、标准要求。申请人和农户关系松散,只收购产品,没有统一的饲养管理要求或要求很低;管理制度缺少不严格执行和出现质量安全问题情况下的罚则。

2.没有加盟农户条件要求。对于农户养殖条件、养殖规模没有限制,造成农户数量大,条件差异大,难以进行标准统一有效的管理。

3.缺少专职人员对农户进行技术服务和监督管理。

二、乳品厂现场检查的常见问题和注意事项

(一)质量管理机构和制度问题

1.没有质量管理机构设立文件或资料。受到生产规模,员工数量和素质的影响,有些申请人并没设立质量管理机构,或者只是口头任命,而缺乏相关的文件资料。

2.生产制度不健全。大部分申请人都有生产工艺、质量管理和卫生消毒制度,但对于原料的采购和使用以及产品贮运缺乏明确要求,无害化处理制度和培训制度更是容易被忽视,即使有也很少落实。

(二)档案和记录管理问题

1.档案和生产过程记录不健全。容易缺少原料生产商和供货商资质证明;缺乏可追溯的质量管理记录,疫病监测和无害化处理记录等。

2.生产过程记录临时填写,应付检查。部分申请人还没有认识到生产过程记录对质量追溯的重要性,认为只是上级机构为监督企业而设置。因此,当得知有检查时,才临时集中填写,有时造成记录中逻辑不清,无法相互验证,甚至出现常识性错误。

3.生产过程记录保管不善。没有专职的档案管理人员,甚至没有专门的档案柜,对于生产过程记录的保存期限也不了解。

(三)卫生消毒问题

1.卫生消毒设施不全。如厂区、生产区出入口消毒池内的消毒剂不经常更换,甚至没有消毒池;人员洗澡、更衣和洗手消毒设施不健全等。

2.人员卫生防疫意识差。员工不严格按照规定清洁消毒即进入生产区;员工不经任何卫生消毒措施进入其他生产区。

3.生产加工设备卫生消毒措施不到位。导致设备管道、容器内部存留污垢,影响产品质量安全水平。

(四)生鲜牛乳管理问题

1. 收乳容器:对收乳容器的清洁消毒措施不到位,造成污染。

2. 收乳设备和储存设施:设备内部温度控制不当,造成温度过高,导致生鲜牛乳中微生物含量超标。

(五)生产过程管理

1. 杀灭菌:杀灭菌温度、时间不足,不能达到标准要求,造成产品质量安全水平下降。

2. 出厂检验不按照行业标准,或企业标准低于行业标准,造成产品质量安全水平不高。

3. 产品入库时无生产日期,造成保质期延长。

(六)包装

1. 包装材料中含有不能用于乳品的成分,造成污染。

2. 包装容器清洗消毒措施不当,造成污染。

以上这些问题是对奶牛场和乳品厂进行现场检查时经常遇到的,这就要求检查人员在现场检查时多加留意,发现问题时,不但要及时地指出问题所在,还要提供相应的解决意见建议。对于申请人不理解的问题,要以国家法律法规和无公害标准作为依据,耐心讲解,以达到帮助申请人提高安全生产意识和生产管理水平的目的。

第八章　养蜂场和蜂产品加工厂现场检查的重点与要求

第一节　养蜂场生产过程质量控制评价

一、质量管理体系

1.有生产和质量安全管理机构(部门),包括:原料接收、卫生接收、卫生防疫、产品质量检验、产品管理等。实地检查相应的机构(部门)。

2.有生产管理制度,包括:饲养管理制度、卫生防疫制度、药物使用和管理制度等。现场查阅相关文件。

3. 蜂场员工应具备专业养殖知识,有内部或外部的培训记录。现场查阅。

4.员工身体健康状况符合蜂场工作要求。蜂场工作人员至少每年进行一次健康检查。传染病患者不应从事蜜蜂饲养和蜂产品生产工作。

5.可追溯的产品销售记录。现场查阅相关记录。

二、环境条件及设施

(一)蜜粉源

1.距蜂场 3 km 范围内应具备丰富的蜜源植物。定地蜂场附近至少要有两种以上主要蜜粉源植物和种类较多花期不一的辅助蜜粉源植物。现场查看。

2.半径 5 km 范围内存在有毒蜜粉植物的地区,有毒植物开花期,不应放蜂。现场查看。

(二)养蜂机具

1.蜂箱、隔王板、饲喂器、脱粉器、集胶器、王台条应选用无毒、无味材料制成。现场查看。

2.分蜜机应选用不锈钢或全塑无污染分蜜机。现场查看。

3.割蜜刀应选用不锈钢割蜜刀。现场查看。

三、投入品管理

(一)品种选择

不应从疫区引进生产用种王、种群或输送卵虫养王。查阅记录。

(二)兽药使用

1. 优先选用借日光、烘烤、灼烧、洗涤和铲除等机械的或物理的消毒方法,必要时使用消毒药物对饲养环境、蜂箱、巢脾和器具等进行消毒,但应符合 NY/T 5139 的规定。查阅相关制度。

2. 允许使用《中华人民共和国兽药典》二部及《中华人民共和国兽药规定》二部收载的中药材、中药成方制剂,以防治蜜蜂的各种疾病。查阅相关制度。

3. 兽药使用严格遵守国家法规规定,不使用违禁药物,严格执行休药期规定,并做好兽药使用记录。查阅相关制度和记录。

4. 建立并保存全部用药的记录,治疗用药记录包括蜂群的编号、发病时间及症状、治疗用药物名称(商品名及有效成分)、用药方式、用药量、疗程、治疗时间等。查阅相关记录。

四、饲养管理

1. 应制定不同光照条件下管理蜂箱和蜂群的措施。

蜂箱摆放在蔽荫的地方,或者搭凉棚。北方高寒地区,春季蜂群排泄以后,用硬纸板或木板斜立巢门前面,用草帘遮光,以免蜜蜂受阳光影响飞出冻僵。现场查看。

蜂箱的温度和通风量应适合蜂群的生理要求。繁殖期,巢温保持 34～35 ℃。断子期,巢温在 14～32 ℃。春季根据蜂场所在地气候特点进行箱内和箱外保温。夏季加强通风和散热,同时做好防雨工作。在室内越冬,温度保持在 4℃左右。蜂巢内适宜的相对适度为 65％～88％。

2. 定期进行养蜂用具消毒,保持用具清洁卫生。制定文件化的养蜂用具消毒程序。有相关的消毒记录。现场查阅。

五、产品贮运

1. 蜂产品采收期间,生产群不应使用任何蜂药;在休药期内不得采收任何蜂产品。不得用手直接采集或接触蜂产品;所有蜂产品的内外包装都必须清洁、无破损。蜜源植物施药期间不应进行蜂产品采收。农作物及其他植物蜜源施药期间,不进行蜂产品采集。现场查阅各种蜂产品采收的纪录。

2.蜂产品运输工具要满足食品卫生要求。运输工具保持清洁卫生，严禁和有毒、有异味和可能产生污染的商品混合运输。现场查看。

3.临时或短期贮存，应以防凉干燥、清洁卫生的场所为宜，严禁日晒、雨淋及有毒有害物质的污染。现场查看。

4.长时间存放，应按产品等级、规格分别堆放，保持贮存场所阴凉干燥。现场查看。

5.产品不得与有毒、有害、有异味的物品同处贮存。现场查看。

6.蜂花粉储存在专用仓库(温度在－5℃以下)中，冷库周围应无异味，或者真空充氮贮存。现场查看。

7.蜂王浆应在－18℃以下低温保存，保质期可以为24个月。现场查看。

8.蜂蜜贮存应防止污染和温度急剧变化。现场查看。

第二节　蜂产品加工厂生产过程质量控制评价

一、质量管理体系

1.工厂设置相对独立的与生产能力相适应的质量管理机构，质量管理体系组织机构文件：检查组织机构框架职能图、检查组织机构中是否有质量安全管理机构、质量体系控制框图。此项为关键项。查与实际情况是否相符。

2.原料进货检验、成品检验管理制度及相应的质量标准、检验规程和抽样方案。此项为关键项。现场主要查看：①检查是否有原料进货检验、成品检验管理制度及相应的质量标准、检验规程和抽样方案；②检查看是否每个产品都有相应的原料、成品的质量标准、检验规程和抽样方案；③抽查产品的原料、成品的质量标准、检验规程和抽样方案，看其是否切实可行、便于操作和检查。

3.人员档案，重要车间或班组设专或兼职质检员。现场查阅技术人员学历证书，培训记录，健康记录，是否设专兼职质监员，其职责与工作计划。

4.无公害农产品产地认定证书、企业营业执照、食品卫生合格证齐全有效。查阅相关证件。

二、投入品管理

1.原料必须来源于无公害生产基地。此项为关键项。查阅原料的产地环境证明、原料的生产纪录、蜂农的培训纪录。

2.原料的购入、使用等应制定验收、贮存、使用、检验等制度，并由专人负责。

现场查看:①检查是否有原料的验收、贮存、使用、检验等制度,并检查执行情况记录;②原料验收、贮存、使用、检验是否有专人负责。

3.生产加工用水水质符合 NY 5028 的要求。查阅检验报告原件。

三、加工操作管理

(一)生产过程

1.工厂应结合自身产品的生产工艺特点,制定岗位操作规程。现场查看:①岗位操作规程文件是否齐全;②岗位操作规程是否包括工序操作步骤及注意事项等;③现场抽查:操作人员是否掌握岗位规程。

2.各生产车间的生产技术和管理人员,应按照生产过程中各关键工序控制项目及检查要求,对每一批次产品从原料加工、产品质量和卫生指标等情况进行记录。现场查看:①有无生产记录;②生产记录是否真实和完整,有无随意涂改。

3.产品的灌装、装填应使用自动机械设备。现场查看:①现场审查灌装、装填设备是否采用自动机械装置;②因工艺特殊,确实无法采用自动机械装置的,应有合理解释,并能保证产品质量。

(二)产品包装标识

标签是否专人管理,产品说明书、标签的印制是否符合有关部门批准的内容,产品标识必须符合 GB 7718 标准。查阅相关记录、是否符合要求。

(三)贮存与运输部分

1.成品库是否地面平整,便于通风换气,是否有防鼠、防虫设施。现场查看。

2.成品的运输工具。查看运输工具是否符合卫生要求,并符合相关规定。

3.成品出库应有出货记录,内容至少包括批号、出货时间、地点、对象、数量等,以便发现问题及时回收。查阅成品出库记录。

4.成品逐批检验。此项为关键项。现场查看:①查看各产品企业标准。同时查看各产品的型式检验报告(每个产品每年至少一次)是否都合格;②查看产品近3个月的生产批号,每个产品随机抽1～2个批号,查看是否按企业标准规定的出厂检验项目进行了相应指标的检验;③查看各产品成品检验汇总,查看近3个月是否有不合格成品。如果有,查看产品发货记录,查看是否将不合格产品发送出厂。

5.每批产品均应有留样,留样应存放于专设的留样库(或区)内,按品种、批号分类存放,并有明显标志。现场查看:①是否有留样观察制度并切实实行;②各产品保质期前后及近期生产的产品批号,到留样室现场抽查2～5批,看是否都留样;③抽查产品的留样跟踪检验记录,看保质期内是否都合格？如有不合格是否立即采取了有效的纠正/预防措施。④现场观察是否有专设的留样室(或区),留样是否按品种、批号分类存放,标识明确。

四、卫生及检验

(一)卫生

1.生产操作人员上岗前必须经过卫生法规教育及相应技术培训,企业应建立培训及考核档案。现场查看:①企业从业人员上岗前是否有培训记录;②企业是否有从业人员考核档案。

2.从业人员必须进行健康检查,取得健康证明后方可上岗,以后每年须进行一次健康检查。现场查看:从业人员的健康证明,现场随机抽查企业内一定比例从业人员,看其是否有效的健康证明。有一人没有健康证明,即为本项不符合。

3.从业人员应参照 GB 14881 的要求做好个人卫生。现场查看:车间内从业人员是否穿戴整洁一致的工作服、帽、靴、鞋、工作服盖住外衣,头发不露于帽外,有否穿工作服离开生产加工场所。

4.专用洁具清洗间和洁具存放间。现场查看:①现场察看专用洁具洗消效果,消毒剂是否经卫生行政部门批准;②清洁工具专用并无纤维物脱落,消毒剂建立轮换制度保证灭菌效果。

5.凡与原料直接接触的生产用工具、设备应使用符合产品质量和卫生要求的材质。查看所用设备、工具是否使用符合食品卫生要求的材料。

6.直接接触产品的内包装材料必须达到卫生要求。查阅检验报告。

7.杀菌或灭菌操作规程。查阅杀菌或灭菌操作规程。

(二)检验

1.具有与生产产品种类相适应的检验室和化验室,应具备对原料、成品进行检验所需的房间、仪器、设备及器材,并定期鉴定,使其经常处于良好状态。查看微生物和理化检验室及相应的仪器设备。

2.对不具备成品或出厂检验能力的企业,必须委托符合法定资格的检验机构进行产品出厂检验。现场查看设施、记录、成品委托实验室应提供委托实验室资质和合同证明。

3.产品质量必须符合无公害标准。查阅检测报告原件。

附录一

生产记录范例

一、各类产品的通用部分生产记录范例

(一)卫生消毒记录

1. 环境卫生消毒记录

日期	场所	清洁方法	通用名	数量(kg)	用 法	操作人签字	备注
2008.9.1	畜舍外环境	清扫	XXX	XX	喷雾,浓度XmL/L	XXX	XXX
……	……	……	……	……	……	……	……
……	……	……	……	……	……	……	……
……	……	……	……	……	……	……	……
……	……	……	……	……	……	……	……
……	……	……	……	……	……	……	……

2. 畜禽舍卫生消毒记录

日期	场所	清洁方法	通用名	数量(kg)	用 法	操作人签字	备注
2008.9.1	畜舍内	水冲	XXX	XX	喷雾,浓度XmL/L	XXX	XXX
……	……	……	……	……	……	……	……
……	……	……	……	……	……	……	……
……	……	……	……	……	……	……	……
……	……	……	……	……	……	……	……
……	……	……	……	……	……	……	……

3. 带畜卫生消毒记录

日期	场所	清洁方法	通用名	数量(kg)	用 法	操作人签字	备注
2008.9.1	X～X栋	清扫	XXX	XX	喷雾,浓度XmL/L	XXX	XXX
……	……	……	……	……	……	……	……
……	……	……	……	……	……	……	……
……	……	……	……	……	……	……	……
……	……	……	……	……	……	……	……
……	……	……	……	……	……	……	……

4. 设备清洗记录

日期	设备名称	清洁方法	操作人签字	备注
2008.9.1	XXXXX	水冲	XXX	XXX
……	……	……	……	……
……	……	……	……	……
……	……	……	……	……
……	……	……	……	……
……	……	……	……	……

5. 车辆清洗消毒记录

日期	品牌型号	用途	清洁方法	消毒剂通用名	数量(kg)	用法	操作人签字	备注
2008.9.1	XXXXX	运输饲料	水冲	XXX	XX	喷雾,浓度XmL/L	XXX	XXX
……	……	……		……	……	……	……	……
……	……	……		……	……	……	……	……
……	……	……		……	……	……	……	……
……	……	……		……	……	……	……	……
……	……	……		……	……	……	……	……

(二)无害化处理记录

日期	处理物品	数量	处理方法	操作人签字	备注
2008.9.1	病死猪尸体	1头	焚烧	XXX	XXX
……	……		……	……	……
……	……		……	……	……
……	……		……	……	……
……	……		……	……	……
……	……		……	……	……

(三)污物处理记录

日期	处理物品	数量	处理方法	操作人签字	备注
2008.9.1	粪便	XXXkg	堆肥后出售	XXX	XXX
……	污水		经污水处理后排出	……	……
……	……	……	……	……	……
……	……	……	……	……	……
……	……	……	……	……	……

(四)培训记录

日期	2008.8.16	地点	XXXXX	培训内容	XXXXX
培训部门	XXXXX	负责人	XXX	学员部门	XXXXX
讲师姓名	XXX	职称/职务	XXX	讲师单位	XXXXXXXXXX
是否考核	考核	考核方式	笔试	合格率(%)	100%
培训内容概要	XXX				

注:签到表、笔试试卷和成绩单附后。

(五)来宾参观登记记录

日期	来宾单位	人数	事由	来宾卫生消毒情况	记录人签字	备注
2008.9.5	XXXXX	X	XXXXXXXXXX	XXXXX	XXX	
……	……	……	……	……	……	
……	……	……	……	……	……	
……	……	……	……	……	……	
……	……	……	……	……	……	
……	……	……	……	……	……	

(六)销售记录

日期	圈舍号	数量(头)	日龄	购买方	购买方签字	记录人签字	备注
2008.8.1	X栋	XXX	XXX	XXXXX	XXX	XXX	
……	……	……	……	……	……	……	
……	……	……	……	……	……	……	
……	……	……	……	……	……	……	
……	……	……	……	……	……	……	
……	……	……	……	……	……	……	

二、养殖场的通用部分生产记录范例

(一)引种记录

日期	品种	数量(头)	来 源	地 址	接收人签字	备注
2008.9.1	外三元	XXX	XX种猪场	XX省XX市XX县XX路XX号	XXX	
……	……	……	……	……	……	
……	……	……	……	……	……	
……	……	……	……	……	……	
……	……	……	……	……	……	
……	……	……	……	……	……	

(二)畜禽变动情况记录

调入日期	圈舍号	调入数(头)	调出数(头)	调出日期	原因	记录人签字	备注
2008.1.1	X栋X～XX号	XXX	XXX	2008.6.15	出售	XXX XXX XXX	
2008.7.15	X栋X～XX号	XXX				XXX	
……	……	……	……		……		
……	……	……	……		……		
……	……	……	……		……		

(三)兽药购进记录

日期	通用名	商品名	数量	剂型	生产厂家	销售商	收货人签字	备注
2008.9.1	XXX	XXX	XXX	针剂	XXX公司	XXX兽药店	XXX	
……	……	……	……	……	……	……	……	
……	……	……	……	……	……	……	……	
……	……	……	……	……	……	……	……	
……	……	……	……	……	……	……	……	
……	……	……	……	……	……	……	……	

(四)诊疗记录

日期	圈舍号	日龄	数量	症状	诊断	用药名称	用法	疗程	休药期	兽医签字	疗效
2008.9.1	X栋X号	XX	X	XXXXX	XXXXX	XXX	肌注,X次/天	X天	X天	XXX	XXX
2008.9.1	X栋X号	XX	X	XXXXX	XXXXX	XXX	混饮,浓度Xg/L,用量XmL/kg/天	X天	XX天	XXX	XXX
……	…	…	…	……	……	……	……	……	……	……	……
……	…	…	…	……	……	……	……	……	……	……	……
……	…	…	…	……	……	……	……	……	……	……	……

(五)兽药领用记录

日期	商品名	数量	剂型	生产厂家	销售商	圈舍号	记录人签字	备注
2008.9.1	XXX	XXX	针剂	XXX公司	XXX兽药店	X栋X号	XXX	
……	……	……	……	……	……	……	……	
……	……	……	……	……	……	……	……	
……	……	……	……	……	……	……	……	
……	……	……	……	……	……	……	……	
……	……	……	……	……	……	……	……	

(六)饲料购进记录

日 期	通用名	数量(吨)	销售商	收货人签字	备注
2008.9.1	XXX	XX	XXX公司	XXX	
……	……	……	……	……	
……	……	……	……	……	
……	……	……	……,	……	
……	……	……	……	……	
……	……	……	……	……	

(七)饲料使用记录

日期	通用名	数量(kg)	圈舍号	用法	饲养员签字	备注
2008.9.1	XXX	XX	X～X栋	XXkg/次,X次/天	XXX	
……	……	……			……	
……	……	……			……	
……	……	……			……	
……	……	……			……	
……	……	……			……	

(八)饲料添加剂购进记录

日期	通用名	商品名	数量(kg)	生产厂家	销售商	收货人签字	备注
2008.9.10	XXX	XXX	XXX	XXX公司	XXX公司	XXX	
……	……	……	……	……	……	……	
……	……	……	……	……	……	……	
……	……	……	……	……	……	……	
……	……	……	……	……	……	……	
……	……	……	……	……	……	……	

(九)饲料添加剂领用记录

日期	通用名	数量(kg)	生产厂家	销售商	圈舍号	记录人签字	备注
2008.9.1	XXX	XXX	XXX公司	XXX兽药店	X～X栋	XXX	
……	……	……	……	……	……	……	
……	……	……	……	……	……	……	
……	……	……	……	……	……	……	
……	……	……	……	……	……	……	
……	……	……	……	……	……	……	

(十)饲料添加剂使用记录

日期	圈舍号	日龄	通用名	数量(kg)	用 法	使用时间	休药期	饲养员签字	备注
2008.9.1	X～X 栋	XX	XXX	X	混饲,拌料 Xg/kg,用量 Xkg/天	X 天	X 天	XXX	XXX
2008.9.1	X～X 栋	XX	XXX	X	混饲,拌料 Xg/kg,用量 Xkg/天	X 天	XX 天	XXX	XXX
……	…	…	…	……	……	……	……	……	……
……	…	…	…	……	……	……	……	……	……
……	…	…	…	……	……	……	……	……	……

(十一)免疫接种记录

日 期	圈舍号	日龄	疫苗名	数量(mL)	用 法	休药期	操作人签字	兽医签字	备注
2008.9.1	X～X 栋	XX	XXX	X	肌注,mL	X 天	XXX	XXX	XXX
……	…	…	…	……	……	……	……	……	……
……	…	…	…	……	……	……	……	……	……
……	…	…	…	……	……	……	……	……	……
……	…	…	…	……	……	……	……	……	……
……	…	…	…	……	……	……	……	……	……

(十二)疫病监测记录

企业应委托当地县级以上动物防疫监督机构定期和不定期进行疫病监测,并由该机构出具疫病监测记录。

(十三)淘汰记录

日期	圈舍号	原存栏数(头)	淘汰数	日龄	原因	记录人签字	备注
2008.8.1	X 栋 X～XX 号	XXX	X	XX	XXXXX	XXX	
……	……	……	……	……	……	……	
……	……	……	……	……	……	……	
……	……	……	……	……	……	……	
……	……	……	……	……	……	……	
……	……	……	……	……	……	……	

三、蛋鸡养殖场特有生产记录范例

(一)产蛋记录

日期	圈舍号	存栏数(羽)	日龄	产蛋数	产蛋情况	原因	饲养员签字	备注
2008.6.1	X栋X～XX号	XXX	XXX	XXX	良好	/	XXX	
……	……	……	……	……	……	……	……	
……	……	……	……	……	……	……	……	
……	……	……	……	……	……	……	……	
……	……	……	……	……	……	……	……	
……	……	……	……	……	……	……	……	

(二)捡蛋记录

日期	圈舍号	日龄	产蛋数	不合格数	原因	合格数	操作人签字	备注
2008.8.1	X栋X～XX号	XXX	XXX	X	破损	XXX	XXX	
……	……	……	……	……	……	……	……	
……	……	……	……	……	……	……	……	
……	……	……	……	……	……	……	……	
……	……	……	……	……	……	……	……	
……	……	……	……	……	……	……	……	

(三)包装纪录

日期	圈舍号	产蛋日期	包装数	规格	淘汰数	原因	操作人签字	备注
2008.8.1	X栋X～XX号	2008.8.1	XXX袋	20个/袋	X	破损	XXX	
……	……	……	……	……		……	……	
……	……	……	……	……		……	……	
……	……	……	……	……		……	……	
……	……	……	……	……		……	……	
……	……	……	……	……		……	……	

(四)出入库记录

日期	产蛋日期	包装日期	圈舍号	规格	数量	出库日期	数量	原因	操作人签字
2008.8.1	2008.8.1	2008.8.1	X栋X～XX号	20个/袋	XXX袋	2008.8.2	XXX袋	出售	XXX
……	……	……	……	……	……	……	……	……	……
……	……	……	……	……	……	……	……	……	……
……	……	……	……	……	……	……	……	……	……
……	……	……	……	……	……	……	……	……	……
……	……	……	……	……	……	……	……	……	……

四、奶牛养殖场特有生产记录范例

(一)产奶记录

日期	圈舍号	存栏数(头)	日龄	产奶量	产奶情况	原因	饲养员签字	备注
2008.6.1	X栋	XXX	XXX	XXX	良好	/	XXX	
……	……	……	……	……	……	……	……	
……	……	……	……	……	……	……	……	
……	……	……	……	……	……	……	……	
……	……	……	……	……	……	……	……	
……	……	……	……	……	……	……	……	

(二)休奶记录

耳牌号	圈舍号	日龄	开产日期	休奶日期	健康状况	乳房炎检测	开产日期	操作人签字	备注
XXX	X栋	XXX	2007.8.15	2008.6.15	良好	阴性		XXX XXX XXX XXX	
……	……	……	……	……	……	……	……	……	
……	……	……	……	……	……	……	……	……	
……	……	……	……	……	……	……	……	……	
……	……	……	……	……	……	……	……	……	
……	……	……	……	……	……	……	……	……	

(三)疫病监测记录与结核病和布氏杆菌病监测记录

企业应委托当地县级以上动物防疫监督机构定期和不定期进行疫病监测，并由该机构出具疫病监测记录；委托当地县级以上动物防疫监督机构每年春秋两季定期对全群奶牛进行结核病和布氏杆菌病监测，并由该机构出具结核病和布氏杆菌病监测记录。

五、畜禽屠宰加工厂生产记录范例

(一)活畜进厂记录

日期	2008.9.1												
数量（头）	品种	来源	地址	产地检疫证	车辆消毒证	非疫区证明	检疫情况					接收人签字	备注
							疫病	伤残	死亡	急宰	待宰		
XXX	外三元	XX公司	XX省XX市XX县XX村XX号	有	有	有					√	XXX	
……	…	……	……	……	……	……					…	……	
……	…	……	……	……	……	……					…	……	
……	…	……	……	……	……	……					…	……	
……	…	……	……	……	……	……					…	……	
……	…	……	……	……	……	……					…	……	

(二)待宰记录

日期	品种	数量（头）	来 源	待宰栏号	接受时间	屠宰时间	接收人签字	备注
2008.9.1	外三元	XXX	XX公司	XXX	13:00	1:00	XXX	
……	……	……	……		……		……	
……	……	……	……		……		……	
……	……	……	……		……		……	
……	……	……	……		……		……	
……	……	……	……		……		……	

(三)检疫记录

1. 同步检疫记录

日期	2008.9.1				屠宰时间		1:00				
来源	部位一	部位二	部位三	部位四	部位五	部位六	部位七	部位八	部位九	检疫负责人签字	备注
XX公司	√	√	√	√	√	√	√	√	√	XXX	
……	……	……	……	……	……	……	……	……	……	……	
……	……	……	……	……	……	……	……	……	……	……	
……	……	……	……	……	……	……	……	……	……	……	
……	……	……	……	……	……	……	……	……	……	……	
……	……	……	……	……	……	……	……	……	……	……	

2. 实验室检疫记录

日期	2008.9.1		屠宰时间	1:00		
来源	旋毛虫	猪囊尾蚴	驻肉孢子虫	其他	检疫负责人签字	备注
XX公司	无	无	无	无	XXX	
……	……	……	……	……	……	
……	……	……	……	……	……	
……	……	……	……	……	……	
……	……	……	……	……	……	
……	……	……	……	……	……	

3. 宰后检疫记录

日期	2008.9.1	屠宰时间	1:00		
来源	批次	其他异常情况	加盖检疫合格章	检疫负责人签字	备注
XX公司	XXX	无	√	XXX	
……		……	……	……	
……		……	……	……	
……		……	……	……	
……		……	……	……	
……		……	……	……	
不合格品处理					
处理方法	高温	无		……	
	食用油	无		……	
	工业用油	无		……	
	冷冻	无		……	
	腌制	无		……	
	焚烧	无		……	

(四)排酸库记录

日期	批次	入库时间	数量	出库时间	数量	用途	操作人签字	备注
2008.0.1	XXX	2:00	100	10:00	100	分割	XXX	
……		……	……	……	……	……	……	
……		……	……	……	……	……	……	
……		……	……	……	……	……	……	
……		……	……	……	……	……	……	
……		……	……	……	……	……	……	

(五)分割记录

日期	批次	分割时间	数量	完成时间	数量(kg)	用途	操作人签字	备注
2008.9.1	XXX	10:00	100	12:00	900	出售	XXX	
……	……	……	……	……	……	……	……	
……	……	……	……	……	……	……	……	
……	……	……	……	……	……	……	……	
……	……	……	……	……	……	……	……	
……	……	……	……	……	……	……	……	

(六)包装记录

日期	2008.9.1			分割部位	里脊			
时间	批次	数量(kg)	规格(g)	包装数(袋)	淘汰数(g)	原因	负责人签字	备注
10:00	XXX	90	200	445	1 000	边角碎肉	XXX	
……	……	……	……	……		……	……	
……	……	……	……	……		……	……	
……	……	……	……	……		……	……	
……	……	……	……	……		……	……	

(七)速冻库记录

日期	批次	入库时间	数量(kg)	出库时间	批次	数量(kg)	用途	操作人签字	备注
2008.0.1	XXX	12:00	900	10:00	XXX	100	出售	XXX	
……		……	……	……		……	……	……	
……		……	……	……		……	……	……	
……		……	……	……		……	……	……	
……		……	……	……		……	……	……	
……		……	……	……		……	……	……	

(八)急宰记录

日期	品种	数量(头)	来源	接受时间	原因	急宰时间	接收人签字	备注
2008.9.1	外三元	X	XX公司	13:00	挤压	13:30	XXX	
……	……	……	……		……		……	
……	……	……	……		……		……	
……	……	……	……		……		……	
……	……	……	……		……		……	
……	……	……	……		……		……	

六、乳品厂生产记录范例

(一)收奶记录

<table>
<tr><td>日期</td><td colspan="2">2008.9.5</td><td>操作人</td><td>XXX</td><td>负责人</td><td>XXX</td><td>批次</td><td>XXX</td></tr>
</table>

<table>
<tr><td rowspan="2">收奶时间</td><td rowspan="2">来奶单位</td><td rowspan="2">数量(kg)</td><td colspan="3">入奶仓号</td><td rowspan="2">备注</td></tr>
<tr><td>1号</td><td>2号</td><td>其他</td></tr>
<tr><td>……</td><td>……</td><td>……</td><td>……</td><td>……</td><td>……</td><td></td></tr>
<tr><td>……</td><td>……</td><td>……</td><td>……</td><td>……</td><td>……</td><td></td></tr>
<tr><td>……</td><td>……</td><td>……</td><td>……</td><td>……</td><td>……</td><td></td></tr>
<tr><td>……</td><td>……</td><td>……</td><td>……</td><td>……</td><td>……</td><td></td></tr>
<tr><td>……</td><td>……</td><td>……</td><td>……</td><td>……</td><td>……</td><td></td></tr>
</table>

(二)工艺检查记录

<table>
<tr><td>抽检部门</td><td>XXX</td><td>时 间</td><td>2008.9.5</td><td>检查人员签字</td><td>XXX</td></tr>
<tr><td>检查时间</td><td>工序名称</td><td colspan="3">检查情况</td><td>处理方法</td></tr>
<tr><td>……</td><td>……</td><td colspan="3">……</td><td>……</td></tr>
<tr><td>……</td><td>……</td><td colspan="3">……</td><td>……</td></tr>
<tr><td>……</td><td>……</td><td colspan="3">……</td><td>……</td></tr>
<tr><td>……</td><td>……</td><td colspan="3">……</td><td>……</td></tr>
<tr><td>……</td><td>……</td><td colspan="3">……</td><td>……</td></tr>
</table>

（三）UHT-1 工艺记录

产品名称		开机时间		灌注时间		结束时间		清洗时间	
消毒时间		清洗浓度	NaOH%：	清洗温度	初段：				
			HNO_3%：		末段：				
中途停机	时间								
	原因								

每 30 min 检查一次以下参数（包括生产开始和结束）																				
时间																				
混合温度（℃）																				
均质压力（bar）																				
均质后温度（℃）																				
保持段温度（℃）																				
产品温度（℃）																				
产品压力≤MPa																				
保持段压力（MPa）																				
产品回流压力（MPa）																				

日期		批次		操作人签名		负责人签名	

（四）UHT-2 工艺记录

产品名称		开机时间		灌注时间		结束时间		清洗时间	
消毒时间		清洗浓度	NaOH%：	清洗温度	初段：				
					中段：				
			HNO_3%：		末段：				
中途停机	时间								
	原因								

每 30 min 检查一次以下参数（包括生产开始和结束）																				
时间																				
混合温度（℃）																				
均质压力（bar）																				
保持段温度（℃）																				
产品温度（℃）																				
保持段压力（MPa）																				
产品回流压力（MPa）																				
水流量（L/h）																				
产品流量（L/h）																				

日期		批 次		操作人签名		负责人签名	

(五)巴氏消毒记录

日期		操作人		负责人		批次	
开机时间	设备消毒	出口温度≥90℃	生产线消毒时间 15 min	回流管消毒 10 min	生产开始时间	生产结束时间	关机时间

序号	来奶罐号	来奶量 kg	加工时段	收奶罐号	检测结果	序号	来奶罐号	来奶量 kg	加工时段	收奶罐号	检测结果

每 30 min 记录以下数据																								
时间																								
消毒温度 75～80℃																								
出口温度≤10℃																								
均质压力 15～18 MPa																								

完成清洗								
预冲洗时间	碱洗		冲洗时间	酸洗		水冲洗时间	pH	
	时间	温度℃		时间	温度℃			
清洗液浓度	浓碱 %		稀碱 %		浓酸 %		稀酸 %	

(六)塑料袋奶包装检查记录

产品名称		生产日期		批次	
操作人		负责人			

	工序＼时间																
一号机	重量(g)																
	生产日期																
	包装情况																
	品尝																
二号机	工序＼时间																
	重量(g)																
	生产日期																
	包装情况																
	品尝																

(七)UHT 包装检查记录

<table>
<tr><td>产品名称</td><td></td><td>生产日期</td><td colspan="2"></td><td rowspan="2">批次</td><td rowspan="2"></td></tr>
<tr><td>操作人</td><td></td><td>负责人</td><td colspan="2"></td></tr>
<tr><td colspan="7">每 30 min 记录以下数据</td></tr>
<tr><td>时间</td><td>净含量(g)</td><td>品 尝</td><td>生产日期</td><td>包装情况</td><td>消毒液</td><td>备注</td></tr>
<tr><td></td><td></td><td></td><td></td><td></td><td></td><td rowspan="8">注:品尝效果、包装情况和消毒液使用情况良好打“√”,反之打“×”。</td></tr>
<tr><td></td><td></td><td></td><td></td><td></td><td></td></tr>
<tr><td></td><td></td><td></td><td></td><td></td><td></td></tr>
<tr><td></td><td></td><td></td><td></td><td></td><td></td></tr>
<tr><td></td><td></td><td></td><td></td><td></td><td></td></tr>
<tr><td></td><td></td><td></td><td></td><td></td><td></td></tr>
<tr><td></td><td></td><td></td><td></td><td></td><td></td></tr>
<tr><td></td><td></td><td></td><td></td><td></td><td></td></tr>
</table>

七、蜂产品加工厂生产记录范例

(一)原料入库记录

日期	产品名称	生产蜂场 生产场地	蜜源名称	入库数量(吨)	操作人签字	备注

(二)工艺检查记录

<table>
<tr><td>抽检部门</td><td>XXX</td><td>时 间</td><td>2008.9.5</td><td>检查人员签字</td><td>XXX</td></tr>
<tr><td>检查时间</td><td>工序名称</td><td colspan="3">检查情况</td><td>处理方法</td></tr>
<tr><td>……</td><td>……</td><td colspan="3">……</td><td>……</td></tr>
<tr><td>……</td><td>……</td><td colspan="3">……</td><td>……</td></tr>
<tr><td>……</td><td>……</td><td colspan="3">……</td><td>……</td></tr>
<tr><td>……</td><td>……</td><td colspan="3">……</td><td>……</td></tr>
<tr><td>……</td><td>……</td><td colspan="3">……</td><td>……</td></tr>
</table>

(三)包装检查记录

<table>
<tr><td>产品名称</td><td></td><td>生产日期</td><td></td><td rowspan="2">批次</td><td rowspan="2"></td></tr>
<tr><td>操作人</td><td></td><td>负责人</td><td></td></tr>
<tr><td colspan="6">每 30 min 记录以下数据</td></tr>
<tr><td>时间</td><td>净含量(mL)</td><td>感观</td><td>包装情况</td><td>标签</td><td>备注</td></tr>
<tr><td></td><td></td><td></td><td></td><td></td><td></td></tr>
<tr><td></td><td></td><td></td><td></td><td></td><td></td></tr>
<tr><td></td><td></td><td></td><td></td><td></td><td></td></tr>
<tr><td></td><td></td><td></td><td></td><td></td><td></td></tr>
</table>

八、皮蛋加工厂生产记录范例

(一)原料入库记录

日期	生产单位	蛋鸭品种	入库数量(吨)	操作人签字	备注

(二)工艺检查记录

<table>
<tr><td>抽检部门</td><td>XXX</td><td>时间</td><td>2008.9.5</td><td>检查人员签字</td><td>XXX</td></tr>
<tr><td>检查时间</td><td>工序名称</td><td colspan="3">检查情况</td><td>处理方法</td></tr>
<tr><td>……</td><td>……</td><td colspan="3">……</td><td>……</td></tr>
<tr><td>……</td><td>……</td><td colspan="3">……</td><td>……</td></tr>
<tr><td>……</td><td>……</td><td colspan="3">……</td><td>……</td></tr>
<tr><td>……</td><td>……</td><td colspan="3">……</td><td>……</td></tr>
<tr><td>……</td><td>……</td><td colspan="3">……</td><td>……</td></tr>
</table>

(三)工艺记录

批次	盐泥涂布日期	加工数量(吨)	室内温度(℃)	成熟日期	合格数量(吨)	清洗时间	清洗方法	负责人签字	备注

（四）包装记录

日期	生产日期	包装数	规格	装箱规格	淘汰数	原因	操作人签字	备注
2008.8.1	2008.8.1	XXX 盒	10 个/盒	20 盒/箱	X	破损	XXX	
……	……	……	……	……	……	……	……	
……	……	……	……	……	……	……	……	
……	……	……	……	……	……	……	……	
……	……	……	……	……	……	……	……	
……	……	……	……	……	……	……	……	

（五）包装检查记录

<table>
<tr><td>产品名称</td><td></td><td>生产日期</td><td></td><td rowspan="2">批次</td><td rowspan="2"></td></tr>
<tr><td>操作人</td><td></td><td>负责人</td><td></td></tr>
<tr><td>时间</td><td>品尝</td><td>生产日期</td><td>包装情况</td><td>消毒液</td><td>备注</td></tr>
<tr><td></td><td></td><td></td><td></td><td></td><td rowspan="7">注：品尝效果、包装情况和消毒液使用情况良好打“√”，反之打“×”。</td></tr>
<tr><td></td><td></td><td></td><td></td><td></td></tr>
<tr><td></td><td></td><td></td><td></td><td></td></tr>
<tr><td></td><td></td><td></td><td></td><td></td></tr>
<tr><td></td><td></td><td></td><td></td><td></td></tr>
<tr><td></td><td></td><td></td><td></td><td></td></tr>
<tr><td></td><td></td><td></td><td></td><td></td></tr>
</table>

附录二

无公害畜产品相关法律、法规、公告和文件

中华人民共和国农业法

中华人民共和国畜牧法

中华人民共和国农产品质量安全法

中华人民共和国动物防疫法

中华人民共和国食品卫生法

中华人民共和国认证认可条例

生猪屠宰管理条例

生猪定点屠宰厂(场)病害猪无害化处理管理办法

国务院关于加强食品等产品安全监督管理的特别规定

兽药管理条例

饲料和饲料添加剂管理条例

无公害农产品管理办法

无公害农产品产地认定程序

无公害农产品检查员管理办法

无公害农产品检查员注册准则

无公害农产品(畜牧业产品)认证现场检查评定细则

无公害农产品认证现场检查规范

无公害农产品认证现场检查工作程序

无公害农产品产地认定复查换证规范

无公害农产品认证复查换证规范

无公害农产品产地认定与产品认证一体化推进实施意见

无公害农产品(畜牧业产品)一体化认证现场检查工作补充要求

食品召回管理规定

中华人民共和国农业部公告第 278 号

中华人民共和国农业部公告第 193 号

中华人民共和国农业部公告第 168 号

中华人民共和国农业部公告第 220 号

农业部第 176 号公告

中华人民共和国农业法

目　录

第一章　总　则

第一条　为了巩固和加强农业在国民经济中的基础地位，深化农村改革，发展农业生产力，推进农业现代化，维护农民和农业生产经营组织的合法权益，增加农民收入，提高农民科学文化素质，促进农业和农村经济的持续、稳定、健康发展，实现全面建设小康社会的目标，制定本法。

第二条　本法所称农业，是指种植业、林业、畜牧业和渔业等产业，包括与其直接相关的产前、产中、产后服务。

本法所称农业生产经营组织，是指农村集体经济组织、农民专业合作经济组织、农业企业和其他从事农业生产经营的组织。

第三条　国家把农业放在发展国民经济的首位。

农业和农村经济发展的基本目标是：建立适应发展社会主义市场经济要求的农村经济体制，不断解放和发展农村生产力，提高农业的整体素质和效益，确保农产品供应和质量，满足国民经济发展和人口增长、生活改善的需求，提高农民的收入和生活水平，促进农村富余劳动力向非农产业和城镇转移，缩小城乡差别和区域差别，建设富裕、民主、文明的社会主义新农村，逐步实现农业和农村现代化。

第四条　国家采取措施，保障农业更好地发挥在提供食物、工业原料和其他农产品，维护和改善生态环境，促进农村经济社会发展等多方面的作用。

第五条　国家坚持和完善公有制为主体、多种所有制经济共同发展的基本经济制度，振兴农村经济。

国家长期稳定农村以家庭承包经营为基础、统分结合的双层经营体制，发展社会化服务体系，壮大集体经济实力，引导农民走共同富裕的道路。

国家在农村坚持和完善以按劳分配为主体、多种分配方式并存的分配制度。

第六条　国家坚持科教兴农和农业可持续发展的方针。

国家采取措施加强农业和农村基础设施建设，调整、优化农业和农村经济结构，推进农业产业化经营，发展农业科技、教育事业，保护农业生态环境，促进农业机械化和信息化，提高农业综合生产能力。

第七条　国家保护农民和农业生产经营组织的财产及其他合法权益不受侵犯。

各级人民政府及其有关部门应当采取措施增加农民收入，切实减轻农民负担。

第八条　全社会应当高度重视农业，支持农业发展。

国家对发展农业和农村经济有显著成绩的单位和个人，给予奖励。

第九条　各级人民政府对农业和农村经济发展工作统一负责，组织各有关部门和全社会做好发展农业和为发展农业服务的各项工作。

国务院农业行政主管部门主管全国农业和农村经济发展工作，国务院林业行政主管部门和其他有关部门在各自的职责范围内，负责有关的农业和农村经济发展工作。

县级以上地方人民政府各农业行政主管部门负责本行政区域内的种植业、畜牧业、渔业等农业和农村经济发展工作，林业行政主管部门负责本行政区域内的林业工作。县级以上地方人民政府其他有关部门在各自的职责范围内，负责本行政区域内有关的为农业生产经营服务的工作。

第二章　农业生产经营体制

第十条　国家实行农村土地承包经营制度，依法保障农村土地承包关系的长期稳定，保护农民对承包土地的使用权。

农村土地承包经营的方式、期限、发包方和承包方的权利义务、土地承包经营权的保护和流转等，适用《中华人民共和国土地管理法》和《中华人民共和国农村土地承包法》。

农村集体经济组织应当在家庭承包经营的基础上，依法管理集体资产，为其成员提供生产、技术、信息等服务，组织合理开发、利用集体资源，壮大经济实力。

第十一条　国家鼓励农民在家庭承包经营的基础上自愿组成各类专业合作经

济组织。

农民专业合作经济组织应当坚持为成员服务的宗旨，按照加入自愿、退出自由、民主管理、盈余返还的原则，依法在其章程规定的范围内开展农业生产经营和服务活动。

农民专业合作经济组织可以有多种形式，依法成立、依法登记。任何组织和个人不得侵犯农民专业合作经济组织的财产和经营自主权。

第十二条　农民和农业生产经营组织可以自愿按照民主管理、按劳分配和按股分红相结合的原则，以资金、技术、实物等入股，依法兴办各类企业。

第十三条　国家采取措施发展多种形式的农业产业化经营，鼓励和支持农民和农业生产经营组织发展生产、加工、销售一体化经营。

国家引导和支持从事农产品生产、加工、流通服务的企业、科研单位和其他组织，通过与农民或者农民专业合作经济组织订立合同或者建立各类企业等形式，形成收益共享、风险共担的利益共同体，推进农业产业化经营，带动农业发展。

第十四条　农民和农业生产经营组织可以按照法律、行政法规成立各种农产品行业协会，为成员提供生产、营销、信息、技术、培训等服务，发挥协调和自律作用，提出农产品贸易救济措施的申请，维护成员和行业的利益。

第三章　农业生产

第十五条　县级以上人民政府根据国民经济和社会发展的中长期规划、农业和农村经济发展的基本目标和农业资源区划，制定农业发展规划。

省级以上人民政府农业行政主管部门根据农业发展规划，采取措施发挥区域优势，促进形成合理的农业生产区域布局，指导和协调农业和农村经济结构调整。

第十六条　国家引导和支持农民和农业生产经营组织结合本地实际按照市场需求，调整和优化农业生产结构，协调发展种植业、林业、畜牧业和渔业，发展优质、高产、高效益的农业，提高农产品国际竞争力。

种植业以优化品种、提高质量、增加效益为中心，调整作物结构、品种结构和品质结构。

加强林业生态建设，实施天然林保护、退耕还林和防沙治沙工程，加强防护林体系建设，加速营造速生丰产林、工业原料林和薪炭林。

加强草原保护和建设，加快发展畜牧业，推广圈养和舍饲，改良畜禽品种，积极发展饲料工业和畜禽产品加工业。

渔业生产应当保护和合理利用渔业资源，调整捕捞结构，积极发展水产养殖业、远洋渔业和水产品加工业。

县级以上人民政府应当制定政策，安排资金，引导和支持农业结构调整。

第十七条　各级人民政府应当采取措施，加强农业综合开发和农田水利、农业生态环境保护、乡村道路、农村能源和电网、农产品仓储和流通、渔港、草原围栏、动植物原种良种基地等农业和农村基础设施建设，改善农业生产条件，保护和提高农业综合生产能力。

第十八条　国家扶持动植物品种的选育、生产、更新和良种的推广使用，鼓励品种选育和生产、经营相结合，实施种子工程和畜禽良种工程。国务院和省、自治区、直辖市人民政府设立专项资金，用于扶持动植物良种的选育和推广工作。

第十九条　各级人民政府和农业生产经营组织应当加强农田水利设施建设，建立健全农田水利设施的管理制度，节约用水，发展节水型农业，严格依法控制非农业建设占用灌溉水源，禁止任何组织和个人非法占用或者毁损农田水利设施。

国家对缺水地区发展节水型农业给予重点扶持。

第二十条　国家鼓励和支持农民和农业生产经营组织使用先进、适用的农业机械，加强农业机械安全管理，提高农业机械化水平。

国家对农民和农业生产经营组织购买先进农业机械给予扶持。

第二十一条　各级人民政府应当支持为农业服务的气象事业的发展，提高对气象灾害的监测和预报水平。

第二十二条　国家采取措施提高农产品的质量，建立健全农产品质量标准体系和质量检验检测监督体系，按照有关技术规范、操作规程和质量卫生安全标准，组织农产品的生产经营，保障农产品质量安全。

第二十三条　国家支持依法建立健全优质农产品认证和标志制度。

国家鼓励和扶持发展优质农产品生产。县级以上地方人民政府应当结合本地情况，按照国家有关规定采取措施，发展优质农产品生产。

符合国家规定标准的优质农产品可以依照法律或者行政法规的规定申请使用有关的标志。符合规定产地及生产规范要求的农产品可以依照有关法律或者行政法规的规定申请使用农产品地理标志。

第二十四条　国家实行动植物防疫、检疫制度，健全动植物防疫、检疫体系，加强对动物疫病和植物病、虫、杂草、鼠害的监测、预警、防治，建立重大动物疫情和植物病虫害的快速扑灭机制，建设动物无规定疫病区，实施植物保护工程。

第二十五条　农药、兽药、饲料和饲料添加剂、肥料、种子、农业机械等可能危害人畜安全的农业生产资料的生产经营，依照相关法律、行政法规的规定实行登记或者许可制度。

各级人民政府应当建立健全农业生产资料的安全使用制度，农民和农业生产经营组织不得使用国家明令淘汰和禁止使用的农药、兽药、饲料添加剂等农业生产资料和其他禁止使用的产品。

农业生产资料的生产者、销售者应当对其生产、销售的产品的质量负责，禁止以次充好、以假充真、以不合格的产品冒充合格的产品；禁止生产和销售国家明令淘汰的农药、兽药、饲料添加剂、农业机械等农业生产资料。

第四章 农产品流通与加工

第二十六条 农产品的购销实行市场调节。国家对关系国计民生的重要农产品的购销活动实行必要的宏观调控，建立中央和地方分级储备调节制度，完善仓贮运输体系，做到保证供应，稳定市场。

第二十七条 国家逐步建立统一、开放、竞争、有序的农产品市场体系，制定农产品批发市场发展规划。对农村集体经济组织和农民专业合作经济组织建立农产品批发市场和农产品集贸市场，国家给予扶持。

县级以上人民政府工商行政管理部门和其他有关部门按照各自的职责，依法管理农产品批发市场，规范交易秩序，防止地方保护与不正当竞争。

第二十八条 国家鼓励和支持发展多种形式的农产品流通活动。支持农民和农民专业合作经济组织按照国家有关规定从事农产品收购、批发、贮藏、运输、零售和中介活动。鼓励供销合作社和其他从事农产品购销的农业生产经营组织提供市场信息，开拓农产品流通渠道，为农产品销售服务。

县级以上人民政府应当采取措施，督促有关部门保障农产品运输畅通，降低农产品流通成本。有关行政管理部门应当简化手续，方便鲜活农产品的运输，除法律、行政法规另有规定外，不得扣押鲜活农产品的运输工具。

第二十九条 国家支持发展农产品加工业和食品工业，增加农产品的附加值。县级以上人民政府应当制定农产品加工业和食品工业发展规划，引导农产品加工企业形成合理的区域布局和规模结构，扶持农民专业合作经济组织和乡镇企业从事农产品加工和综合开发利用。

国家建立健全农产品加工制品质量标准，完善检测手段，加强农产品加工过程中的质量安全管理和监督，保障食品安全。

第三十条 国家鼓励发展农产品进出口贸易。

国家采取加强国际市场研究、提供信息和营销服务等措施，促进农产品出口。

为维护农产品产销秩序和公平贸易，建立农产品进口预警制度，当某些进口农产品已经或者可能对国内相关农产品的生产造成重大的不利影响时，国家可以采取必要的措施。

第五章 粮食安全

第三十一条 国家采取措施保护和提高粮食综合生产能力，稳步提高粮食生产水平,保障粮食安全。

国家建立耕地保护制度,对基本农田依法实行特殊保护。

第三十二条 国家在政策、资金、技术等方面对粮食主产区给予重点扶持,建设稳定的商品粮生产基地,改善粮食收贮及加工设施,提高粮食主产区的粮食生产、加工水平和经济效益。

国家支持粮食主产区与主销区建立稳定的购销合作关系。

第三十三条 在粮食的市场价格过低时,国务院可以决定对部分粮食品种实行保护价制度。保护价应当根据有利于保护农民利益、稳定粮食生产的原则确定。

农民按保护价制度出售粮食,国家委托的收购单位不得拒收。

县级以上人民政府应当组织财政、金融等部门以及国家委托的收购单位及时筹足粮食收购资金,任何部门、单位或者个人不得截留或者挪用。

第三十四条 国家建立粮食安全预警制度,采取措施保障粮食供给。国务院应当制定粮食安全保障目标与粮食储备数量指标,并根据需要组织有关主管部门进行耕地、粮食库存情况的核查。

国家对粮食实行中央和地方分级储备调节制度,建设仓贮运输体系。承担国家粮食储备任务的企业应当按照国家规定保证储备粮的数量和质量。

第三十五条 国家建立粮食风险基金,用于支持粮食储备、稳定粮食市场和保护农民利益。

第三十六条 国家提倡珍惜和节约粮食,并采取措施改善人民的食物营养结构。

第六章 农业投入与支持保护

第三十七条 国家建立和完善农业支持保护体系,采取财政投入、税收优惠、金融支持等措施,从资金投入、科研与技术推广、教育培训、农业生产资料供应、市场信息、质量标准、检验检疫、社会化服务以及灾害救助等方面扶持农民和农业生产经营组织发展农业生产,提高农民的收入水平。

在不与我国缔结或加入的有关国际条约相抵触的情况下,国家对农民实施收入支持政策,具体办法由国务院制定。

第三十八条 国家逐步提高农业投入的总体水平。中央和县级以上地方财政每年对农业总投入的增长幅度应当高于其财政经常性收入的增长幅度。

各级人民政府在财政预算内安排的各项用于农业的资金应当主要用于:加强农业基础设施建设;支持农业结构调整,促进农业产业化经营;保护粮食综合生产能力,保障国家粮食安全;健全动植物检疫、防疫体系,加强动物疫病和植物病、虫、杂草、鼠害防治;建立健全农产品质量标准和检验检测监督体系、农产品市场及信息服务体系；支持农业科研教育、农业技术推广和农民培训；加强农业生态环境保护建设；扶持贫困地区发展；保障农民收入水平等。

县级以上各级财政用于种植业、林业、畜牧业、渔业、农田水利的农业基本建设投入应当统筹安排，协调增长。

国家为加快西部开发，增加对西部地区农业发展和生态环境保护的投入。

第三十九条　县级以上人民政府每年财政预算内安排的各项用于农业的资金应当及时足额拨付。各级人民政府应当加强对国家各项农业资金分配、使用过程的监督管理，保证资金安全，提高资金的使用效率。

任何单位和个人不得截留、挪用用于农业的财政资金和信贷资金。审计机关应当依法加强对用于农业的财政和信贷等资金的审计监督。

第四十条　国家运用税收、价格、信贷等手段，鼓励和引导农民和农业生产经营组织增加农业生产经营性投入和小型农田水利等基本建设投入。

国家鼓励和支持农民和农业生产经营组织在自愿的基础上依法采取多种形式，筹集农业资金。

第四十一条　国家鼓励社会资金投向农业，鼓励企业事业单位、社会团体和个人捐资设立各种农业建设和农业科技、教育基金。

国家采取措施，促进农业扩大利用外资。

第四十二条　各级人民政府应当鼓励和支持企业事业单位及其他各类经济组织开展农业信息服务。

县级以上人民政府农业行政主管部门及其他有关部门应当建立农业信息搜集、整理和发布制度，及时向农民和农业生产经营组织提供市场信息等服务。

第四十三条　国家鼓励和扶持农用工业的发展。

国家采取税收、信贷等手段鼓励和扶持农业生产资料的生产和贸易，为农业生产稳定增长提供物质保障。

国家采取宏观调控措施，使化肥、农药、农用薄膜、农业机械和农用柴油等主要农业生产资料和农产品之间保持合理的比价。

第四十四条　国家鼓励供销合作社、农村集体经济组织、农民专业合作经济组织、其他组织和个人发展多种形式的农业生产产前、产中、产后的社会化服务事业。县级以上人民政府及其各有关部门应当采取措施对农业社会化服务事业给予支持。

对跨地区从事农业社会化服务的，农业、工商管理、交通运输、公安等有关部门应当采取措施给予支持。

第四十五条　国家建立健全农村金融体系，加强农村信用制度建设，加强农村金融监管。

有关金融机构应当采取措施增加信贷投入，改善农村金融服务，对农民和农业生产经营组织的农业生产经营活动提供信贷支持。

农村信用合作社应当坚持为农业、农民和农村经济发展服务的宗旨，优先为当地农民的生产经营活动提供信贷服务。

国家通过贴息等措施，鼓励金融机构向农民和农业生产经营组织的农业生产经营活动提供贷款。

第四十六条　国家建立和完善农业保险制度。

国家逐步建立和完善政策性农业保险制度。鼓励和扶持农民和农业生产经营组织建立为农业生产经营活动服务的互助合作保险组织，鼓励商业性保险公司开展农业保险业务。

农业保险实行自愿原则。任何组织和个人不得强制农民和农业生产经营组织参加农业保险。

第四十七条　各级人民政府应当采取措施，提高农业防御自然灾害的能力，做好防灾、抗灾和救灾工作，帮助灾民恢复生产，组织生产自救，开展社会互助互济；对没有基本生活保障的灾民给予救济和扶持。

第七章　农业科技与农业教育

第四十八条　国务院和省级人民政府应当制定农业科技、农业教育发展规划，发展农业科技、教育事业。

县级以上人民政府应当按照国家有关规定逐步增加农业科技经费和农业教育经费。

国家鼓励、吸引企业等社会力量增加农业科技投入，鼓励农民、农业生产经营组织、企业事业单位等依法举办农业科技、教育事业。

第四十九条　国家保护植物新品种、农产品地理标志等知识产权，鼓励和引导农业科研、教育单位加强农业科学技术的基础研究和应用研究，传播和普及农业科学技术知识，加速科技成果转化与产业化，促进农业科学技术进步。

国务院有关部门应当组织农业重大关键技术的科技攻关。国家采取措施促进国际农业科技、教育合作与交流，鼓励引进国外先进技术。

第五十条　国家扶持农业技术推广事业，建立政府扶持和市场引导相结合，有偿与无偿服务相结合，国家农业技术推广机构和社会力量相结合的农业技术推广体系，促使先进的农业技术尽快应用于农业生产。

第五十一条　国家设立的农业技术推广机构应当以农业技术试验示范基地为依托，承担公共所需的关键性技术的推广和示范工作，为农民和农业生产经营组织提供公益性农业技术服务。

县级以上人民政府应当根据农业生产发展需要，稳定和加强农业技术推广队伍，保障农业技术推广机构的工作经费。

各级人民政府应当采取措施，按照国家规定保障和改善从事农业技术推广工作的专业科技人员的工作条件、工资待遇和生活条件，鼓励他们为农业服务。

第五十二条 农业科研单位、有关学校、农业技术推广机构以及科技人员，根据农民和农业生产经营组织的需要，可以提供无偿服务，也可以通过技术转让、技术服务、技术承包、技术入股等形式，提供有偿服务，取得合法收益。农业科研单位、有关学校、农业技术推广机构以及科技人员应当提高服务水平，保证服务质量。

对农业科研单位、有关学校、农业技术推广机构举办的为农业服务的企业，国家在税收、信贷等方面给予优惠。

国家鼓励农民、农民专业合作经济组织、供销合作社、企业事业单位等参与农业技术推广工作。

第五十三条 国家建立农业专业技术人员继续教育制度。县级以上人民政府农业行政主管部门会同教育、人事等有关部门制定农业专业技术人员继续教育计划，并组织实施。

第五十四条 国家在农村依法实施义务教育，并保障义务教育经费。国家在农村举办的普通中小学校教职工工资由县级人民政府按照国家规定统一发放，校舍等教学设施的建设和维护经费由县级人民政府按照国家规定统一安排。

第五十五条 国家发展农业职业教育。国务院有关部门按照国家职业资格证书制度的统一规定，开展农业行业的职业分类、职业技能鉴定工作，管理农业行业的职业资格证书。

第五十六条 国家采取措施鼓励农民采用先进的农业技术，支持农民举办各种科技组织，开展农业实用技术培训、农民绿色证书培训和其他就业培训，提高农民的文化技术素质。

第八章 农业资源与农业环境保护

第五十七条 发展农业和农村经济必须合理利用和保护土地、水、森林、草原、野生动植物等自然资源，合理开发和利用水能、沼气、太阳能、风能等可再生能源和清洁能源，发展生态农业，保护和改善生态环境。

县级以上人民政府应当制定农业资源区划或者农业资源合理利用和保护的区划，建立农业资源监测制度。

第五十八条 农民和农业生产经营组织应当保养耕地，合理使用化肥、农药、农用薄膜，增加使用有机肥料，采用先进技术，保护和提高地力，防止农用地的污染、破坏和地力衰退。

县级以上人民政府农业行政主管部门应当采取措施，支持农民和农业生产经营组织加强耕地质量建设，并对耕地质量进行定期监测。

第五十九条　各级人民政府应当采取措施，加强小流域综合治理，预防和治理水土流失。从事可能引起水土流失的生产建设活动的单位和个人，必须采取预防措施，并负责治理因生产建设活动造成的水土流失。

各级人民政府应当采取措施，预防土地沙化，治理沙化土地。国务院和沙化土地所在地区的县级以上地方人民政府应当按照法律规定制定防沙治沙规划，并组织实施。

第六十条　国家实行全民义务植树制度。各级人民政府应当采取措施，组织群众植树造林，保护林地和林木，预防森林火灾，防治森林病虫害，制止滥伐、盗伐林木，提高森林覆盖率。

国家在天然林保护区域实行禁伐或者限伐制度，加强造林护林。

第六十一条　有关地方人民政府，应当加强草原的保护、建设和管理，指导、组织农(牧)民和农(牧)业生产经营组织建设人工草场、饲草饲料基地和改良天然草原，实行以草定畜，控制载畜量，推行划区轮牧、休牧和禁牧制度，保护草原植被，防止草原退化沙化和盐渍化。

第六十二条　禁止毁林毁草开垦、烧山开垦以及开垦国家禁止开垦的陡坡地，已经开垦的应当逐步退耕还林、还草。

禁止围湖造田以及围垦国家禁止围垦的湿地。已经围垦的，应当逐步退耕还湖、还湿地。

对在国务院批准规划范围内实施退耕的农民，应当按照国家规定予以补助。

第六十三条　各级人民政府应当采取措施，依法执行捕捞限额和禁渔、休渔制度，增殖渔业资源，保护渔业水域生态环境。

国家引导、支持从事捕捞业的农(渔)民和农(渔)业生产经营组织从事水产养殖业或者其他职业，对根据当地人民政府统一规划转产转业的农(渔)民，应当按照国家规定予以补助。

第六十四条　国家建立与农业生产有关的生物物种资源保护制度，保护生物多样性，对稀有、濒危、珍贵生物资源及其原生地实行重点保护。从境外引进生物物种资源应当依法进行登记或者审批，并采取相应安全控制措施。

农业转基因生物的研究、试验、生产、加工、经营及其他应用，必须依照国家规定严格实行各项安全控制措施。

第六十五条　各级农业行政主管部门应当引导农民和农业生产经营组织采取

生物措施或者使用高效低毒低残留农药、兽药，防治动植物病、虫、杂草、鼠害。

农产品采收后的秸秆及其他剩余物质应当综合利用，妥善处理，防止造成环境污染和生态破坏。

从事畜禽等动物规模养殖的单位和个人应当对粪便、废水及其他废弃物进行无害化处理或者综合利用，从事水产养殖的单位和个人应当合理投饵、施肥、使用药物，防止造成环境污染和生态破坏。

第六十六条　县级以上人民政府应当采取措施，督促有关单位进行治理，防治废水、废气和固体废弃物对农业生态环境的污染。排放废水、废气和固体废弃物造成农业生态环境污染事故的，由环境保护行政主管部门或者农业行政主管部门依法调查处理；给农民和农业生产经营组织造成损失的，有关责任者应当依法赔偿。

第九章　农民权益保护

第六十七条　任何机关或者单位向农民或者农业生产经营组织收取行政、事业性费用必须依据法律、法规的规定。收费的项目、范围和标准应当公布。没有法律、法规依据的收费，农民和农业生产经营组织有权拒绝。

任何机关或者单位对农民或者农业生产经营组织进行罚款处罚必须依据法律、法规、规章的规定。没有法律、法规、规章依据的罚款，农民和农业生产经营组织有权拒绝。

任何机关或者单位不得以任何方式向农民或者农业生产经营组织进行摊派。除法律、法规另有规定外，任何机关或者单位以任何方式要求农民或者农业生产经营组织提供人力、财力、物力的，属于摊派。农民和农业生产经营组织有权拒绝任何方式的摊派。

第六十八条　各级人民政府及其有关部门和所属单位不得以任何方式向农民或者农业生产经营组织集资。

没有法律、法规依据或者未经国务院批准，任何机关或者单位不得在农村进行任何形式的达标、升级、验收活动。

第六十九条　农民和农业生产经营组织依照法律、行政法规的规定承担纳税义务。税务机关及代扣、代收税款的单位应当依法征税，不得违法摊派税款及以其他违法方法征税。

第七十条　农村义务教育除按国务院规定收取的费用外，不得向农民和学生收取其他费用。禁止任何机关或者单位通过农村中小学校向农民收费。

第七十一条　国家依法征用农民集体所有的土地，应当保护农民和农村集体经济组织的合法权益，依法给予农民和农村集体经济组织征地补偿，任何单位和个人不得截留、挪用征地补偿费用。

第七十二条　各级人民政府、农村集体经济组织或者村民委员会在农业和农村经济结构调整、农业产业化经营和土地承包经营权流转等过程中，不得侵犯农民的土地承包经营权，不得干涉农民自主安排的生产经营项目，不得强迫农民购买指定的生产资料或者按指定的渠道销售农产品。

第七十三条　农村集体经济组织或者村民委员会为发展生产或者兴办公益事业，需要向其成员（村民）筹资筹劳的，应当经成员（村民）会议或者成员（村民）代表会议过半数通过后，方可进行。

农村集体经济组织或者村民委员会依照前款规定筹资筹劳的，不得超过省级以上人民政府规定的上限控制标准，禁止强行以资代劳。

农村集体经济组织和村民委员会对涉及农民利益的重要事项，应当向农民公开，并定期公布财务账目，接受农民的监督。

第七十四条　任何单位和个人向农民或者农业生产经营组织提供生产、技术、信息、文化、保险等有偿服务，必须坚持自愿原则，不得强迫农民和农业生产经营组织接受服务。

第七十五条　农产品收购单位在收购农产品时，不得压级压价，不得在支付的价款中扣缴任何费用。法律、行政法规规定代扣、代收税款的，依照法律、行政法规的规定办理。

农产品收购单位与农产品销售者因农产品的质量等级发生争议的，可以委托具有法定资质的农产品质量检验机构检验。

第七十六条　农业生产资料使用者因生产资料质量问题遭受损失的，出售该生产资料的经营者应当予以赔偿，赔偿额包括购货价款、有关费用和可得利益损失。

第七十七条　农民或者农业生产经营组织为维护自身的合法权益，有向各级人民政府及其有关部门反映情况和提出合法要求的权利，人民政府及其有关部门对农民或者农业生产经营组织提出的合理要求，应当按照国家规定及时给予答复。

第七十八条　违反法律规定，侵犯农民权益的，农民或者农业生产经营组织可以依法申请行政复议或者向人民法院提起诉讼，有关人民政府及其有关部门或者人民法院应当依法受理。

人民法院和司法行政主管机关应当依照有关规定为农民提供法律援助。

第十章　农村经济发展

第七十九条　国家坚持城乡协调发展的方针，扶持农村第二、第三产业发展，调整和优化农村经济结构，增加农民收入，促进农村经济全面发展，逐步缩小城乡差别。

第八十条 各级人民政府应当采取措施，发展乡镇企业，支持农业的发展，转移富余的农业劳动力。

国家完善乡镇企业发展的支持措施，引导乡镇企业优化结构，更新技术，提高素质。

第八十一条 县级以上地方人民政府应当根据当地的经济发展水平、区位优势和资源条件，按照合理布局、科学规划、节约用地的原则，有重点地推进农村小城镇建设。

地方各级人民政府应当注重运用市场机制，完善相应政策，吸引农民和社会资金投资小城镇开发建设，发展第二、第三产业，引导乡镇企业相对集中发展。

第八十二条 国家采取措施引导农村富余劳动力在城乡、地区间合理有序流动。地方各级人民政府依法保护进入城镇就业的农村劳动力的合法权益，不得设置不合理限制，已经设置的应当取消。

第八十三条 国家逐步完善农村社会救济制度，保障农村五保户、贫困残疾农民、贫困老年农民和其他丧失劳动能力的农民的基本生活。

第八十四条 国家鼓励、支持农民巩固和发展农村合作医疗和其他医疗保障形式，提高农民健康水平。

第八十五条 国家扶持贫困地区改善经济发展条件，帮助进行经济开发。省级人民政府根据国家关于扶持贫困地区的总体目标和要求，制定扶贫开发规划，并组织实施。

各级人民政府应当坚持开发式扶贫方针，组织贫困地区的农民和农业生产经营组织合理使用扶贫资金，依靠自身力量改变贫穷落后面貌，引导贫困地区的农民调整经济结构、开发当地资源。扶贫开发应当坚持与资源保护、生态建设相结合，促进贫困地区经济、社会的协调发展和全面进步。

第八十六条 中央和省级财政应当把扶贫开发投入列入年度财政预算，并逐年增加，加大对贫困地区的财政转移支付和建设资金投入。

国家鼓励和扶持金融机构、其他企业事业单位和个人投入资金支持贫困地区开发建设。

禁止任何单位和个人截留、挪用扶贫资金。审计机关应当加强扶贫资金的审计监督。

第十一章 执法监督

第八十七条 县级以上人民政府应当采取措施逐步完善适应社会主义市场经济发展要求的农业行政管理体制。

县级以上人民政府农业行政主管部门和有关行政主管部门应当加强规划、指导、管理、协调、监督、服务职责，依法行政，公正执法。

县级以上地方人民政府农业行政主管部门应当在其职责范围内健全行政执法队伍，实行综合执法，提高执法效率和水平。

第八十八条　县级以上人民政府农业行政主管部门及其执法人员履行执法监督检查职责时，有权采取下列措施：

（一）要求被检查单位或者个人说明情况，提供有关文件、证照、资料；

（二）责令被检查单位或者个人停止违反本法的行为，履行法定义务。

农业行政执法人员在履行监督检查职责时，应当向被检查单位或者个人出示行政执法证件，遵守执法程序。有关单位或者个人应当配合农业行政执法人员依法执行职务，不得拒绝和阻碍。

第八十九条　农业行政主管部门与农业生产、经营单位必须在机构、人员、财务上彻底分离。农业行政主管部门及其工作人员不得参与和从事农业生产经营活动。

第十二章　法律责任

第九十条　违反本法规定，侵害农民和农业生产经营组织的土地承包经营权等财产权或者其他合法权益的，应当停止侵害，恢复原状；造成损失、损害的，依法承担赔偿责任。

国家工作人员利用职务便利或者以其他名义侵害农民和农业生产经营组织的合法权益的，应当赔偿损失，并由其所在单位或者上级主管机关给予行政处分。

第九十一条　违反本法第十九条、第二十五条、第六十二条、第七十一条规定的，依照相关法律或者行政法规的规定予以处罚。

第九十二条　有下列行为之一的，由上级主管机关责令限期归还被截留、挪用的资金，没收非法所得，并由上级主管机关或者所在单位给予直接负责的主管人员和其他直接责任人员行政处分；构成犯罪的，依法追究刑事责任：

（一）违反本法第三十三条第三款规定，截留、挪用粮食收购资金的；

（二）违反本法第三十九条第二款规定，截留、挪用用于农业的财政资金和信贷资金的；

（三）违反本法第八十六条第三款规定，截留、挪用扶贫资金的。

第九十三条　违反本法第六十七条规定，向农民或者农业生产经营组织违法收费、罚款、摊派的，上级主管机关应当予以制止，并予公告；已经收取钱款或者已经使用人力、物力的，由上级主管机关责令限期归还已经收取的钱款或者折价偿还已经使用的人力、物力，并由上级主管机关或者所在单位给予直接负责的主管人员和其他直接责任人员行政处分；情节严重，构成犯罪的，依法追究刑事责任。

第九十四条　有下列行为之一的，由上级主管机关责令停止违法行为，并给予直接负责的主管人员和其他直接责任人员行政处分，责令退还违法收取的集资款、税款或者费用：

（一）违反本法第六十八条规定，非法在农村进行集资、达标、升级、验收活动的；

（二）违反本法第六十九条规定，以违法方法向农民征税的；

（三）违反本法第七十条规定，通过农村中小学校向农民超额、超项目收费的。

第九十五条　违反本法第七十三条第二款规定，强迫农民以资代劳的，由乡（镇）人民政府责令改正，并退还违法收取的资金。

第九十六条　违反本法第七十四条规定，强迫农民和农业生产经营组织接受有偿服务的，由有关人民政府责令改正，并返还其违法收取的费用；情节严重的，给予直接负责的主管人员和其他直接责任人员行政处分；造成农民和农业生产经营组织损失的，依法承担赔偿责任。

第九十七条　县级以上人民政府农业行政主管部门的工作人员违反本法规定参与和从事农业生产经营活动的，依法给予行政处分；构成犯罪的，依法追究刑事责任。

第十三章　附　　则

第九十八条　本法有关农民的规定，适用于国有农场、牧场、林场、渔场等企业事业单位实行承包经营的职工。

第九十九条　本法自 2003 年 3 月 1 日起施行。

中华人民共和国畜牧法

目　　录

第一章　总　　则

第一条　为了规范畜牧业生产经营行为，保障畜禽产品质量安全，保护和合理利用畜禽遗传资源，维护畜牧业生产经营者的合法权益，促进畜牧业持续健康发展，制定本法。

第二条　在中华人民共和国境内从事畜禽的遗传资源保护利用、繁育、饲养、经营、运输等活动，适用本法。本法所称畜禽，是指列入依照本法第十一条规定公布的畜禽遗传资源目录的畜禽。

蜂、蚕的资源保护利用和生产经营，适用本法有关规定。

第三条　国家支持畜牧业发展，发挥畜牧业在发展农业、农村经济和增加农民收入中的作用。县级以上人民政府应当采取措施，加强畜牧业基础设施建设，鼓励和扶持发展规模化养殖，推进畜牧产业化经营，提高畜牧业综合生产能力，发展优质、高效、生态、安全的畜牧业。国家帮助和扶持少数民族地区、贫困地区畜牧业的发展，保护和合理利用草原，改善畜牧业生产条件。

第四条　国家采取措施，培养畜牧兽医专业人才，发展畜牧兽医科学技术研究和推广事业，开展畜牧兽医科学技术知识的教育宣传工作和畜牧兽医信息服务，推进畜牧业科技进步。

第五条　畜牧业生产经营者可以依法自愿成立行业协会，为成员提供信息、技术、营销、培训等服务，加强行业自律，维护成员和行业利益。

第六条　畜牧业生产经营者应当依法履行动物防疫和环境保护义务，接受有关主管部门依法实施的监督检查。

第七条　国务院畜牧兽医行政主管部门负责全国畜牧业的监督管理工作。县级以上地方人民政府畜牧兽医行政主管部门负责本行政区域内的畜牧业监督管理工作。县级以上人民政府有关主管部门在各自的职责范围内，负责有关促进畜牧业发展的工作。

第八条　国务院畜牧兽医行政主管部门应当指导畜牧业生产经营者改善畜禽繁育、饲养、运输的条件和环境。

第二章　畜禽遗传资源保护

第九条　国家建立畜禽遗传资源保护制度。各级人民政府应当采取措施，加强畜禽遗传资源保护，畜禽遗传资源保护经费列入财政预算。

畜禽遗传资源保护以国家为主，鼓励和支持有关单位、个人依法发展畜禽遗传资源保护事业。

第十条　国务院畜牧兽医行政主管部门设立由专业人员组成的国家畜禽遗传资源委员会，负责畜禽遗传资源的鉴定、评估和畜禽新品种、配套系的审定，承担畜禽遗传资源保护和利用规划论证及有关畜禽遗传资源保护的咨询工作。

第十一条　国务院畜牧兽医行政主管部门负责组织畜禽遗传资源的调查工作，发布国家畜禽遗传资源状况报告，公布经国务院批准的畜禽遗传资源目录。

第十二条　国务院畜牧兽医行政主管部门根据畜禽遗传资源分布状况，制定全国畜禽遗传资源保护和利用规划，制定并公布国家级畜禽遗传资源保护名录，对原产我国的珍贵、稀有、濒危的畜禽遗传资源实行重点保护。省级人民政府畜牧兽医行政主管部门根据全国畜禽遗传资源保护和利用规划及本行政区域内畜禽遗传资源状况，制定和公布省级畜禽遗传资源保护名录，并报国务院畜牧兽医行政主管部门备案。

第十三条　国务院畜牧兽医行政主管部门根据全国畜禽遗传资源保护和利用规划及国家级畜禽遗传资源保护名录，省级人民政府畜牧兽医行政主管部门根据省级畜禽遗传资源保护名录，分别建立或者确定畜禽遗传资源保种场、保护区和基因库，承担畜禽遗传资源保护任务。享受中央和省级财政资金支持的畜禽遗传资源保种场、保护区和基因库，未经国务院畜牧兽医行政主管部门或者省级人民政府畜牧兽医行政主管部门批准，不得擅自处理受保护的畜禽遗传资源。

畜禽遗传资源基因库应当按照国务院畜牧兽医行政主管部门或者省级人民政府畜牧兽医行政主管部门的规定，定期采集和更新畜禽遗传材料。有关单位、个人应当配合畜禽遗传资源基因库采集畜禽遗传材料，并有权获得适当的经济补偿。

畜禽遗传资源保种场、保护区和基因库的管理办法由国务院畜牧兽医行政主管部门制定。

第十四条　新发现的畜禽遗传资源在国家畜禽遗传资源委员会鉴定前，省级人民政府畜牧兽医行政主管部门应当制定保护方案，采取临时保护措施，并报国务院畜牧兽医行政主管部门备案。

第十五条 从境外引进畜禽遗传资源的,应当向省级人民政府畜牧兽医行政主管部门提出申请;受理申请的畜牧兽医行政主管部门经审核,报国务院畜牧兽医行政主管部门经评估论证后批准。经批准的,依照《中华人民共和国进出境动植物检疫法》的规定办理相关手续并实施检疫。从境外引进的畜禽遗传资源被发现对境内畜禽遗传资源、生态环境有危害或者可能产生危害的,国务院畜牧兽医行政主管部门应当商有关主管部门,采取相应的安全控制措施。

第十六条 向境外输出或者在境内与境外机构、个人合作研究利用列入保护名录的畜禽遗传资源的,应当向省级人民政府畜牧兽医行政主管部门提出申请,同时提出国家共享惠益的方案;受理申请的畜牧兽医行政主管部门经审核,报国务院畜牧兽医行政主管部门批准。向境外输出畜禽遗传资源的,还应当依照《中华人民共和国进出境动植物检疫法》的规定办理相关手续并实施检疫。

新发现的畜禽遗传资源在国家畜禽遗传资源委员会鉴定前,不得向境外输出,不得与境外机构、个人合作研究利用。

第十七条 畜禽遗传资源的进出境和对外合作研究利用的审批办法由国务院规定。

第三章 种畜禽品种选育与生产经营

第十八条 国家扶持畜禽品种的选育和优良品种的推广使用,支持企业、院校、科研机构和技术推广单位开展联合育种,建立畜禽良种繁育体系。

第十九条 培育的畜禽新品种、配套系和新发现的畜禽遗传资源在推广前,应当通过国家畜禽遗传资源委员会审定或者鉴定,并由国务院畜牧兽医行政主管部门公告。畜禽新品种、配套系的审定办法和畜禽遗传资源的鉴定办法,由国务院畜牧兽医行政主管部门制定。审定或者鉴定所需的试验、检测等费用由申请者承担,收费办法由国务院财政、价格部门会同国务院畜牧兽医行政主管部门制定。培育新的畜禽品种、配套系进行中间试验,应当经试验所在地省级人民政府畜牧兽医行政主管部门批准。畜禽新品种、配套系培育者的合法权益受法律保护。

第二十条 转基因畜禽品种的培育、试验、审定和推广,应当符合国家有关农业转基因生物管理的规定。

第二十一条 省级以上畜牧兽医技术推广机构可以组织开展种畜优良个体登记,向社会推荐优良种畜。优良种畜登记规则由国务院畜牧兽医行政主管部门制定。

第二十二条 从事种畜禽生产经营或者生产商品代仔畜、雏禽的单位、个人,应当取得种畜禽生产经营许可证。申请人持种畜禽生产经营许可证依法办理工商登记，取得营业执照后，方可从事生产经营活动。

申请取得种畜禽生产经营许可证，应当具备下列条件：

（一）生产经营的种畜禽必须是通过国家畜禽遗传资源委员会审定或者鉴定的品种、配套系，或者是经批准引进的境外品种、配套系；

（二）有与生产经营规模相适应的畜牧兽医技术人员；

（三）有与生产经营规模相适应的繁育设施设备；

（四）具备法律、行政法规和国务院畜牧兽医行政主管部门规定的种畜禽防疫条件；

（五）有完善的质量管理和育种记录制度；

（六）具备法律、行政法规规定的其他条件。

第二十三条　申请取得生产家畜卵子、冷冻精液、胚胎等遗传材料的生产经营许可证，除应当符合本法第二十二条第二款规定的条件外，还应当具备下列条件：

（一）符合国务院畜牧兽医行政主管部门规定的实验室、保存和运输条件；

（二）符合国务院畜牧兽医行政主管部门规定的种畜数量和质量要求；

（三）体外授精取得的胚胎、使用的卵子来源明确，供体畜符合国家规定的种畜健康标准和质量要求；

（四）符合国务院畜牧兽医行政主管部门规定的其他技术要求。

第二十四条　申请取得生产家畜卵子、冷冻精液、胚胎等遗传材料的生产经营许可证，应当向省级人民政府畜牧兽医行政主管部门提出申请。受理申请的畜牧兽医行政主管部门应当自收到申请之日起三十个工作日内完成审核，并报国务院畜牧兽医行政主管部门审批；国务院畜牧兽医行政主管部门应当自收到申请之日起六十个工作日内依法决定是否发给生产经营许可证。

其他种畜禽的生产经营许可证由县级以上地方人民政府畜牧兽医行政主管部门审核发放，具体审核发放办法由省级人民政府规定。

种畜禽生产经营许可证样式由国务院畜牧兽医行政主管部门制定，许可证有效期为三年。发放种畜禽生产经营许可证可以收取工本费，具体收费管理办法由国务院财政、价格部门制定。

第二十五条　种畜禽生产经营许可证应当注明生产经营者名称、场（厂）址、生产经营范围及许可证有效期的起止日期等。

禁止任何单位、个人无种畜禽生产经营许可证或者违反种畜禽生产经营许可证的规定生产经营种畜禽。禁止伪造、变造、转让、租借种畜禽生产经营许可证。

第二十六条　农户饲养的种畜禽用于自繁自养和有少量剩余仔畜、雏禽出售的，农户饲养种公畜进行互助配种的，不需要办理种畜禽生产经营许可证。

第二十七条　专门从事家畜人工授精、胚胎移植等繁殖工作的人员，应当取得相应的国家职业资格证书。

第二十八条　发布种畜禽广告的，广告主应当提供种畜禽生产经营许可证和营业执照。广告内容应当符合有关法律、行政法规的规定，并注明种畜禽品种、配套系的审定或者鉴定名称；对主要性状的描述应当符合该品种、配套系的标准。

第二十九条　销售的种畜禽和家畜配种站(点)使用的种公畜，必须符合种用标准。销售种畜禽时，应当附具种畜禽场出具的种畜禽合格证明、动物防疫监督机构出具的检疫合格证明，销售的种畜还应当附具种畜禽场出具的家畜系谱。

生产家畜卵子、冷冻精液、胚胎等遗传材料，应当有完整的采集、销售、移植等记录，记录应当保存二年。

第三十条　销售种畜禽，不得有下列行为：

(一)以其他畜禽品种、配套系冒充所销售的种畜禽品种、配套系；

(二)以低代别种畜禽冒充高代别种畜禽；

(三)以不符合种用标准的畜禽冒充种畜禽；

(四)销售未经批准进口的种畜禽；

(五)销售未附具本法第二十九条规定的种畜禽合格证明、检疫合格证明的种畜禽或者未附具家畜系谱的种畜；

(六)销售未经审定或者鉴定的种畜禽品种、配套系。

第三十一条　申请进口种畜禽的，应当持有种畜禽生产经营许可证。进口种畜禽的批准文件有效期为六个月。进口的种畜禽应当符合国务院畜牧兽医行政主管部门规定的技术要求。首次进口的种畜禽还应当由国家畜禽遗传资源委员会进行种用性能的评估。

种畜禽的进出口管理除适用前两款的规定外，还适用本法第十五条和第十六条的相关规定。

国家鼓励畜禽养殖者对进口的畜禽进行新品种、配套系的选育；选育的新品种、配套系在推广前，应当经国家畜禽遗传资源委员会审定。

第三十二条　种畜禽场和孵化场(厂)销售商品代仔畜、雏禽的，应当向购买者提供其销售的商品代仔畜、雏禽的主要生产性能指标、免疫情况、饲养技术要求和有关咨询服务，并附具动物防疫监督机构出具的检疫合格证明。销售种畜禽和商品代仔畜、雏禽，因质量问题给畜禽养殖者造成损失的，应当依法赔偿损失。

第三十三条　县级以上人民政府畜牧兽医行政主管部门负责种畜禽质量安全的监督管理工作。种畜禽质量安全的监督检验应当委托具有法定资质的种畜禽质量检验机构进行；所需检验费用按照国务院规定列支，不得向被检验人收取。

第三十四条　蚕种的资源保护、新品种选育、生产经营和推广适用本法有关规定，具体管理办法由国务院农业行政主管部门制定。

第四章　畜禽养殖

第三十五条　县级以上人民政府畜牧兽医行政主管部门应当根据畜牧业发展规划和市场需求，引导和支持畜牧业结构调整，发展优势畜禽生产，提高畜禽产品市场竞争力。

国家支持草原牧区开展草原围栏、草原水利、草原改良、饲草饲料基地等草原基本建设，优化畜群结构，改良牲畜品种，转变生产方式，发展舍饲圈养、划区轮牧，逐步实现畜草平衡，改善草原生态环境。

第三十六条　国务院和省级人民政府应当在其财政预算内安排支持畜牧业发展的良种补贴、贴息补助等资金，并鼓励有关金融机构通过提供贷款、保险服务等形式，支持畜禽养殖者购买优良畜禽、繁育良种、改善生产设施、扩大养殖规模，提高养殖效益。

第三十七条　国家支持农村集体经济组织、农民和畜牧业合作经济组织建立畜禽养殖场、养殖小区，发展规模化、标准化养殖。乡（镇）土地利用总体规划应当根据本地实际情况安排畜禽养殖用地。农村集体经济组织、农民、畜牧业合作经济组织按照乡（镇）土地利用总体规划建立的畜禽养殖场、养殖小区用地按农业用地管理。畜禽养殖场、养殖小区用地使用权期限届满，需要恢复为原用途的，由畜禽养殖场、养殖小区土地使用权人负责恢复。在畜禽养殖场、养殖小区用地范围内需要兴建永久性建（构）筑物，涉及农用地转用的，依照《中华人民共和国土地管理法》的规定办理。

第三十八条　国家设立的畜牧兽医技术推广机构，应当向农民提供畜禽养殖技术培训、良种推广、疫病防治等服务。县级以上人民政府应当保障国家设立的畜牧兽医技术推广机构从事公益性技术服务的工作经费。国家鼓励畜禽产品加工企业和其他相关生产经营者为畜禽养殖者提供所需的服务。

第三十九条　畜禽养殖场、养殖小区应当具备下列条件：

（一）有与其饲养规模相适应的生产场所和配套的生产设施；

（二）有为其服务的畜牧兽医技术人员；

（三）具备法律、行政法规和国务院畜牧兽医行政主管部门规定的防疫条件；

（四）有对畜禽粪便、废水和其他固体废弃物进行综合利用的沼气池等设施或者其他无害化处理设施；

（五）具备法律、行政法规规定的其他条件。养殖场、养殖小区兴办者应当将养殖场、养殖小区的名称、养殖地址、畜禽品种和养殖规模，向养殖场、养殖小区所在地县级人民政府畜牧兽医行政主管部门备案，取得畜禽标识代码。

省级人民政府根据本行政区域畜牧业发展状况制定畜禽养殖场、养殖小区的规模标准和备案程序。

第四十条　禁止在下列区域内建设畜禽养殖场、养殖小区：

(一)生活饮用水的水源保护区，风景名胜区，以及自然保护区的核心区和缓冲区；

(二)城镇居民区、文化教育科学研究区等人口集中区域；

(三)法律、法规规定的其他禁养区域。

第四十一条　畜禽养殖场应当建立养殖档案，载明以下内容：

(一)畜禽的品种、数量、繁殖记录、标识情况、来源和进出场日期；

(二)饲料、饲料添加剂、兽药等投入品的来源、名称、使用对象、时间和用量；

(三)检疫、免疫、消毒情况；

(四)畜禽发病、死亡和无害化处理情况；

(五)国务院畜牧兽医行政主管部门规定的其他内容。

第四十二条　畜禽养殖场应当为其饲养的畜禽提供适当的繁殖条件和生存、生长环境。

第四十三条　从事畜禽养殖，不得有下列行为：

(一)违反法律、行政法规的规定和国家技术规范的强制性要求使用饲料、饲料添加剂、兽药；

(二)使用未经高温处理的餐馆、食堂的泔水饲喂家畜；

(三)在垃圾场或者使用垃圾场中的物质饲养畜禽；

(四)法律、行政法规和国务院畜牧兽医行政主管部门规定的危害人和畜禽健康的其他行为。

第四十四条　从事畜禽养殖，应当依照《中华人民共和国动物防疫法》的规定，做好畜禽疫病的防治工作。

第四十五条　畜禽养殖者应当按照国家关于畜禽标识管理的规定，在应当加施标识的畜禽的指定部位加施标识。畜牧兽医行政主管部门提供标识不得收费，所需费用列入省级人民政府财政预算。

畜禽标识不得重复使用。

第四十六条　畜禽养殖场、养殖小区应当保证畜禽粪便、废水及其他固体废弃物综合利用或者无害化处理设施的正常运转，保证污染物达标排放，防止污染环境。畜禽养殖场、养殖小区违法排放畜禽粪便、废水及其他固体废弃物，造成环境污染危害的，应当排除危害，依法赔偿损失。

国家支持畜禽养殖场、养殖小区建设畜禽粪便、废水及其他固体废弃物的综合利用设施。

第四十七条　国家鼓励发展养蜂业，维护养蜂生产者的合法权益。

有关部门应当积极宣传和推广蜜蜂授粉农艺措施。

第四十八条　养蜂生产者在生产过程中，不得使用危害蜂产品质量安全的药品和容器，确保蜂产品质量。养蜂器具应当符合国家技术规范的强制性要求。

第四十九条　养蜂生产者在转地放蜂时，当地公安、交通运输、畜牧兽医等有关部门应当为其提供必要的便利。养蜂生产者在国内转地放蜂，凭国务院畜牧兽医行政主管部门统一格式印制的检疫合格证明运输蜂群，在检疫合格证明有效期内不得重复检疫。

第五章　畜禽交易与运输

第五十条　县级以上人民政府应当促进开放统一、竞争有序的畜禽交易市场建设。

县级以上人民政府畜牧兽医行政主管部门和其他有关主管部门应当组织搜集、整理、发布畜禽产销信息，为生产者提供信息服务。

第五十一条　县级以上地方人民政府根据农产品批发市场发展规划，对在畜禽集散地建立畜禽批发市场给予扶持。

畜禽批发市场选址，应当符合法律、行政法规和国务院畜牧兽医行政主管部门规定的动物防疫条件，并距离种畜禽场和大型畜禽养殖场三公里以外。

第五十二条　进行交易的畜禽必须符合国家技术规范的强制性要求。

国务院畜牧兽医行政主管部门规定应当加施标识而没有标识的畜禽，不得销售和收购。

第五十三条　运输畜禽，必须符合法律、行政法规和国务院畜牧兽医行政主管部门规定的动物防疫条件，采取措施保护畜禽安全，并为运输的畜禽提供必要的空间和饲喂饮水条件。

有关部门对运输中的畜禽进行检查，应当有法律、行政法规的依据。

第六章　质量安全保障

第五十四条　县级以上人民政府应当组织畜牧兽医行政主管部门和其他有关主管部门，依照本法和有关法律、行政法规的规定，加强对畜禽饲养环境、种畜禽质量、饲料和兽药等投入品的使用以及畜禽交易与运输的监督管理。

第五十五条　国务院畜牧兽医行政主管部门应当制定畜禽标识和养殖档案管理办法，采取措施落实畜禽产品质量责任追究制度。

第五十六条　县级以上人民政府畜牧兽医行政主管部门应当制定畜禽质量安

全监督检查计划，按计划开展监督抽查工作。

第五十七条　省级以上人民政府畜牧兽医行政主管部门应当组织制定畜禽生产规范，指导畜禽的安全生产。

第七章　法律责任

第五十八条　违反本法第十三条第二款规定，擅自处理受保护的畜禽遗传资源，造成畜禽遗传资源损失的，由省级以上人民政府畜牧兽医行政主管部门处五万元以上五十万元以下罚款。

第五十九条　违反本法有关规定，有下列行为之一的，由省级以上人民政府畜牧兽医行政主管部门责令停止违法行为，没收畜禽遗传资源和违法所得，并处一万元以上五万元以下罚款：

（一）未经审核批准，从境外引进畜禽遗传资源的；

（二）未经审核批准，在境内与境外机构、个人合作研究利用列入保护名录的畜禽遗传资源的；

（三）在境内与境外机构、个人合作研究利用未经国家畜禽遗传资源委员会鉴定的新发现的畜禽遗传资源的。

第六十条　未经国务院畜牧兽医行政主管部门批准，向境外输出畜禽遗传资源的，依照《中华人民共和国海关法》的有关规定追究法律责任。海关应当将扣留的畜禽遗传资源移送省级人民政府畜牧兽医行政主管部门处理。

第六十一条　违反本法有关规定，销售、推广未经审定或者鉴定的畜禽品种的，由县级以上人民政府畜牧兽医行政主管部门责令停止违法行为，没收畜禽和违法所得；违法所得在五万元以上的，并处违法所得一倍以上三倍以下罚款；没有违法所得或者违法所得不足五万元的，并处五千元以上五万元以下罚款。

第六十二条　违反本法有关规定，无种畜禽生产经营许可证或者违反种畜禽生产经营许可证的规定生产经营种畜禽的，转让、租借种畜禽生产经营许可证的，由县级以上人民政府畜牧兽医行政主管部门责令停止违法行为，没收违法所得；违法所得在三万元以上的，并处违法所得一倍以上三倍以下罚款；没有违法所得或者违法所得不足三万元的，并处三千元以上三万元以下罚款。违反种畜禽生产经营许可证的规定生产经营种畜禽或者转让、租借种畜禽生产经营许可证，情节严重的，并处吊销种畜禽生产经营许可证。

第六十三条　违反本法第二十八条规定的，依照《中华人民共和国广告法》的有关规定追究法律责任。

第六十四条　违反本法有关规定，使用的种畜禽不符合种用标准的，由县级以上地方人民政府畜牧兽医行政主管部门责令停止违法行为，没收违法所得；违法所得在五千元以上的，并处违法所得一倍以上二倍以下罚款；没有违法所得或者违法所得不足五千元的，并处一千元以上五千元以下罚款。

第六十五条　销售种畜禽有本法第三十条第一项至第四项违法行为之一的，由县级以上人民政府畜牧兽医行政主管部门或者工商行政管理部门责令停止销售，没收违法销售的畜禽和违法所得；违法所得在五万元以上的，并处违法所得一倍以上五倍以下罚款；没有违法所得或者违法所得不足五万元的，并处五千元以上五万元以下罚款；情节严重的，并处吊销种畜禽生产经营许可证或者营业执照。

第六十六条　违反本法第四十一条规定，畜禽养殖场未建立养殖档案的，或者未按照规定保存养殖档案的，由县级以上人民政府畜牧兽医行政主管部门责令限期改正，可以处一万元以下罚款。

第六十七条　违反本法第四十三条规定养殖畜禽的，依照有关法律、行政法规的规定处罚。

第六十八条　违反本法有关规定，销售的种畜禽未附具种畜禽合格证明、检疫合格证明、家畜系谱的，销售、收购国务院畜牧兽医行政主管部门规定应当加施标识而没有标识的畜禽的，或者重复使用畜禽标识的，由县级以上地方人民政府畜牧兽医行政主管部门或者工商行政管理部门责令改正，可以处二千元以下罚款。

违反本法有关规定，使用伪造、变造的畜禽标识的，由县级以上人民政府畜牧兽医行政主管部门没收伪造、变造的畜禽标识和违法所得，并处三千元以上三万元以下罚款。

第六十九条　销售不符合国家技术规范的强制性要求的畜禽的，由县级以上地方人民政府畜牧兽医行政主管部门或者工商行政管理部门责令停止违法行为，没收违法销售的畜禽和违法所得，并处违法所得一倍以上三倍以下罚款；情节严重的，由工商行政管理部门并处吊销营业执照。

第七十条　畜牧兽医行政主管部门的工作人员利用职务上的便利，收受他人财物或者谋取其他利益，对不符合法定条件的单位、个人核发许可证或者有关批准文件，不履行监督职责，或者发现违法行为不予查处的，依法给予行政处分。

第七十一条　种畜禽生产经营者被吊销种畜禽生产经营许可证的，由畜牧兽医行政主管部门自吊销许可证之日起十日内通知工商行政管理部门。种畜禽生产经营者应当依法到工商行政管理部门办理变更登记或者注销登记。

第七十二条　违反本法规定，构成犯罪的，依法追究刑事责任。

第八章　附　　则

第七十三条　本法所称畜禽遗传资源，是指畜禽及其卵子（蛋）、胚胎、精液、基因物质等遗传材料。本法所称种畜禽，是指经过选育、具有种用价值、适于繁殖后代的畜禽及其卵子（蛋）、胚胎、精液等。

第七十四条　本法自 2006 年 7 月 1 日起施行。

中华人民共和国农产品质量安全法

第一章 总 则

第一条 为保障农产品质量安全，维护公众健康，促进农业和农村经济发展，制定本法。

第二条 本法所称农产品，是指来源于农业的初级产品，即在农业活动中获得的植物、动物、微生物及其产品。

本法所称农产品质量安全，是指农产品质量符合保障人的健康、安全的要求。

第三条 县级以上人民政府农业行政主管部门负责农产品质量安全的监督管理工作；县级以上人民政府有关部门按照职责分工，负责农产品质量安全的有关工作。

第四条 县级以上人民政府应当将农产品质量安全管理工作纳入本级国民经济和社会发展规划，并安排农产品质量安全经费，用于开展农产品质量安全工作。

第五条 县级以上地方人民政府统一领导、协调本行政区域内的农产品质量安全工作，并采取措施，建立健全农产品质量安全服务体系，提高农产品质量安全水平。

第六条 国务院农业行政主管部门应当设立由有关方面专家组成的农产品质量安全风险评估专家委员会，对可能影响农产品质量安全的潜在危害进行风险分析和评估。

国务院农业行政主管部门应当根据农产品质量安全风险评估结果采取相应的管理措施，并将农产品质量安全风险评估结果及时通报国务院有关部门。

第七条 国务院农业行政主管部门和省、自治区、直辖市人民政府农业行政主管部门应当按照职责权限，发布有关农产品质量安全状况信息。

第八条 国家引导、推广农产品标准化生产，鼓励和支持生产优质农产品，禁止生产、销售不符合国家规定的农产品质量安全标准的农产品。

第九条 国家支持农产品质量安全科学技术研究，推行科学的质量安全管理方法，推广先进安全的生产技术。

第十条 各级人民政府及有关部门应当加强农产品质量安全知识的宣传，提高公众的农产品质量安全意识，引导农产品生产者、销售者加强质量安全管理，保障农产品消费安全。

第二章 农产品质量安全标准

第十一条 国家建立健全农产品质量安全标准体系。农产品质量安全标准是强制性的技术规范。

农产品质量安全标准的制定和发布，依照有关法律、行政法规的规定执行。

第十二条 制定农产品质量安全标准应当充分考虑农产品质量安全风险评估结果，并听取农产品生产者、销售者和消费者的意见，保障消费安全。

第十三条 农产品质量安全标准应当根据科学技术发展水平以及农产品质量安全的需要，及时修订。

第十四条 农产品质量安全标准由农业行政主管部门商有关部门组织实施。

第三章 农产品产地

第十五条 县级以上地方人民政府农业行政主管部门按照保障农产品质量安全的要求，根据农产品品种特性和生产区域大气、土壤、水体中有毒有害物质状况等因素，认为不适宜特定农产品生产的，提出禁止生产的区域，报本级人民政府批准后公布。具体办法由国务院农业行政主管部门商国务院环境保护行政主管部门制定。

农产品禁止生产区域的调整，依照前款规定的程序办理。

第十六条 县级以上人民政府应当采取措施，加强农产品基地建设，改善农产品的生产条件。

县级以上人民政府农业行政主管部门应当采取措施，推进保障农产品质量安全的标准化生产综合示范区、示范农场、养殖小区和无规定动植物疫病区的建设。

第十七条 禁止在有毒有害物质超过规定标准的区域生产、捕捞、采集食用农产品和建立农产品生产基地。

第十八条 禁止违反法律、法规的规定向农产品产地排放或者倾倒废水、废气、固体废物或者其他有毒有害物质。

农业生产用水和用作肥料的固体废物，应当符合国家规定的标准。

第十九条 农产品生产者应当合理使用化肥、农药、兽药、农用薄膜等化工产品，防止对农产品产地造成污染。

第四章 农产品生产

第二十条 国务院农业行政主管部门和省、自治区、直辖市人民政府农业行政主管部门应当制定保障农产品质量安全的生产技术要求和操作规程。县级以上人民政府农业行政主管部门应当加强对农产品生产的指导。

第二十一条 对可能影响农产品质量安全的农药、兽药、饲料和饲料添加剂、肥料、兽医器械，依照有关法律、行政法规的规定实行许可制度。

国务院农业行政主管部门和省、自治区、直辖市人民政府农业行政主管部门应当定期对可能危及农产品质量安全的农药、兽药、饲料和饲料添加剂、肥料等农业投入品进行监督抽查，并公布抽查结果。

第二十二条 县级以上人民政府农业行政主管部门应当加强对农业投入品使用的管理和指导,建立健全农业投入品的安全使用制度。

第二十三条 农业科研教育机构和农业技术推广机构应当加强对农产品生产者质量安全知识和技能的培训。

第二十四条 农产品生产企业和农民专业合作经济组织应当建立农产品生产记录,如实记载下列事项:

(一)使用农业投入品的名称、来源、用法、用量和使用、停用的日期;

(二)动物疫病、植物病虫草害的发生和防治情况;

(三)收获、屠宰或者捕捞的日期。

农产品生产记录应当保存二年。禁止伪造农产品生产记录。

国家鼓励其他农产品生产者建立农产品生产记录。

第二十五条 农产品生产者应当按照法律、行政法规和国务院农业行政主管部门的规定,合理使用农业投入品,严格执行农业投入品使用安全间隔期或者休药期的规定,防止危及农产品质量安全。

禁止在农产品生产过程中使用国家明令禁止使用的农业投入品。

第二十六条 农产品生产企业和农民专业合作经济组织,应当自行或者委托检测机构对农产品质量安全状况进行检测;经检测不符合农产品质量安全标准的农产品,不得销售。

第二十七条 农民专业合作经济组织和农产品行业协会对其成员应当及时提供生产技术服务,建立农产品质量安全管理制度,健全农产品质量安全控制体系,加强自律管理。

第五章 农产品包装和标识

第二十八条 农产品生产企业、农民专业合作经济组织以及从事农产品收购的单位或者个人销售的农产品,按照规定应当包装或者附加标识的,须经包装或者附加标识后方可销售。包装物或者标识上应当按照规定标明产品的品名、产地、生产者、生产日期、保质期、产品质量等级等内容;使用添加剂的,还应当按照规定标明添加剂的名称。具体办法由国务院农业行政主管部门制定。

第二十九条 农产品在包装、保鲜、贮存、运输中所使用的保鲜剂、防腐剂、添加剂等材料,应当符合国家有关强制性的技术规范。

第三十条 属于农业转基因生物的农产品,应当按照农业转基因生物安全管理的有关规定进行标识。

第三十一条 依法需要实施检疫的动植物及其产品,应当附具检疫合格标志、检疫合格证明。

第三十二条　销售的农产品必须符合农产品质量安全标准，生产者可以申请使用无公害农产品标志。农产品质量符合国家规定的有关优质农产品标准的，生产者可以申请使用相应的农产品质量标志。

禁止冒用前款规定的农产品质量标志。

第六章　监督检查

第三十三条　有下列情形之一的农产品，不得销售：

（一）含有国家禁止使用的农药、兽药或者其他化学物质的；

（二）农药、兽药等化学物质残留或者含有的重金属等有毒有害物质不符合农产品质量安全标准的；

（三）含有的致病性寄生虫、微生物或者生物毒素不符合农产品质量安全标准的；

（四）使用的保鲜剂、防腐剂、添加剂等材料不符合国家有关强制性的技术规范的；

（五）其他不符合农产品质量安全标准的。

第三十四条　国家建立农产品质量安全监测制度。县级以上人民政府农业行政主管部门应当按照保障农产品质量安全的要求，制定并组织实施农产品质量安全监测计划，对生产中或者市场上销售的农产品进行监督抽查。监督抽查结果由国务院农业行政主管部门或者省、自治区、直辖市人民政府农业行政主管部门按照权限予以公布。

监督抽查检测应当委托符合本法第三十五条规定条件的农产品质量安全检测机构进行，不得向被抽查人收取费用，抽取的样品不得超过国务院农业行政主管部门规定的数量。上级农业行政主管部门监督抽查的农产品，下级农业行政主管部门不得另行重复抽查。

第三十五条　农产品质量安全检测应当充分利用现有的符合条件的检测机构。

从事农产品质量安全检测的机构，必须具备相应的检测条件和能力，由省级以上人民政府农业行政主管部门或者其授权的部门考核合格。具体办法由国务院农业行政主管部门制定。

农产品质量安全检测机构应当依法经计量认证合格。

第三十六条　农产品生产者、销售者对监督抽查检测结果有异议的，可以自收到检测结果之日起五日内，向组织实施农产品质量安全监督抽查的农业行政主管部门或者其上级农业行政主管部门申请复检。

采用国务院农业行政主管部门会同有关部门认定的快速检测方法进行农产品

质量安全监督抽查检测，被抽查人对检测结果有异议的，可以自收到检测结果时起四小时内申请复检。复检不得采用快速检测方法。

因检测结果错误给当事人造成损害的，依法承担赔偿责任。

第三十七条 农产品批发市场应当设立或者委托农产品质量安全检测机构，对进场销售的农产品质量安全状况进行抽查检测；发现不符合农产品质量安全标准的，应当要求销售者立即停止销售，并向农业行政主管部门报告。

农产品销售企业对其销售的农产品，应当建立健全进货检查验收制度；经查验不符合农产品质量安全标准的，不得销售。

第三十八条 国家鼓励单位和个人对农产品质量安全进行社会监督。任何单位和个人都有权对违反本法的行为进行检举、揭发和控告。有关部门收到相关的检举、揭发和控告后，应当及时处理。

第三十九条 县级以上人民政府农业行政主管部门在农产品质量安全监督检查中，可以对生产、销售的农产品进行现场检查，调查了解农产品质量安全的有关情况，查阅、复制与农产品质量安全有关的记录和其他资料；对经检测不符合农产品质量安全标准的农产品，有权查封、扣押。

第四十条 发生农产品质量安全事故时，有关单位和个人应当采取控制措施，及时向所在地乡级人民政府和县级人民政府农业行政主管部门报告；收到报告的机关应当及时处理并报上一级人民政府和有关部门。发生重大农产品质量安全事故时，农业行政主管部门应当及时通报同级食品药品监督管理部门。

第四十一条 县级以上人民政府农业行政主管部门在农产品质量安全监督管理中，发现有本法第三十三条所列情形之一的农产品，应当按照农产品质量安全责任追究制度的要求，查明责任人，依法予以处理或者提出处理建议。

第四十二条 进口的农产品必须按照国家规定的农产品质量安全标准进行检验；尚未制定有关农产品质量安全标准的，应当依法及时制定，未制定之前，可以参照国家有关部门指定的国外有关标准进行检验。

第七章 法律责任

第四十三条 农产品质量安全监督管理人员不依法履行监督职责，或者滥用职权的，依法给予行政处分。

第四十四条 农产品质量安全检测机构伪造检测结果的，责令改正，没收违法所得，并处五万元以上十万元以下罚款，对直接负责的主管人员和其他直接责任人员处一万元以上五万元以下罚款；情节严重的，撤销其检测资格；造成损害的，依法承担赔偿责任。

农产品质量安全检测机构出具检测结果不实，造成损害的，依法承担赔偿责任;造成重大损害的,并撤销其检测资格。

第四十五条 违反法律、法规规定,向农产品产地排放或者倾倒废水、废气、固体废物或者其他有毒有害物质的,依照有关环境保护法律、法规的规定处罚;造成损害的,依法承担赔偿责任。

第四十六条 使用农业投入品违反法律、行政法规和国务院农业行政主管部门的规定的,依照有关法律、行政法规的规定处罚。

第四十七条 农产品生产企业、农民专业合作经济组织未建立或者未按照规定保存农产品生产记录的,或者伪造农产品生产记录的,责令限期改正;逾期不改正的,可以处二千元以下罚款。

第四十八条 违反本法第二十八条规定,销售的农产品未按照规定进行包装、标识的,责令限期改正;逾期不改正的,可以处二千元以下罚款。

第四十九条 有本法第三十三条第四项规定情形,使用的保鲜剂、防腐剂、添加剂等材料不符合国家有关强制性的技术规范的,责令停止销售,对被污染的农产品进行无害化处理,对不能进行无害化处理的予以监督销毁;没收违法所得,并处二千元以上二万元以下罚款。

第五十条 农产品生产企业、农民专业合作经济组织销售的农产品有本法第三十三条第一项至第三项或者第五项所列情形之一的,责令停止销售,追回已经销售的农产品,对违法销售的农产品进行无害化处理或者予以监督销毁;没收违法所得,并处二千元以上二万元以下罚款。

农产品销售企业销售的农产品有前款所列情形的,依照前款规定处理、处罚。

农产品批发市场中销售的农产品有第一款所列情形的,对违法销售的农产品依照第一款规定处理,对农产品销售者依照第一款规定处罚。

农产品批发市场违反本法第三十七条第一款规定的,责令改正,处二千元以上二万元以下罚款。

第五十一条 违反本法第三十二条规定,冒用农产品质量标志的,责令改正,没收违法所得,并处二千元以上二万元以下罚款。

第五十二条 本法第四十四条、第四十七条至第四十九条、第五十条第一款、第四款和第五十一条规定的处理、处罚,由县级以上人民政府农业行政主管部门决定;第五十条第二款、第三款规定的处理、处罚,由工商行政管理部门决定。

法律对行政处罚及处罚机关有其他规定的,从其规定。但是,对同一违法行为不得重复处罚。

第五十三条 违反本法规定,构成犯罪的,依法追究刑事责任。

第五十四条 生产、销售本法第三十三条所列农产品,给消费者造成损害的,依法承担赔偿责任。

农产品批发市场中销售的农产品有前款规定情形的，消费者可以向农产品批发市场要求赔偿；属于生产者、销售者责任的，农产品批发市场有权追偿。消费者也可以直接向农产品生产者、销售者要求赔偿。

第八章 附 则

第五十五条 生猪屠宰的管理按照国家有关规定执行。

第五十六条 本法自 2006 年 11 月 1 日起施行。

中华人民共和国动物防疫法

（1997 年 7 月 3 日第八届全国人民代表大会常务委员会第二十六次会议通过　2007 年 8 月 30 日第十届全国人民代表大会常务委员会第二十九次会议修订）

目　录

第一章　总　则

第一条　为了加强对动物防疫活动的管理，预防、控制和扑灭动物疫病，促进养殖业发展，保护人体健康，维护公共卫生安全，制定本法。

第二条　本法适用于在中华人民共和国领域内的动物防疫及其监督管理活动。

进出境动物、动物产品的检疫，适用《中华人民共和国进出境动植物检疫法》。

第三条　本法所称动物，是指家畜家禽和人工饲养、合法捕获的其他动物。

本法所称动物产品，是指动物的肉、生皮、原毛、绒、脏器、脂、血液、精液、卵、胚胎、骨、蹄、头、角、筋以及可能传播动物疫病的奶、蛋等。

本法所称动物疫病，是指动物传染病、寄生虫病。

本法所称动物防疫，是指动物疫病的预防、控制、扑灭和动物、动物产品的检疫。

第四条　根据动物疫病对养殖业生产和人体健康的危害程度，本法规定管理的动物疫病分为下列三类：

（一）一类疫病，是指对人与动物危害严重，需要采取紧急、严厉的强制预防、控制、扑灭等措施的；

（二）二类疫病，是指可能造成重大经济损失，需要采取严格控制、扑灭等措施，防止扩散的；

（三）三类疫病，是指常见多发、可能造成重大经济损失，需要控制和净化的。

前款一、二、三类动物疫病具体病种名录由国务院兽医主管部门制定并公布。

第五条 国家对动物疫病实行预防为主的方针。

第六条 县级以上人民政府应当加强对动物防疫工作的统一领导，加强基层动物防疫队伍建设，建立健全动物防疫体系，制定并组织实施动物疫病防治规划。

乡级人民政府、城市街道办事处应当组织群众协助做好本管辖区域内的动物疫病预防与控制工作。

第七条 国务院兽医主管部门主管全国的动物防疫工作。

县级以上地方人民政府兽医主管部门主管本行政区域内的动物防疫工作。

县级以上人民政府其他部门在各自的职责范围内做好动物防疫工作。

军队和武装警察部队动物卫生监督职能部门分别负责军队和武装警察部队现役动物及饲养自用动物的防疫工作。

第八条 县级以上地方人民政府设立的动物卫生监督机构依照本法规定，负责动物、动物产品的检疫工作和其他有关动物防疫的监督管理执法工作。

第九条 县级以上人民政府按照国务院的规定，根据统筹规划、合理布局、综合设置的原则建立动物疫病预防控制机构，承担动物疫病的监测、检测、诊断、流行病学调查、疫情报告以及其他预防、控制等技术工作。

第十条 国家支持和鼓励开展动物疫病的科学研究以及国际合作与交流，推广先进适用的科学研究成果，普及动物防疫科学知识，提高动物疫病防治的科学技术水平。

第十一条 对在动物防疫工作、动物防疫科学研究中做出成绩和贡献的单位和个人，各级人民政府及有关部门给予奖励。

第二章 动物疫病的预防

第十二条 国务院兽医主管部门对动物疫病状况进行风险评估，根据评估结果制定相应的动物疫病预防、控制措施。

国务院兽医主管部门根据国内外动物疫情和保护养殖业生产及人体健康的需要，及时制定并公布动物疫病预防、控制技术规范。

第十三条 国家对严重危害养殖业生产和人体健康的动物疫病实施强制免疫。国务院兽医主管部门确定强制免疫的动物疫病病种和区域，并会同国务院有关部门制定国家动物疫病强制免疫计划。

省、自治区、直辖市人民政府兽医主管部门根据国家动物疫病强制免疫计划，制订本行政区域的强制免疫计划；并可以根据本行政区域内动物疫病流行情况增加实施强制免疫的动物疫病病种和区域，报本级人民政府批准后执行，并报国务院兽医主管部门备案。

第十四条　县级以上地方人民政府兽医主管部门组织实施动物疫病强制免疫计划。乡级人民政府、城市街道办事处应当组织本管辖区域内饲养动物的单位和个人做好强制免疫工作。

饲养动物的单位和个人应当依法履行动物疫病强制免疫义务，按照兽医主管部门的要求做好强制免疫工作。

经强制免疫的动物，应当按照国务院兽医主管部门的规定建立免疫档案，加施畜禽标识，实施可追溯管理。

第十五条　县级以上人民政府应当建立健全动物疫情监测网络，加强动物疫情监测。

国务院兽医主管部门应当制定国家动物疫病监测计划。省、自治区、直辖市人民政府兽医主管部门应当根据国家动物疫病监测计划，制定本行政区域的动物疫病监测计划。

动物疫病预防控制机构应当按照国务院兽医主管部门的规定，对动物疫病的发生、流行等情况进行监测；从事动物饲养、屠宰、经营、隔离、运输以及动物产品生产、经营、加工、贮藏等活动的单位和个人不得拒绝或者阻碍。

第十六条　国务院兽医主管部门和省、自治区、直辖市人民政府兽医主管部门应当根据对动物疫病发生、流行趋势的预测，及时发出动物疫情预警。地方各级人民政府接到动物疫情预警后，应当采取相应的预防、控制措施。

第十七条　从事动物饲养、屠宰、经营、隔离、运输以及动物产品生产、经营、加工、贮藏等活动的单位和个人，应当依照本法和国务院兽医主管部门的规定，做好免疫、消毒等动物疫病预防工作。

第十八条　种用、乳用动物和宠物应当符合国务院兽医主管部门规定的健康标准。

种用、乳用动物应当接受动物疫病预防控制机构的定期检测；检测不合格的，应当按照国务院兽医主管部门的规定予以处理。

第十九条　动物饲养场（养殖小区）和隔离场所，动物屠宰加工场所，以及动物和动物产品无害化处理场所，应当符合下列动物防疫条件：

（一）场所的位置与居民生活区、生活饮用水源地、学校、医院等公共场所的距离符合国务院兽医主管部门规定的标准；

（二）生产区封闭隔离，工程设计和工艺流程符合动物防疫要求；

（三）有相应的污水、污物、病死动物、染疫动物产品的无害化处理设施设备和清洗消毒设施设备；

（四）有为其服务的动物防疫技术人员；

（五）有完善的动物防疫制度；

（六）具备国务院兽医主管部门规定的其他动物防疫条件。

第二十条　兴办动物饲养场（养殖小区）和隔离场所，动物屠宰加工场所，以及动物和动物产品无害化处理场所，应当向县级以上地方人民政府兽医主管部门提出申请，并附具相关材料。受理申请的兽医主管部门应当依照本法和《中华人民共和国行政许可法》的规定进行审查。经审查合格的，发给动物防疫条件合格证；不合格的，应当通知申请人并说明理由。需要办理工商登记的，申请人凭动物防疫条件合格证向工商行政管理部门申请办理登记注册手续。

动物防疫条件合格证应当载明申请人的名称、场（厂）址等事项。

经营动物、动物产品的集贸市场应当具备国务院兽医主管部门规定的动物防疫条件，并接受动物卫生监督机构的监督检查。

第二十一条　动物、动物产品的运载工具、垫料、包装物、容器等应当符合国务院兽医主管部门规定的动物防疫要求。

染疫动物及其排泄物、染疫动物产品，病死或者死因不明的动物尸体，运载工具中的动物排泄物以及垫料、包装物、容器等污染物，应当按照国务院兽医主管部门的规定处理，不得随意处置。

第二十二条　采集、保存、运输动物病料或者病原微生物以及从事病原微生物研究、教学、检测、诊断等活动，应当遵守国家有关病原微生物实验室管理的规定。

第二十三条　患有人畜共患传染病的人员不得直接从事动物诊疗以及易感染动物的饲养、屠宰、经营、隔离、运输等活动。

人畜共患传染病名录由国务院兽医主管部门会同国务院卫生主管部门制定并公布。

第二十四条　国家对动物疫病实行区域化管理，逐步建立无规定动物疫病区。无规定动物疫病区应当符合国务院兽医主管部门规定的标准，经国务院兽医主管部门验收合格予以公布。

本法所称无规定动物疫病区，是指具有天然屏障或者采取人工措施，在一定期限内没有发生规定的一种或者几种动物疫病，并经验收合格的区域。

第二十五条　禁止屠宰、经营、运输下列动物和生产、经营、加工、贮藏、运输下列动物产品：

（一）封锁疫区内与所发生动物疫病有关的；

（二）疫区内易感染的；

（三）依法应当检疫而未经检疫或者检疫不合格的；

(四)染疫或者疑似染疫的;

(五)病死或者死因不明的;

(六)其他不符合国务院兽医主管部门有关动物防疫规定的。

第三章 动物疫情的报告、通报和公布

第二十六条 从事动物疫情监测、检验检疫、疫病研究与诊疗以及动物饲养、屠宰、经营、隔离、运输等活动的单位和个人,发现动物染疫或者疑似染疫的,应当立即向当地兽医主管部门、动物卫生监督机构或者动物疫病预防控制机构报告,并采取隔离等控制措施,防止动物疫情扩散。其他单位和个人发现动物染疫或者疑似染疫的,应当及时报告。

接到动物疫情报告的单位,应当及时采取必要的控制处理措施,并按照国家规定的程序上报。

第二十七条 动物疫情由县级以上人民政府兽医主管部门认定;其中重大动物疫情由省、自治区、直辖市人民政府兽医主管部门认定,必要时报国务院兽医主管部门认定。

第二十八条 国务院兽医主管部门应当及时向国务院有关部门和军队有关部门以及省、自治区、直辖市人民政府兽医主管部门通报重大动物疫情的发生和处理情况;发生人畜共患传染病的,县级以上人民政府兽医主管部门与同级卫生主管部门应当及时相互通报。

国务院兽医主管部门应当依照我国缔结或者参加的条约、协定,及时向有关国际组织或者贸易方通报重大动物疫情的发生和处理情况。

第二十九条 国务院兽医主管部门负责向社会及时公布全国动物疫情,也可以根据需要授权省、自治区、直辖市人民政府兽医主管部门公布本行政区域内的动物疫情。其他单位和个人不得发布动物疫情。

第三十条 任何单位和个人不得瞒报、谎报、迟报、漏报动物疫情,不得授意他人瞒报、谎报、迟报动物疫情,不得阻碍他人报告动物疫情。

第四章 动物疫病的控制和扑灭

第三十一条 发生一类动物疫病时,应当采取下列控制和扑灭措施:

(一)当地县级以上地方人民政府兽医主管部门应当立即派人到现场,划定疫点、疫区、受威胁区,调查疫源,及时报请本级人民政府对疫区实行封锁。疫区范围涉及两个以上行政区域的,由有关行政区域共同的上一级人民政府对疫区实行封锁,或者由各有关行政区域的上一级人民政府共同对疫区实行封锁。必要时,上级人民政府可以责成下级人民政府对疫区实行封锁。

(二)县级以上地方人民政府应当立即组织有关部门和单位采取封锁、隔离、扑

杀、销毁、消毒、无害化处理、紧急免疫接种等强制性措施，迅速扑灭疫病。

（三）在封锁期间，禁止染疫、疑似染疫和易感染的动物、动物产品流出疫区，禁止非疫区的易感染动物进入疫区，并根据扑灭动物疫病的需要对出入疫区的人员、运输工具及有关物品采取消毒和其他限制性措施。

第三十二条　发生二类动物疫病时，应当采取下列控制和扑灭措施：

（一）当地县级以上地方人民政府兽医主管部门应当划定疫点、疫区、受威胁区。

（二）县级以上地方人民政府根据需要组织有关部门和单位采取隔离、扑杀、销毁、消毒、无害化处理、紧急免疫接种、限制易感染的动物和动物产品及有关物品出入等控制、扑灭措施。

第三十三条　疫点、疫区、受威胁区的撤销和疫区封锁的解除，按照国务院兽医主管部门规定的标准和程序评估后，由原决定机关决定并宣布。

第三十四条　发生三类动物疫病时，当地县级、乡级人民政府应当按照国务院兽医主管部门的规定组织防治和净化。

第三十五条　二、三类动物疫病呈暴发性流行时，按照一类动物疫病处理。

第三十六条　为控制、扑灭动物疫病，动物卫生监督机构应当派人在当地依法设立的现有检查站执行监督检查任务；必要时，经省、自治区、直辖市人民政府批准，可以设立临时性的动物卫生监督检查站，执行监督检查任务。

第三十七条　发生人畜共患传染病时，卫生主管部门应当组织对疫区易感染的人群进行监测，并采取相应的预防、控制措施。

第三十八条　疫区内有关单位和个人，应当遵守县级以上人民政府及其兽医主管部门依法作出的有关控制、扑灭动物疫病的规定。

任何单位和个人不得藏匿、转移、盗掘已被依法隔离、封存、处理的动物和动物产品。

第三十九条　发生动物疫情时，航空、铁路、公路、水路等运输部门应当优先组织运送控制、扑灭疫病的人员和有关物资。

第四十条　一、二、三类动物疫病突然发生，迅速传播，给养殖业生产安全造成严重威胁、危害，以及可能对公众身体健康与生命安全造成危害，构成重大动物疫情的，依照法律和国务院的规定采取应急处理措施。

第五章　动物和动物产品的检疫

第四十一条　动物卫生监督机构依照本法和国务院兽医主管部门的规定对动物、动物产品实施检疫。

动物卫生监督机构的官方兽医具体实施动物、动物产品检疫。官方兽医应当具备规定的资格条件，取得国务院兽医主管部门颁发的资格证书，具体办法由国务院兽医主管部门会同国务院人事行政部门制定。

本法所称官方兽医，是指具备规定的资格条件并经兽医主管部门任命的，负责出具检疫等证明的国家兽医工作人员。

第四十二条　屠宰、出售或者运输动物以及出售或者运输动物产品前，货主应当按照国务院兽医主管部门的规定向当地动物卫生监督机构申报检疫。

动物卫生监督机构接到检疫申报后，应当及时指派官方兽医对动物、动物产品实施现场检疫；检疫合格的，出具检疫证明、加施检疫标志。实施现场检疫的官方兽医应当在检疫证明、检疫标志上签字或者盖章，并对检疫结论负责。

第四十三条　屠宰、经营、运输以及参加展览、演出和比赛的动物，应当附有检疫证明；经营和运输的动物产品，应当附有检疫证明、检疫标志。

对前款规定的动物、动物产品，动物卫生监督机构可以查验检疫证明、检疫标志，进行监督抽查，但不得重复检疫收费。

第四十四条　经铁路、公路、水路、航空运输动物和动物产品的，托运人托运时应当提供检疫证明；没有检疫证明的，承运人不得承运。

运载工具在装载前和卸载后应当及时清洗、消毒。

第四十五条　输入到无规定动物疫病区的动物、动物产品，货主应当按照国务院兽医主管部门的规定向无规定动物疫病区所在地动物卫生监督机构申报检疫，经检疫合格的，方可进入；检疫所需费用纳入无规定动物疫病区所在地地方人民政府财政预算。

第四十六条　跨省、自治区、直辖市引进乳用动物、种用动物及其精液、胚胎、种蛋的，应当向输入地省、自治区、直辖市动物卫生监督机构申请办理审批手续，并依照本法第四十二条的规定取得检疫证明。

跨省、自治区、直辖市引进的乳用动物、种用动物到达输入地后，货主应当按照国务院兽医主管部门的规定对引进的乳用动物、种用动物进行隔离观察。

第四十七条　人工捕获的可能传播动物疫病的野生动物，应当报经捕获地动物卫生监督机构检疫，经检疫合格的，方可饲养、经营和运输。

第四十八条　经检疫不合格的动物、动物产品，货主应当在动物卫生监督机构监督下按照国务院兽医主管部门的规定处理，处理费用由货主承担。

第四十九条　依法进行检疫需要收取费用的，其项目和标准由国务院财政部门、物价主管部门规定。

第六章　动物诊疗

第五十条　从事动物诊疗活动的机构，应当具备下列条件：

（一）有与动物诊疗活动相适应并符合动物防疫条件的场所；

（二）有与动物诊疗活动相适应的执业兽医；

（三）有与动物诊疗活动相适应的兽医器械和设备；

（四）有完善的管理制度。

第五十一条　设立从事动物诊疗活动的机构，应当向县级以上地方人民政府兽医主管部门申请动物诊疗许可证。受理申请的兽医主管部门应当依照本法和《中华人民共和国行政许可法》的规定进行审查。经审查合格的，发给动物诊疗许可证；不合格的，应当通知申请人并说明理由。申请人凭动物诊疗许可证向工商行政管理部门申请办理登记注册手续，取得营业执照后，方可从事动物诊疗活动。

第五十二条　动物诊疗许可证应当载明诊疗机构名称、诊疗活动范围、从业地点和法定代表人（负责人）等事项。

动物诊疗许可证载明事项变更的，应当申请变更或者换发动物诊疗许可证，并依法办理工商变更登记手续。

第五十三条　动物诊疗机构应当按照国务院兽医主管部门的规定，做好诊疗活动中的卫生安全防护、消毒、隔离和诊疗废弃物处置等工作。

第五十四条　国家实行执业兽医资格考试制度。具有兽医相关专业大学专科以上学历的，可以申请参加执业兽医资格考试；考试合格的，由国务院兽医主管部门颁发执业兽医资格证书；从事动物诊疗的，还应当向当地县级人民政府兽医主管部门申请注册。执业兽医资格考试和注册办法由国务院兽医主管部门商国务院人事行政部门制定。

本法所称执业兽医，是指从事动物诊疗和动物保健等经营活动的兽医。

第五十五条　经注册的执业兽医，方可从事动物诊疗、开具兽药处方等活动。但是，本法第五十七条对乡村兽医服务人员另有规定的，从其规定。

执业兽医、乡村兽医服务人员应当按照当地人民政府或者兽医主管部门的要求，参加预防、控制和扑灭动物疫病的活动。

第五十六条　从事动物诊疗活动，应当遵守有关动物诊疗的操作技术规范，使用符合国家规定的兽药和兽医器械。

第五十七条　乡村兽医服务人员可以在乡村从事动物诊疗服务活动，具体管理办法由国务院兽医主管部门制定。

第七章　监督管理

第五十八条　动物卫生监督机构依照本法规定，对动物饲养、屠宰、经营、隔离、运输以及动物产品生产、经营、加工、贮藏、运输等活动中的动物防疫实施监督管理。

第五十九条　动物卫生监督机构执行监督检查任务，可以采取下列措施，有关单位和个人不得拒绝或者阻碍：

（一）对动物、动物产品按照规定采样、留验、抽检；

（二）对染疫或者疑似染疫的动物、动物产品及相关物品进行隔离、查封、扣押和处理；

（三）对依法应当检疫而未经检疫的动物实施补检；

（四）对依法应当检疫而未经检疫的动物产品，具备补检条件的实施补检，不具备补检条件的予以没收销毁；

（五）查验检疫证明、检疫标志和畜禽标识；

（六）进入有关场所调查取证，查阅、复制与动物防疫有关的资料。

动物卫生监督机构根据动物疫病预防、控制需要，经当地县级以上地方人民政府批准，可以在车站、港口、机场等相关场所派驻官方兽医。

第六十条　官方兽医执行动物防疫监督检查任务，应当出示行政执法证件，佩戴统一标志。

动物卫生监督机构及其工作人员不得从事与动物防疫有关的经营性活动，进行监督检查不得收取任何费用。

第六十一条　禁止转让、伪造或者变造检疫证明、检疫标志或者畜禽标识。

检疫证明、检疫标志的管理办法，由国务院兽医主管部门制定。

第八章　保障措施

第六十二条　县级以上人民政府应当将动物防疫纳入本级国民经济和社会发展规划及年度计划。

第六十三条　县级人民政府和乡级人民政府应当采取有效措施，加强村级防疫员队伍建设。

县级人民政府兽医主管部门可以根据动物防疫工作需要，向乡、镇或者特定区域派驻兽医机构。

第六十四条　县级以上人民政府按照本级政府职责，将动物疫病预防、控制、扑灭、检疫和监督管理所需经费纳入本级财政预算。

第六十五条　县级以上人民政府应当储备动物疫情应急处理工作所需的防疫物资。

第六十六条　对在动物疫病预防和控制、扑灭过程中强制扑杀的动物、销毁的动物产品和相关物品，县级以上人民政府应当给予补偿。具体补偿标准和办法由国务院财政部门会同有关部门制定。

因依法实施强制免疫造成动物应激死亡的，给予补偿。具体补偿标准和办法由国务院财政部门会同有关部门制定。

第六十七条　对从事动物疫病预防、检疫、监督检查、现场处理疫情以及在工作中接触动物疫病病原体的人员，有关单位应当按照国家规定采取有效的卫生防护措施和医疗保健措施。

第九章　法律责任

第六十八条　地方各级人民政府及其工作人员未依照本法规定履行职责的，对直接负责的主管人员和其他直接责任人员依法给予处分。

第六十九条　县级以上人民政府兽医主管部门及其工作人员违反本法规定，有下列行为之一的，由本级人民政府责令改正，通报批评；对直接负责的主管人员和其他直接责任人员依法给予处分：

（一）未及时采取预防、控制、扑灭等措施的；

（二）对不符合条件的颁发动物防疫条件合格证、动物诊疗许可证，或者对符合条件的拒不颁发动物防疫条件合格证、动物诊疗许可证的；

（三）其他未依照本法规定履行职责的行为。

第七十条　动物卫生监督机构及其工作人员违反本法规定，有下列行为之一的，由本级人民政府或者兽医主管部门责令改正，通报批评；对直接负责的主管人员和其他直接责任人员依法给予处分：

（一）对未经现场检疫或者检疫不合格的动物、动物产品出具检疫证明、加施检疫标志，或者对检疫合格的动物、动物产品拒不出具检疫证明、加施检疫标志的；

（二）对附有检疫证明、检疫标志的动物、动物产品重复检疫的；

（三）从事与动物防疫有关的经营性活动，或者在国务院财政部门、物价主管部门规定外加收费用、重复收费的；

（四）其他未依照本法规定履行职责的行为。

第七十一条　动物疫病预防控制机构及其工作人员违反本法规定，有下列行为之一的，由本级人民政府或者兽医主管部门责令改正，通报批评；对直接负责的主管人员和其他直接责任人员依法给予处分：

（一）未履行动物疫病监测、检测职责或者伪造监测、检测结果的；

（二）发生动物疫情时未及时进行诊断、调查的；

（三）其他未依照本法规定履行职责的行为。

第七十二条　地方各级人民政府、有关部门及其工作人员瞒报、谎报、迟报、漏报或者授意他人瞒报、谎报、迟报动物疫情，或者阻碍他人报告动物疫情的，由上级人民政府或者有关部门责令改正，通报批评；对直接负责的主管人员和其他直接责任人员依法给予处分。

第七十三条　违反本法规定，有下列行为之一的，由动物卫生监督机构责令改正，给予警告；拒不改正的，由动物卫生监督机构代作处理，所需处理费用由违法行为人承担，可以处一千元以下罚款：

（一）对饲养的动物不按照动物疫病强制免疫计划进行免疫接种的；

（二）种用、乳用动物未经检测或者经检测不合格而不按照规定处理的；

（三）动物、动物产品的运载工具在装载前和卸载后没有及时清洗、消毒的。

第七十四条　违反本法规定，对经强制免疫的动物未按照国务院兽医主管部门规定建立免疫档案、加施畜禽标识的，依照《中华人民共和国畜牧法》的有关规定处罚。

第七十五条　违反本法规定，不按照国务院兽医主管部门规定处置染疫动物及其排泄物，染疫动物产品，病死或者死因不明的动物尸体，运载工具中的动物排泄物以及垫料、包装物、容器等污染物以及其他经检疫不合格的动物、动物产品的，由动物卫生监督机构责令无害化处理，所需处理费用由违法行为人承担，可以处三千元以下罚款。

第七十六条　违反本法第二十五条规定，屠宰、经营、运输动物或者生产、经营、加工、贮藏、运输动物产品的，由动物卫生监督机构责令改正、采取补救措施，没收违法所得和动物、动物产品，并处同类检疫合格动物、动物产品货值金额一倍以上五倍以下罚款；其中依法应当检疫而未检疫的，依照本法第七十八条的规定处罚。

第七十七条　违反本法规定，有下列行为之一的，由动物卫生监督机构责令改正，处一千元以上一万元以下罚款；情节严重的，处一万元以上十万元以下罚款：

（一）兴办动物饲养场（养殖小区）和隔离场所，动物屠宰加工场所，以及动物和动物产品无害化处理场所，未取得动物防疫条件合格证的；

（二）未办理审批手续，跨省、自治区、直辖市引进乳用动物、种用动物及其精液、胚胎、种蛋的；

（三）未经检疫，向无规定动物疫病区输入动物、动物产品的。

第七十八条　违反本法规定，屠宰、经营、运输的动物未附有检疫证明，经营和运输的动物产品未附有检疫证明、检疫标志的，由动物卫生监督机构责令改正，处同类检疫合格动物、动物产品货值金额百分之十以上百分之五十以下罚款；对货主以外的承运人处运输费用一倍以上三倍以下罚款。

违反本法规定，参加展览、演出和比赛的动物未附有检疫证明的，由动物卫生监督机构责令改正，处一千元以上三千元以下罚款。

第七十九条　违反本法规定，转让、伪造或者变造检疫证明、检疫标志或者畜禽标识的,由动物卫生监督机构没收违法所得,收缴检疫证明、检疫标志或者畜禽标识,并处三千元以上三万元以下罚款。

第八十条　违反本法规定,有下列行为之一的,由动物卫生监督机构责令改正,处一千元以上一万元以下罚款:

(一)不遵守县级以上人民政府及其兽医主管部门依法作出的有关控制、扑灭动物疫病规定的;

(二)藏匿、转移、盗掘已被依法隔离、封存、处理的动物和动物产品的;

(三)发布动物疫情的。

第八十一条　违反本法规定,未取得动物诊疗许可证从事动物诊疗活动的,由动物卫生监督机构责令停止诊疗活动,没收违法所得;违法所得在三万元以上的,并处违法所得一倍以上三倍以下罚款;没有违法所得或者违法所得不足三万元的,并处三千元以上三万元以下罚款。

动物诊疗机构违反本法规定,造成动物疫病扩散的,由动物卫生监督机构责令改正,处一万元以上五万元以下罚款;情节严重的,由发证机关吊销动物诊疗许可证。

第八十二条　违反本法规定,未经兽医执业注册从事动物诊疗活动的,由动物卫生监督机构责令停止动物诊疗活动,没收违法所得,并处一千元以上一万元以下罚款。

执业兽医有下列行为之一的,由动物卫生监督机构给予警告,责令暂停六个月以上一年以下动物诊疗活动;情节严重的,由发证机关吊销注册证书:

(一)违反有关动物诊疗的操作技术规范,造成或者可能造成动物疫病传播、流行的;

(二)使用不符合国家规定的兽药和兽医器械的;

(三)不按照当地人民政府或者兽医主管部门要求参加动物疫病预防、控制和扑灭活动的。

第八十三条　违反本法规定,从事动物疫病研究与诊疗和动物饲养、屠宰、经营、隔离、运输,以及动物产品生产、经营、加工、贮藏等活动的单位和个人,有下列行为之一的,由动物卫生监督机构责令改正;拒不改正的,对违法行为单位处一千元以上一万元以下罚款,对违法行为个人可以处五百元以下罚款:

(一)不履行动物疫情报告义务的;

(二)不如实提供与动物防疫活动有关资料的;

(三)拒绝动物卫生监督机构进行监督检查的;

(四)拒绝动物疫病预防控制机构进行动物疫病监测、检测的。

第八十四条　违反本法规定，构成犯罪的，依法追究刑事责任。

违反本法规定，导致动物疫病传播、流行等，给他人人身、财产造成损害的，依法承担民事责任。

第十章　附　　则

第八十五条　本法自2008年1月1日起施行。

中华人民共和国食品卫生法

（1995年10月30日第八届全国人民代表常务委员会第16次会议通过）

第一章 总 则

第一条 为保证食品卫生，防止食品污染和有害因素对人体的危害，保障人民身体健康，增强人民体质，制定本法。

第二条 国家实行食品卫生监督制度。

第三条 国务院卫生行政部门主管全国食品卫生监督管理工作。

国务院有关部门在各自的职责范围内负责食品卫生管理工作。

第四条 凡在中华人民共和国领域内从事食品生产经营的，都必须遵守本法。

本法适用于一切食品，食品添加剂，食品容器、包装材料和食品用工具、设备、洗涤剂、消毒剂；也适用于食品的生产经营场所、设施和有关环境。

第五条 国家鼓励和保护社会团体和个人对食品卫生的社会监督。

对违反本法的行为，任何人都有权检举和控告。

第二章 食品的卫生

第六条 食品应当无毒、无害、符合应当有的营养要求，具有相应的色、香、味等感官性状。

第七条 专供婴幼儿的主、辅食品，必须符合国务院卫生行政部门制定的营养、卫生标准。

第八条 食品生产经营过程必须符合下列卫生要求：

（一）保持内外环境整洁，采取消除苍蝇、老鼠、蟑螂和其他有害昆虫及其孳生条件的措施，与有毒、有害场所保持规定的距离；

（二）食品生产经营企业应当有与产品品种、数量相适应的食品原料处理、加工、包装、贮存等厂房或者场所；

（三）应当有相应的消毒、更衣、盥洗、采光、照明、通风、防腐、防尘、防蝇、防鼠、洗涤、污水排放、存放垃圾和废弃物的设施；

（四）设备布局和工艺流程应当合理，防止待加工食品与直接入口食品、原料与成品交叉污染，食品不得接触有毒物、不洁物；

（五）餐具、饮具和盛放直接入口食品的容器，使用前必须洗净、消毒，炊具、用具用后必须洗净，保持清洁；

（六）贮存、运输和装卸食品的容器包装、工具、设备和条件必须安全、无害，保持清洁，防止食品污染；

（七）直接入口的食品应当有小包装或者使用无毒、清洁的包装材料；

（八）食品生产经营人员应当经常保持个人卫生，生产、销售食品时，必须将手洗净，穿戴清洁的工作衣、帽；销售直接入口食品时，必须使用售货工具；

（九）用水必须符合国家规定的城乡生活饮用水卫生标准；

（十）使用的洗涤剂、消毒剂应当对人体安全、无害。

对食品摊贩和城乡集市贸易食品经营者在食品生产经营过程中的卫生要求，由省、自治区、直辖市人民代表大会常务委员会根据本法做出具体规定。

第九条　禁止生产经营下列食品：

（一）腐败变质、油脂酸败、霉变、生虫、污秽不洁、混有异物或者其他感官性状异常，可能对人体健康有害的；

（二）含有毒 、有害物质或者被有毒、有害物质污染，可能对人体健康有害的；

（三）含有致病性寄生虫、微生物的，或者微生物毒素含量超过国家限定标准的；

（四）未经兽医卫生检验或者检验不合格的肉类及其制品；

（五）病死、毒死或者死因不明的禽、畜、兽、水产动物等及其制品；

（六）容器包装污秽不洁、严重破损或者运输工具不洁造成污染的；

（七）掺假、掺杂、伪造，影响营养、卫生的；

（八）用非食品原料加工的，加入非食品用化学物质的或者将非食品当作食品的；

（九）超过保质期限的；

（十）为防病等特殊需要，国务院卫生行政部门或者省、自治区、直辖市人民政府专门规定禁止出售的；

（十一）含有未经国务院卫生行政部门批准使用的添加剂的或者农药残留超过国家规定容许量的；

（十二）其他不符合食品卫生标准和卫生要求的。

第十条　食品不得加入药物，但是按照传统既是食品又是药品的作为原料、调料或者营养强化剂加入的除外。

第三章　食品添加剂的卫生

第十一条　生产经营和使用食品添加剂，必须符合食品添加剂使用卫生标准和卫生管理办法的规定；不符合卫生标准和卫生管理办法的食品添加剂，不得经营、使用。

第四章　食品容器、包装材料和食品用工具、设备的卫生

第十二条　食品容器、包装材料和食品用工具、设备必须符合卫生标准和卫生管理办法的规定。

第十三条 食品容器、包装材料和食品用工具、设备的生产必须采用符合卫生要求的原材料。产品应当便于清洗消毒。

第五章 食品卫生标准和管理办法的制定

第十四条 食品，食品添加剂，食品容器、包装材料，食品用工具、设备，用于清洗食品和食品用工具、设备的洗涤剂、消毒剂以及食品中污染物质、放射性物质容许量的国家卫生标准、卫生管理办法和检验规程，由国务院卫生行政部门制定或者批准颁发。

第十五条 国家未制定卫生标准的食品，省、自治区、直辖市人民政府可以制定地方卫生标准，报国务院卫生行政部门和国务院标准化行政主管部门备案。

第十六条 食品添加剂的国家产品质量标准中有卫生学意义的指标，必须经国务院卫生行政部门审查同意。

农药、化肥等农用化学物质的安全性评价，必须经国务院卫生行政部门审查同意。

屠宰畜、禽的兽医卫生检验规程，由国务院有关行政部门会同国务院卫生行政部门制定。

第六章 食品卫生管理

第十七条 各级人民政府的食品生产经营管理部门应当加强食品卫生管理工作，并对执行本法情况进行检查。

各级人民政府应当鼓励和支持改进食品加工工艺，促进提高食品卫生质量。

第十八条 食品生产经营企业应当健全本单位的食品卫生管理制度，配备专职或者兼职食品卫生管理人员，加强对所生产经营食品的检验工作。

第十九条 食品生产经营企业的新建、扩建、改建工程的选址和设计应当符合卫生要求，其设计审查和工程验收必须有卫生行政部门参加。

第二十条 利用新资源生产的食品、食品添加剂的新品种，生产经营企业在投入生产前，必须提出该产品卫生评价和营养评价所需的资料；利用新的原材料生产的食品容器、包装材料和食品用工具、设备的新品种，生产经营企业在投入生产前，必须提出该产品卫生评价所需的资料。上述新品种在投入生产前还需提供样品，并按照规定的食品卫生标准审批程序报请审批。

第二十一条 定型包装食品和食品添加剂，必须在包装标识或者产品说明书上根据不同产品分别按照规定标出品名、产地、厂名、生产日期、批号或者代号、规格、配方或者主要成分、保质期限、食用或者使用方法等。食品、食品添加剂的产品说明书，不得有夸大或者虚假的宣传内容。

食品包装标识必须清楚，容易辨识。在国内市场销售的食品，必须有中文标识。

第二十二条　表明具有特定保健功能的食品，其产品及说明书必须报国务院卫生行政部门审查批准，其卫生标准和生产经营管理办法，由国务院卫生行政部门制定。

第二十三条　表明具有特定保健功能的食品，不得有害于人体健康，其产品说明书内容必须真实，该产品的功能和成分必须与说明书相一致，不得有虚假。

第二十四条　食品、食品添加剂和专用于食品的容器、包装材料及其他用具，其生产者必须按照卫生标准和卫生管理办法实施检验合格后，方可出厂或者销售。

第二十五条　食品生产经营者采购食品及其原料，应当按照国家有关规定索取检验合格证或者化验单，销售者应当保证提供。需要索证的范围和种类由省、自治区、直辖市人民政府卫生行政部门规定。

第二十六条　食品生产经营人员每年必须进行健康检查；新参加工作和临时参加工作的食品生产经营人员必须进行健康检查，取得健康证明后方可参加工作。

凡患有痢疾、伤寒、病毒性肝炎等消化道传染病（包括病原携带者），活动性肺结核，化脓性或者渗出性皮肤病以及其他有碍食品卫生的疾病的，不得参加接触直接入口食品的工作。

第二十七条　食品生产经营企业和食品摊贩，必须先取得卫生行政部门发放的卫生许可证方可向工商行政管理部门申请登记。未取得卫生许可证的，不得从事食品生产经营活动。

食品生产经营者不得伪造、涂改、出借卫生许可证。

卫生许可证的发放管理办法由省、自治区、直辖市人民政府卫生行政部门制定。

第二十八条　各类食品市场的举办者应当负责市场内的食品卫生管理工作，并在市场内设置必要的公共卫生设施，保持良好的环境卫生状况。

第二十九条　城乡集市贸易的食品卫生管理工作由工商行政管理部门负责，食品卫生监督检验工作由卫生行政部门负责。

第三十条　进口的食品，食品添加剂，食品容器、包装材料和食品用工具及设备，必须符合国家卫生标准和卫生管理办法的规定。

进口前款所列产品，由口岸进口食品卫生监督检验机构进行卫生监督、检验。检验合格的，方准进口。海关凭检验合格证书放行。

进口单位在申报检验时，应当提供输出国（地区）所使用的农药、添加剂、熏蒸剂等有关资料和检验报告。

进口第一款所列产品，依照国家卫生标准进行检验，尚无国家卫生标准的，进口单位必须提供输出国(地区)的卫生部门或者组织出具的卫生评价资料，经口岸进口食品卫生监督检验机构审查检验并报国务院卫生行政部门批准。

第三十一条　出口食品由国家进出口商品检验部门进行卫生监督、检验。

海关凭国家进出口商品检验部门出具的证书放行。

第七章　食品卫生监督

第三十二条　县级以上地方人民政府卫生行政部门在管辖范围内行使食品卫生监督职责。

铁道、交通行政主管部门设立的食品卫生监督机构，行使国务院卫生行政部门会同国务院有关部门规定的食品卫生监督职责。

第三十三条　食品卫生监督职责是：

(一)进行食品卫生监测、检验和技术指导；

(二)协助培训食品生产经营人员，监督食品生产经营人员的健康检查；

(三)宣传食品卫生、营养知识，进行食品卫生评价，公布食品卫生情况；

(四)对食品生产经营企业的新建、扩建、改建工程的选址和设计进行卫生审查，并参加工程验收；

(五)对食物中毒和食品污染事故进行调查，并采取控制措施；

(六)对违反本法的行为进行巡回监督检查；

(七)对违反本法的行为追查责任，依法进行行政处罚；

(八)负责其他食品卫生监督事项。

第三十四条　县级以上人民政府卫生行政部门设立食品卫生监督员。食品卫生监督员由合格的专业人员担任，由同级卫生行政部门发给证书。

铁道、交通的食品卫生监督员，由其上级主管部门发给证书。

第三十五条　食品卫生监督员执行卫生行政部门交付的任务。

食品卫生监督员必须秉公执法，忠于职守，不得利用职权谋取私利。

食品卫生监督员在执行任务时，可以向食品生产经营者了解情况，索取必要的资料，进入生产经营场所检查，按照规定无偿采样。生产经营者不得拒绝或者隐瞒。

食品卫生监督员对生产经营者提供的技术资料负有保密的义务。

第三十六条　国务院和省、自治区、直辖市人民政府卫生行政部门，根据需要可以确定具备条件的单位作为食品卫生检验单位，进行食品卫生检验并出具检验报告。

第三十七条　县级以上地方人民政府卫生行政部门对已造成食物中毒事故或者有证据证明可能导致食物中毒事故的，可以对该食品生产经营者采取下列临时控制措施：

（一）封存造成食物中毒或者可能导致食物中毒的食品及其原料；

（二）封存被污染的食品用工具及用具，并责令进行清洗消毒。

经检验，属于被污染的食品，予以销毁；未被污染的食品，予以解封。

第三十八条　发生食物中毒的单位和接收病人进行治疗的单位，除采取抢救措施外，应当根据国家有关规定，及时向所在地卫生行政部门报告。

县级以上地方人民政府卫生行政部门接到报告后，应当及时进行调查处理，并采取控制措施。

第八章　法律责任

第三十九条　违反本法规定，生产经营不符合卫生标准的食品，造成食物中毒事故或者其他食源性疾患的，责令停止生产经营，销毁导致食物中毒或者其他食源性疾患的食品，没收违法所得，并处以违法所得一倍以上五倍以下的罚款；没有违法所得的，处以一千元以上五万元以下的罚款。

违反本法规定，生产经营不符合卫生标准的食品，造成严重食物中毒事故或者其他严重食源性疾患，对人体健康造成严重危害的，或者在生产经营的食品中掺入有毒、有害的非食品原料的，依法追究刑事责任。

有本条所列行为之一的，吊销卫生许可证。

第四十条　违反本法规定，未取得卫生许可证或者伪造卫生许可证从事食品生产经营活动的，予以取缔，没收违法所得，并处以违法所得一倍以上五倍以下的罚款；没有违法所得的，处以五百元以上三万元以下的罚款。涂改、出借卫生许可证的，收缴卫生许可证，没收违法所得，并处以违法所得一倍以上三倍以下的罚款；没有违法所得的，处以五百元以上一万元以下的罚款。

第四十一条　违反本法规定，食品生产经营过程不符合卫生要求的，责令改正，给予警告，可以处以五千元以下的罚款；拒不改正或者有其他严重情节的，吊销卫生许可证。

第四十二条　违反本法规定，生产经营禁止生产经营的食品的，责令停止生产经营，立即公告收回已售出的食品，并销毁该食品，没收违法所得，并处以违法所得一倍以上五倍以下的罚款；没有违法所得的，处以一千元以上五万元以下的罚款。情节严重的，吊销卫生许可证。

第四十三条　违反本法规定，生产经营不符合营养、卫生标准的专供婴幼儿的主、辅食品的，责令停止生产经营，立即公告收回已售出的食品，并销毁该食品，没收违法所得，并处以违法所得一倍以上五倍以下的罚款；没有违法所得的，处以一千元以上五万元以下的罚款。情节严重的，吊销卫生许可证。

第四十四条 违反本法规定,生产经营或者使用不符合卫生标准和卫生管理办法规定的食品添加剂、食品容器、包装材料和食品用工具、设备以及洗涤剂、消毒剂的,责令停止生产或者使用,没收违法所得,并处以违法所得一倍以上三倍以下的罚款;没有违法所得的,处以五千元以下的罚款。

第四十五条 违反本法规定,未经国务院卫生行政部门审查批准而生产经营表明具有特定保健功能的食品的,或者该食品的产品说明书内容虚假的,责令停止生产经营,没收违法所得,并处以违法所得一倍以上五倍以下的罚款;没有违法所得的,处以一千元以上五万元以下的罚款。情节严重的,吊销卫生许可证。

第四十六条 违反本法规定,定型包装食品和食品添加剂的包装标识或者产品说明书上不标明或者虚假标注生产日期、保质期限等规定事项的,或者违反规定不标注中文标识的,责令改正,可以处以五百元以上一万元以下的罚款。

第四十七条 违反本法规定,食品生产经营人员未取得健康证明而从事食品生产经营的,或者对患有疾病不得接触直接入口食品的生产经营人员,不按规定调离的,责令改正,可以处以五千元以下的罚款。

第四十八条 违反本法规定,造成食物中毒事故或者其他食源性疾患的,或者因其他违反本法行为给他人造成损害的,应当依法承担民事赔偿责任。

第四十九条 本法规定的行政处罚由县级以上地方人民政府卫生行政部门决定。本法规定的行使食品卫生监督权的其他机关,在规定的职责范围内,依照本法的规定作出行政处罚决定。

第五十条 当事人对行政处罚决定不服的,可以在接到处罚通知之日起十五日内向作出处罚决定的机关的上一级机关申请复议;当事人也可以在接到处罚通知之日起十五日内直接向人民法院起诉。

复议机关应当在接到复议申请之日起十五日内作出复议决定。当事人对复议决定不服的,可以在接到复议决定之日起十五日内向人民法院起诉。

当事人逾期不申请复议也不向人民法院起诉,又不履行处罚决定的,作出处罚决定的机关可以申请人民法院强制执行。

第五十一条 卫生行政部门违反本法规定,对不符合条件的生产经营者发放卫生许可证的,对直接责任人员给予行政处分;收受贿赂,构成犯罪的,依法追究刑事责任。

第五十二条 食品卫生监督管理人员滥用职权、玩忽职守、营私舞弊,造成重大事故,构成犯罪的,依法追究刑事责任;不构成犯罪的,依法给予行政处分。

第五十三条 以暴力、威胁方法阻碍食品卫生监督管理人员依法执行职务的,依法追究刑事责任;拒绝、阻碍食品卫生监督管理人员依法执行职务未使用暴力、威胁方法的，由公安机关依照治安管理处罚条例的规定处罚。

第九章　附　　则

第五十四条　本法下列用语的含义：

食品：指各种供人食用或者饮用的成品和原料以及按照传统既是食品又是药品的物品，但是不包括以治疗为目的的物品。

食品添加剂：指为改善食品品质和色、香、味，以及为防腐和加工工艺的需要而加入食品中的化学合成或者天然物质。

营养强化剂：指为增强营养成分而加入食品中的天然的或者人工合成的属于天然营养素范围的食品添加剂。

食品容器、包装材料：指包装、盛放食品用的纸、竹、木、金属、搪瓷、陶瓷、塑料、橡胶、天然纤维、化学纤维、玻璃等制品和接触食品的涂料。

食品用工具、设备：指食品在生产经营过程中接触食品的机械、管道、传送带、容器、用具、餐具等。

食品生产经营：指一切食品的生产（不包括种植业和养殖业）、采集、收购、加工、贮存、运输、陈列、供应、销售等活动。

食品生产经营者：指一切从事食品生产经营的单位或者个人，包括职工食堂、食品摊贩等。

第五十五条　出口食品的管理办法，由国家进出口商品检验部门会同国务院卫生行政部门和有关行政部门另行制定。

第五十六条　军队专用食品和自供食品的卫生管理办法由中央军事委员会依据本法制定。

第五十七条　本法自公布之日起施行。《中华人民共和国食品卫生法（试行）》同时废止。

中华人民共和国认证认可条例

第一章 总 则

第一条 为了规范认证认可活动,提高产品、服务的质量和管理水平,促进经济和社会的发展,制定本条例。

第二条 本条例所称认证,是指由认证机构证明产品、服务、管理体系符合相关技术规范、相关技术规范的强制性要求或者标准的合格评定活动。本条例所称认可,是指由认可机构对认证机构、检查机构、实验室以及从事评审、审核等认证活动人员的能力和执业资格,予以承认的合格评定活动。

第三条 在中华人民共和国境内从事认证认可活动,应当遵守本条例。

第四条 国家实行统一的认证认可监督管理制度。国家对认证认可工作实行在国务院认证认可监督管理部门统一管理、监督和综合协调下,各有关方面共同实施的工作机制。

第五条 国务院认证认可监督管理部门应当依法对认证培训机构、认证咨询机构的活动加强监督管理。

第六条 认证认可活动应当遵循客观独立、公开公正、诚实信用的原则。

第七条 国家鼓励平等互利地开展认证认可国际互认活动。认证认可国际互认活动不得损害国家安全和社会公共利益。

第八条 从事认证认可活动的机构及其人员,对其所知悉的国家秘密和商业秘密负有保密义务。

第二章 认证机构

第九条 设立认证机构,应当经国务院认证认可监督管理部门批准,并依法取得法人资格后,方可从事批准范围内的认证活动。

未经批准,任何单位和个人不得从事认证活动。

第十条 设立认证机构,应当符合下列条件:

(一)有固定的场所和必要的设施;

(二)有符合认证认可要求的管理制度;

(三)注册资本不得少于人民币300万元;

(四)有10名以上相应领域的专职认证人员。

从事产品认证活动的认证机构,还应当具备与从事相关产品认证活动相适应的检测、检查等技术能力。

第十一条 设立外商投资的认证机构除应当符合本条例第十条规定的条件外,还应当符合下列条件:

（一）外方投资者取得其所在国家或者地区认可机构的认可；

（二）外方投资者具有 3 年以上从事认证活动的业务经历。设立外商投资认证机构的申请、批准和登记，按照有关外商投资法律、行政法规和国家有关规定办理。

第十二条　设立认证机构的申请和批准程序：

（一）设立认证机构的申请人，应当向国务院认证认可监督管理部门提出书面申请，并提交符合本条例第十条规定条件的证明文件；

（二）国务院认证认可监督管理部门自受理认证机构设立申请之日起 90 日内，应当作出是否批准的决定。涉及国务院有关部门职责的，应当征求国务院有关部门的意见。决定批准的，向申请人出具批准文件，决定不予批准的，应当书面通知申请人，并说明理由；

（三）申请人凭国务院认证认可监督管理部门出具的批准文件，依法办理登记手续。国务院认证认可监督管理部门应当公布依法设立的认证机构名录。

第十三条　境外认证机构在中华人民共和国境内设立代表机构，须经批准，并向工商行政管理部门依法办理登记手续后，方可从事与所从属机构的业务范围相关的推广活动，但不得从事认证活动。

境外认证机构在中华人民共和国境内设立代表机构的申请、批准和登记，按照有关外商投资法律、行政法规和国家有关规定办理。

第十四条　认证机构不得与行政机关存在利益关系。

认证机构不得接受任何可能对认证活动的客观公正产生影响的资助；不得从事任何可能对认证活动的客观公正产生影响的产品开发、营销等活动。

认证机构不得与认证委托人存在资产、管理方面的利益关系。

第十五条　认证人员从事认证活动，应当在一个认证机构执业，不得同时在两个以上认证机构执业。

第十六条　向社会出具具有证明作用的数据和结果的检查机构、实验室，应当具备有关法律、行政法规规定的基本条件和能力，并依法经认定后，方可从事相应活动，认定结果由国务院认证认可监督管理部门公布。

第三章　认　　证

第十七条　国家根据经济和社会发展的需要，推行产品、服务、管理体系认证。

第十八条　认证机构应当按照认证基本规范、认证规则从事认证活动。认证基本规范、认证规则由国务院认证认可监督管理部门制定；涉及国务院有关部门职责的，国务院认证认可监督管理部门应当会同国务院有关部门制定。

属于认证新领域，前款规定的部门尚未制定认证规则的，认证机构可以自行制定认证规则，并报国务院认证认可监督管理部门备案。

第十九条 任何法人、组织和个人可以自愿委托依法设立的认证机构进行产品、服务、管理体系认证。

第二十条 认证机构不得以委托人未参加认证咨询或者认证培训等为理由，拒绝提供本认证机构业务范围内的认证服务，也不得向委托人提出与认证活动无关的要求或者限制条件。

第二十一条 认证机构应当公开认证基本规范、认证规则、收费标准等信息。

第二十二条 认证机构以及与认证有关的检查机构、实验室从事认证以及与认证有关的检查、检测活动，应当完成认证基本规范、认证规则规定的程序，确保认证、检查、检测的完整、客观、真实，不得增加、减少、遗漏程序。

认证机构以及与认证有关的检查机构、实验室应当对认证、检查、检测过程作出完整记录，归档留存。

第二十三条 认证机构及其认证人员应当及时作出认证结论，并保证认证结论的客观、真实。认证结论经认证人员签字后，由认证机构负责人签署。认证机构及其认证人员对认证结果负责。

第二十四条 认证结论为产品、服务、管理体系符合认证要求的，认证机构应当及时向委托人出具认证证书。

第二十五条 获得认证证书的，应当在认证范围内使用认证证书和认证标志，不得利用产品、服务认证证书、认证标志和相关文字、符号，误导公众认为其管理体系已通过认证，也不得利用管理体系认证证书、认证标志和相关文字、符号，误导公众认为其产品、服务已通过认证。

第二十六条 认证机构可以自行制定认证标志，并报国务院认证认可监督管理部门备案。

认证机构自行制定的认证标志的式样、文字和名称，不得违反法律、行政法规的规定，不得与国家推行的认证标志相同或者近似，不得妨碍社会管理，不得有损社会道德风尚。

第二十七条 认证机构应当对其认证的产品、服务、管理体系实施有效的跟踪调查，认证的产品、服务、管理体系不能持续符合认证要求的，认证机构应当暂停其使用直至撤销认证证书，并予公布。

第二十八条 为了保护国家安全、防止欺诈行为、保护人体健康或者安全、保护动植物生命或者健康、保护环境，国家规定相关产品必须经过认证的，应当经过认证并标注认证标志后，方可出厂、销售、进口或者在其他经营活动中使用。

第二十九条 国家对必须经过认证的产品，统一产品目录，统一技术规范的强制性要求、标准和合格评定程序，统一标志，统一收费标准。

统一的产品目录(以下简称目录)由国务院认证认可监督管理部门会同国务院有关部门制定、调整,由国务院认证认可监督管理部门发布,并会同有关方面共同实施。

第三十条　列入目录的产品,必须经国务院认证认可监督管理部门指定的认证机构进行认证。

列入目录产品的认证标志,由国务院认证认可监督管理部门统一规定。

第三十一条　列入目录的产品,涉及进出口商品检验目录的,应当在进出口商品检验时简化检验手续。

第三十二条　国务院认证认可监督管理部门指定的从事列入目录产品认证活动的认证机构以及与认证有关的检查机构、实验室(以下简称指定的认证机构、检查机构、实验室),应当是长期从事相关业务、无不良记录,且已经依照本条例的规定取得认可、具备从事相关认证活动能力的机构。

国务院认证认可监督管理部门指定从事列入目录产品认证活动的认证机构,应当确保在每一列入目录产品领域至少指定两家符合本条例规定条件的机构。国务院认证认可监督管理部门指定前款规定的认证机构、检查机构、实验室,应当事先公布有关信息,并组织在相关领域公认的专家组成专家评审委员会,对符合前款规定要求的认证机构、检查机构、实验室进行评审;经评审并征求国务院有关部门意见后,按照资源合理利用、公平竞争和便利、有效的原则,在公布的时间内作出决定。

第三十三条　国务院认证认可监督管理部门应当公布指定的认证机构、检查机构、实验室名录及指定的业务范围。未经指定,任何机构不得从事列入目录产品的认证以及与认证有关的检查、检测活动。

第三十四条　列入目录产品的生产者或者销售者、进口商,均可自行委托指定的认证机构进行认证。

第三十五条　指定的认证机构、检查机构、实验室应当在指定业务范围内,为委托人提供方便、及时的认证、检查、检测服务,不得拖延,不得歧视、刁难委托人,不得牟取不当利益。指定的认证机构不得向其他机构转让指定的认证业务。

第三十六条　指定的认证机构、检查机构、实验室开展国际互认活动,应当在国务院认证认可监督管理部门或者经授权的国务院有关部门对外签署的国际互认协议框架内进行。

第四章　认　　可

第三十七条　国务院认证认可监督管理部门确定的认可机构(以下简称认可机构),独立开展认可活动。除国务院认证认可监督管理部门确定的认可机构外,其他任何单位不得直接或者变相从事认可活动。其他单位直接或者变相从事认可活动的,其认可结果无效。

第三十八条 认证机构、检查机构、实验室可以通过认可机构的认可,以保证其认证、检查、检测能力持续、稳定地符合认可条件。

第三十九条 从事评审、审核等认证活动的人员,应当经认可机构注册后,方可从事相应的认证活动。

第四十条 认可机构应当具有与其认可范围相适应的质量体系,并建立内部审核制度,保证质量体系的有效实施。

第四十一条 认可机构根据认可的需要,可以选聘从事认可评审活动的人员。从事认可评审活动的人员应当是相关领域公认的专家,熟悉有关法律、行政法规以及认可规则和程序,具有评审所需要的良好品德、专业知识和业务能力。

第四十二条 认可机构委托他人完成与认可有关的具体评审业务的,由认可机构对评审结论负责。

第四十三条 认可机构应当公开认可条件、认可程序、收费标准等信息。认可机构受理认可申请,不得向申请人提出与认可活动无关的要求或者限制条件。

第四十四条 认可机构应当在公布的时间内,按照国家标准和国务院认证认可监督管理部门的规定,完成对认证机构、检查机构、实验室的评审,作出是否给予认可的决定,并对认可过程作出完整记录,归档留存。认可机构应当确保认可的客观公正和完整有效,并对认可结论负责。

认可机构应当向取得认可的认证机构、检查机构、实验室颁发认可证书,并公布取得认可的认证机构、检查机构、实验室名录。

第四十五条 认可机构应当按照国家标准和国务院认证认可监督管理部门的规定,对从事评审、审核等认证活动的人员进行考核,考核合格的,予以注册。

第四十六条 认可证书应当包括认可范围、认可标准、认可领域和有效期限。

认可证书的格式和认可标志的式样须经国务院认证认可监督管理部门批准。

第四十七条 取得认可的机构应当在取得认可的范围内使用认可证书和认可标志。取得认可的机构不当使用认可证书和认可标志的,认可机构应当暂停其使用直至撤销认可证书,并予公布。

第四十八条 认可机构应当对取得认可的机构和人员实施有效的跟踪监督,定期对取得认可的机构进行复评审,以验证其是否持续符合认可条件。取得认可的机构和人员不再符合认可条件的,认可机构应当撤销认可证书,并予公布。

取得认可的机构的从业人员和主要负责人、设施、自行制定的认证规则等与认可条件相关的情况发生变化的，应当及时告知认可机构。

第四十九条　认可机构不得接受任何可能对认可活动的客观公正产生影响的资助。

第五十条　境内的认证机构、检查机构、实验室取得境外认可机构认可的，应当向国务院认证认可监督管理部门备案。

第五章　监督管理

第五十一条　国务院认证认可监督管理部门可以采取组织同行评议，向被认证企业征求意见，对认证活动和认证结果进行抽查，要求认证机构以及与认证有关的检查机构、实验室报告业务活动情况的方式，对其遵守本条例的情况进行监督。发现有违反本条例行为的，应当及时查处，涉及国务院有关部门职责的，应当及时通报有关部门。

第五十二条　国务院认证认可监督管理部门应当重点对指定的认证机构、检查机构、实验室进行监督，对其认证、检查、检测活动进行定期或者不定期的检查。指定的认证机构、检查机构、实验室，应当定期向国务院认证认可监督管理部门提交报告，并对报告的真实性负责；报告应当对从事列入目录产品认证、检查、检测活动的情况作出说明。

第五十三条　认可机构应当定期向国务院认证认可监督管理部门提交报告，并对报告的真实性负责；报告应当对认可机构执行认可制度的情况、从事认可活动的情况、从业人员的工作情况作出说明。

国务院认证认可监督管理部门应当对认可机构的报告作出评价，并采取查阅认可活动档案资料、向有关人员了解情况等方式，对认可机构实施监督。

第五十四条　国务院认证认可监督管理部门可以根据认证认可监督管理的需要，就有关事项询问认可机构、认证机构、检查机构、实验室的主要负责人，调查了解情况，给予告诫，有关人员应当积极配合。

第五十五条　省、自治区、直辖市人民政府质量技术监督部门和国务院质量监督检验检疫部门设在地方的出入境检验检疫机构，在国务院认证认可监督管理部门的授权范围内，依照本条例的规定对认证活动实施监督管理。

国务院认证认可监督管理部门授权的省、自治区、直辖市人民政府质量技术监督部门和国务院质量监督检验检疫部门设在地方的出入境检验检疫机构，统称地方认证监督管理部门。

第五十六条　任何单位和个人对认证认可违法行为，有权向国务院认证认可监督管理部门和地方认证监督管理部门举报。国务院认证认可监督管理部门和地方认证监督管理部门应当及时调查处理，并为举报人保密。

第六章 法律责任

第五十七条 未经批准擅自从事认证活动的，予以取缔，处10万元以上50万元以下的罚款，有违法所得的，没收违法所得。

第五十八条 境外认证机构未经批准在中华人民共和国境内设立代表机构的，予以取缔，处5万元以上20万元以下的罚款。

经批准设立的境外认证机构代表机构在中华人民共和国境内从事认证活动的，责令改正，处10万元以上50万元以下的罚款，有违法所得的，没收违法所得；情节严重的，撤销批准文件，并予公布。

第五十九条 认证机构接受可能对认证活动的客观公正产生影响的资助，或者从事可能对认证活动的客观公正产生影响的产品开发、营销等活动，或者与认证委托人存在资产、管理方面的利益关系的，责令停业整顿；情节严重的，撤销批准文件，并予公布；有违法所得的，没收违法所得；构成犯罪的，依法追究刑事责任。

第六十条 认证机构有下列情形之一的，责令改正，处5万元以上20万元以下的罚款，有违法所得的，没收违法所得；情节严重的，责令停业整顿，直至撤销批准文件，并予公布：

(一)超出批准范围从事认证活动的；

(二)增加、减少、遗漏认证基本规范、认证规则规定的程序的；

(三)未对其认证的产品、服务、管理体系实施有效的跟踪调查，或者发现其认证的产品、服务、管理体系不能持续符合认证要求，不及时暂停其使用或者撤销认证证书并予公布的；

(四)聘用未经认可机构注册的人员从事认证活动的。

与认证有关的检查机构、实验室增加、减少、遗漏认证基本规范、认证规则规定的程序的，依照前款规定处罚。

第六十一条 认证机构有下列情形之一的，责令限期改正；逾期未改正的，处2万元以上10万元以下的罚款：

(一)以委托人未参加认证咨询或者认证培训等为理由，拒绝提供本认证机构业务范围内的认证服务，或者向委托人提出与认证活动无关的要求或者限制条件的；

(二)自行制定的认证标志的式样、文字和名称，与国家推行的认证标志相同或者近似，或者妨碍社会管理，或者有损社会道德风尚的；

(三)未公开认证基本规范、认证规则、收费标准等信息的；

(四)未对认证过程作出完整记录，归档留存的；

(五)未及时向其认证的委托人出具认证证书的。

与认证有关的检查机构、实验室未对与认证有关的检查、检测过程作出完整记录，归档留存的，依照前款规定处罚。

第六十二条　认证机构出具虚假的认证结论，或者出具的认证结论严重失实的，撤销批准文件，并予公布；对直接负责的主管人员和负有直接责任的认证人员，撤销其执业资格；构成犯罪的，依法追究刑事责任；造成损害的，认证机构应当承担相应的赔偿责任。指定的认证机构有前款规定的违法行为的，同时撤销指定。

第六十三条　认证人员从事认证活动，不在认证机构执业或者同时在两个以上认证机构执业的，责令改正，给予停止执业 6 个月以上 2 年以下的处罚，仍不改正的，撤销其执业资格。

第六十四条　认证机构以及与认证有关的检查机构、实验室未经指定擅自从事列入目录产品的认证以及与认证有关的检查、检测活动的，责令改正，处 10 万元以上 50 万元以下的罚款，有违法所得的，没收违法所得。认证机构未经指定擅自从事列入目录产品的认证活动的，撤销批准文件，并予公布。

第六十五条　指定的认证机构、检查机构、实验室超出指定的业务范围从事列入目录产品的认证以及与认证有关的检查、检测活动的，责令改正，处 10 万元以上 50 万元以下的罚款，有违法所得的，没收违法所得；情节严重的，撤销指定直至撤销批准文件，并予公布。

指定的认证机构转让指定的认证业务的，依照前款规定处罚。

第六十六条　认证机构、检查机构、实验室取得境外认可机构认可，未向国务院认证认可监督管理部门备案的，给予警告，并予公布。

第六十七条　列入目录的产品未经认证，擅自出厂、销售、进口或者在其他经营活动中使用的，责令改正，处 5 万元以上 20 万元以下的罚款，有违法所得的，没收违法所得。

第六十八条　认可机构有下列情形之一的，责令改正；情节严重的，对主要负责人和负有责任的人员撤职或者解聘：

（一）对不符合认可条件的机构和人员予以认可的；

（二）发现取得认可的机构和人员不符合认可条件，不及时撤销认可证书，并予公布的；

（三）接受可能对认可活动的客观公正产生影响的资助的。

被撤职或者解聘的认可机构主要负责人和负有责任的人员，自被撤职或者解聘之日起 5 年内不得从事认可活动。

第六十九条　认可机构有下列情形之一的，责令改正；对主要负责人和负有责任的人员给予警告：

(一)受理认可申请,向申请人提出与认可活动无关的要求或者限制条件的;

(二)未在公布的时间内完成认可活动,或者未公开认可条件、认可程序、收费标准等信息的;

(三)发现取得认可的机构不当使用认可证书和认可标志,不及时暂停其使用或者撤销认可证书并予公布的;

(四)未对认可过程作出完整记录,归档留存的。

第七十条　国务院认证认可监督管理部门和地方认证监督管理部门及其工作人员,滥用职权、徇私舞弊、玩忽职守,有下列行为之一的,对直接负责的主管人员和其他直接责任人员,依法给予降级或者撤职的行政处分;构成犯罪的,依法追究刑事责任:

(一)不按照本条例规定的条件和程序,实施批准和指定的;

(二)发现认证机构不再符合本条例规定的批准或者指定条件,不撤销批准文件或者指定的;

(三)发现指定的检查机构、实验室不再符合本条例规定的指定条件,不撤销指定的;

(四)发现认证机构以及与认证有关的检查机构、实验室出具虚假的认证以及与认证有关的检查、检测结论或者出具的认证以及与认证有关的检查、检测结论严重失实,不予查处的;

(五)发现本条例规定的其他认证认可违法行为,不予查处的。

第七十一条　伪造、冒用、买卖认证标志或者认证证书的,依照《中华人民共和国产品质量法》等法律的规定查处。

第七十二条　本条例规定的行政处罚,由国务院认证认可监督管理部门或者其授权的地方认证监督管理部门按照各自职责实施。法律、其他行政法规另有规定的,依照法律、其他行政法规的规定执行。

第七十三条　认证人员自被撤销执业资格之日起 5 年内,认可机构不再受理其注册申请。

第七十四条　认证机构未对其认证的产品实施有效的跟踪调查,或者发现其认证的产品不能持续符合认证要求,不及时暂停或者撤销认证证书和要求其停止使用认证标志给消费者造成损失的,与生产者、销售者承担连带责任。

第七章　附　　则

第七十五条　药品生产、经营企业质量管理规范认证,实验动物质量合格认证,军工产品的认证,以及从事军工产品校准、检测的实验室及其人员的认可,不适用本条例。

依照本条例经批准的认证机构从事矿山、危险化学品、烟花爆竹生产经营单位管理体系认证，由国务院安全生产监督管理部门结合安全生产的特殊要求组织；从事矿山、危险化学品、烟花爆竹生产经营单位安全生产综合评价的认证机构，经国务院安全生产监督管理部门推荐，方可取得认可机构的认可。

第七十六条　认证认可收费，应当符合国家有关价格法律、行政法规的规定。

第七十七条　认证培训机构、认证咨询机构的管理办法由国务院认证认可监督管理部门制定。

第七十八条　本条例自 2003 年 11 月 1 日起施行。1991 年 5 月 7 日国务院发布的《中华人民共和国产品质量认证管理条例》同时废止。

生猪屠宰管理条例

第一章 总 则

第一条 为了加强生猪屠宰管理，保证生猪产品质量安全，保障人民身体健康，制定本条例。

第二条 国家实行生猪定点屠宰、集中检疫制度。

未经定点，任何单位和个人不得从事生猪屠宰活动。但是，农村地区个人自宰自食的除外。

在边远和交通不便的农村地区，可以设置仅限于向本地市场供应生猪产品的小型生猪屠宰场点，具体管理办法由省、自治区、直辖市制定。

第三条 国务院商务主管部门负责全国生猪屠宰的行业管理工作。县级以上地方人民政府商务主管部门负责本行政区域内生猪屠宰活动的监督管理。

县级以上人民政府有关部门在各自职责范围内负责生猪屠宰活动的相关管理工作。

第四条 国家根据生猪定点屠宰厂(场)的规模、生产和技术条件以及质量安全管理状况，推行生猪定点屠宰厂(场)分级管理制度，鼓励、引导、扶持生猪定点屠宰厂(场)改善生产和技术条件，加强质量安全管理，提高生猪产品质量安全水平。生猪定点屠宰厂(场)分级管理的具体办法由国务院商务主管部门征求国务院畜牧兽医主管部门意见后制定。

第二章 生猪定点屠宰

第五条 生猪定点屠宰厂(场)的设置规划(以下简称设置规划)，由省、自治区、直辖市人民政府商务主管部门会同畜牧兽医主管部门、环境保护部门以及其他有关部门，按照合理布局、适当集中、有利流通、方便群众的原则，结合本地实际情况制订，报本级人民政府批准后实施。

第六条 生猪定点屠宰厂(场)由设区的市级人民政府根据设置规划，组织商务主管部门、畜牧兽医主管部门、环境保护部门以及其他有关部门，依照本条例规定的条件进行审查，经征求省、自治区、直辖市人民政府商务主管部门的意见确定，并颁发生猪定点屠宰证书和生猪定点屠宰标志牌。

设区的市级人民政府应当将其确定的生猪定点屠宰厂(场)名单及时向社会公布，并报省、自治区、直辖市人民政府备案。

生猪定点屠宰厂(场)应当持生猪定点屠宰证书向工商行政管理部门办理登记手续。

第七条 生猪定点屠宰厂(场)应当将生猪定点屠宰标志牌悬挂于厂(场)区的

显著位置。

生猪定点屠宰证书和生猪定点屠宰标志牌不得出借、转让。任何单位和个人不得冒用或者使用伪造的生猪定点屠宰证书和生猪定点屠宰标志牌。

第八条　生猪定点屠宰厂(场)应当具备下列条件：

(一)有与屠宰规模相适应、水质符合国家规定标准的水源条件；

(二)有符合国家规定要求的待宰间、屠宰间、急宰间以及生猪屠宰设备和运载工具；

(三)有依法取得健康证明的屠宰技术人员；

(四)有经考核合格的肉品品质检验人员；

(五)有符合国家规定要求的检验设备、消毒设施以及符合环境保护要求的污染防治设施；

(六)有病害生猪及生猪产品无害化处理设施；

(七)依法取得动物防疫条件合格证。

第九条　生猪屠宰的检疫及其监督，依照动物防疫法和国务院的有关规定执行。

生猪屠宰的卫生检验及其监督，依照食品卫生法的规定执行。

第十条　生猪定点屠宰厂(场)屠宰的生猪，应当依法经动物卫生监督机构检疫合格，并附有检疫证明。

第十一条　生猪定点屠宰厂(场)屠宰生猪，应当符合国家规定的操作规程和技术要求。

第十二条　生猪定点屠宰厂(场)应当如实记录其屠宰的生猪来源和生猪产品流向。生猪来源和生猪产品流向记录保存期限不得少于2年。

第十三条　生猪定点屠宰厂(场)应当建立严格的肉品品质检验管理制度。肉品品质检验应当与生猪屠宰同步进行，并如实记录检验结果。检验结果记录保存期限不得少于2年。

经肉品品质检验合格的生猪产品，生猪定点屠宰厂(场)应当加盖肉品品质检验合格验讫印章或者附具肉品品质检验合格标志。经肉品品质检验不合格的生猪产品，应当在肉品品质检验人员的监督下，按照国家有关规定处理，并如实记录处理情况；处理情况记录保存期限不得少于2年。

生猪定点屠宰厂(场)的生猪产品未经肉品品质检验或者经肉品品质检验不合格的，不得出厂(场)。

第十四条　生猪定点屠宰厂(场)对病害生猪及生猪产品进行无害化处理的费用和损失，按照国务院财政部门的规定，由国家财政予以适当补助。

第十五条 生猪定点屠宰厂(场)以及其他任何单位和个人不得对生猪或者生猪产品注水或者注入其他物质。

生猪定点屠宰厂(场)不得屠宰注水或者注入其他物质的生猪。

第十六条 生猪定点屠宰厂(场)对未能及时销售或者及时出厂(场)的生猪产品,应当采取冷冻或者冷藏等必要措施予以储存。

第十七条 任何单位和个人不得为未经定点违法从事生猪屠宰活动的单位或者个人提供生猪屠宰场所或者生猪产品储存设施,不得为对生猪或者生猪产品注水或者注入其他物质的单位或者个人提供场所。

第十八条 从事生猪产品销售、肉食品生产加工的单位和个人以及餐饮服务经营者、集体伙食单位销售、使用的生猪产品,应当是生猪定点屠宰厂(场)经检疫和肉品品质检验合格的生猪产品。

第十九条 地方人民政府及其有关部门不得限制外地生猪定点屠宰厂(场)经检疫和肉品品质检验合格的生猪产品进入本地市场。

第三章 监督管理

第二十条 县级以上地方人民政府应当加强对生猪屠宰监督管理工作的领导,及时协调、解决生猪屠宰监督管理工作中的重大问题。

第二十一条 商务主管部门应当依照本条例的规定严格履行职责,加强对生猪屠宰活动的日常监督检查。

商务主管部门依法进行监督检查,可以采取下列措施:

(一)进入生猪屠宰等有关场所实施现场检查;

(二)向有关单位和个人了解情况;

(三)查阅、复制有关记录、票据以及其他资料;

(四)查封与违法生猪屠宰活动有关的场所、设施,扣押与违法生猪屠宰活动有关的生猪、生猪产品以及屠宰工具和设备。

商务主管部门进行监督检查时,监督检查人员不得少于2人,并应当出示执法证件。

对商务主管部门依法进行的监督检查,有关单位和个人应当予以配合,不得拒绝、阻挠。

第二十二条 商务主管部门应当建立举报制度,公布举报电话、信箱或者电子邮箱,受理对违反本条例规定行为的举报,并及时依法处理。

第二十三条 商务主管部门在监督检查中发现生猪定点屠宰厂(场)不再具备本条例规定条件的,应当责令其限期整改;逾期仍达不到本条例规定条件的,由设区的市级人民政府取消其生猪定点屠宰厂(场)资格。

第四章　法律责任

第二十四条　违反本条例规定，未经定点从事生猪屠宰活动的，由商务主管部门予以取缔，没收生猪、生猪产品、屠宰工具和设备以及违法所得，并处货值金额3倍以上5倍以下的罚款；货值金额难以确定的，对单位并处10万元以上20万元以下的罚款，对个人并处5 000元以上1万元以下的罚款；构成犯罪的，依法追究刑事责任。

冒用或者使用伪造的生猪定点屠宰证书或者生猪定点屠宰标志牌的，依照前款的规定处罚。

生猪定点屠宰厂（场）出借、转让生猪定点屠宰证书或者生猪定点屠宰标志牌的，由设区的市级人民政府取消其生猪定点屠宰厂（场）资格；有违法所得的，由商务主管部门没收违法所得。

第二十五条　生猪定点屠宰厂（场）有下列情形之一的，由商务主管部门责令限期改正，处2万元以上5万元以下的罚款；逾期不改正的，责令停业整顿，对其主要负责人处5000元以上1万元以下的罚款：

（一）屠宰生猪不符合国家规定的操作规程和技术要求的；

（二）未如实记录其屠宰的生猪来源和生猪产品流向的；

（三）未建立或者实施肉品品质检验制度的；

（四）对经肉品品质检验不合格的生猪产品未按照国家有关规定处理并如实记录处理情况的。

第二十六条　生猪定点屠宰厂（场）出厂（场）未经肉品品质检验或者经肉品品质检验不合格的生猪产品的，由商务主管部门责令停业整顿，没收生猪产品和违法所得，并处货值金额1倍以上3倍以下的罚款，对其主要负责人处1万元以上2万元以下的罚款；货值金额难以确定的，并处5万元以上10万元以下的罚款；造成严重后果的，由设区的市级人民政府取消其生猪定点屠宰厂（场）资格；构成犯罪的，依法追究刑事责任。

第二十七条　生猪定点屠宰厂（场）、其他单位或者个人对生猪、生猪产品注水或者注入其他物质的，由商务主管部门没收注水或者注入其他物质的生猪、生猪产品、注水工具和设备以及违法所得，并处货值金额3倍以上5倍以下的罚款，对生猪定点屠宰厂（场）或者其他单位的主要负责人处1万元以上2万元以下的罚款；货值金额难以确定的，对生猪定点屠宰厂（场）或者其他单位并处5万元以上10万元以下的罚款，对个人并处1万元以上2万元以下的罚款；构成犯罪的，依法追究刑事责任。

生猪定点屠宰厂（场）对生猪、生猪产品注水或者注入其他物质的，除依照前款的规定处罚外，还应当由商务主管部门责令停业整顿；造成严重后果，或者两次以上对生猪、生猪产品注水或者注入其他物质的，由设区的市级人民政府取消其生猪定点屠宰厂(场)资格。

第二十八条　生猪定点屠宰厂(场)屠宰注水或者注入其他物质的生猪的，由商务主管部门责令改正，没收注水或者注入其他物质的生猪、生猪产品以及违法所得，并处货值金额1倍以上3倍以下的罚款，对其主要负责人处1万元以上2万元以下的罚款；货值金额难以确定的，并处2万元以上5万元以下的罚款；拒不改正的，责令停业整顿；造成严重后果的，由设区的市级人民政府取消其生猪定点屠宰厂(场)资格。

第二十九条　从事生猪产品销售、肉食品生产加工的单位和个人以及餐饮服务经营者、集体伙食单位，销售、使用非生猪定点屠宰厂(场)屠宰的生猪产品、未经肉品品质检验或者经肉品品质检验不合格的生猪产品以及注水或者注入其他物质的生猪产品的，由工商、卫生、质检部门依据各自职责，没收尚未销售、使用的相关生猪产品以及违法所得，并处货值金额3倍以上5倍以下的罚款；货值金额难以确定的，对单位处5万元以上10万元以下的罚款，对个人处1万元以上2万元以下的罚款；情节严重的，由原发证(照)机关吊销有关证照；构成犯罪的，依法追究刑事责任。

第三十条　为未经定点违法从事生猪屠宰活动的单位或者个人提供生猪屠宰场所或者生猪产品储存设施，或者为对生猪、生猪产品注水或者注入其他物质的单位或者个人提供场所的，由商务主管部门责令改正，没收违法所得，对单位并处2万元以上5万元以下的罚款，对个人并处5 000元以上1万元以下的罚款。

第三十一条　商务主管部门和其他有关部门的工作人员在生猪屠宰监督管理工作中滥用职权、玩忽职守、徇私舞弊，构成犯罪的，依法追究刑事责任；尚不构成犯罪的，依法给予处分。

第五章　附　则

第三十二条　省、自治区、直辖市人民政府确定实行定点屠宰的其他动物的屠宰管理办法，由省、自治区、直辖市根据本地区的实际情况，参照本条例制定。

第三十三条　本条例所称生猪产品，是指生猪屠宰后未经加工的胴体、肉、脂、脏器、血液、骨、头、蹄、皮。

第三十四条　本条例施行前设立的生猪定点屠宰厂(场)，自本条例施行之日起180日内，由设区的市级人民政府换发生猪定点屠宰标志牌，并发给生猪定点屠宰证书。

第三十五条　生猪定点屠宰证书、生猪定点屠宰标志牌以及肉品品质检验合格验讫印章和肉品品质检验合格标志的式样，由国务院商务主管部门统一规定。

第三十六条　本条例自2008年8月1日起施行。

生猪定点屠宰厂(场)病害猪无害化处理管理办法

第一章 总 则

第一条 为加强生猪定点屠宰厂(场)病害猪无害化处理监督管理,防止病害生猪产品流入市场,保证上市生猪产品质量安全,保障人民身体健康,根据《生猪屠宰管理条例》和国家有关法律、行政法规,制定本办法。

第二条 国家对生猪定点屠宰厂(场)病害生猪及生猪产品(以下简称病害猪)实行无害化处理制度,国家财政对病害猪损失和无害化处理费用予以补贴。

第三条 生猪定点屠宰厂(场)发现下列情况的,应当进行无害化处理:

(一)屠宰前确认为国家规定的病害活猪、病死或死因不明的生猪;

(二)屠宰过程中经检疫或肉品品质检验确认为不可食用的生猪产品;

(三)国家规定的其他应当进行无害化处理的生猪及生猪产品。

无害化处理的方法和要求,按照国家有关标准规定执行。

第四条 生猪定点屠宰厂(场)病害猪无害化处理的补贴对象和标准,按照财政部有关规定执行。

屠宰过程中经检疫或肉品品质检验确认为不可食用的生猪产品按90公斤折算一头的标准折算成相应头数,享受病害猪损失补贴和无害化处理费用补贴。

第二章 职责和要求

第五条 商务部负责全国生猪定点屠宰厂(场)病害猪无害化处理的监督管理和指导协调工作;负责全国生猪定点屠宰厂(场)病害猪无害化处理监管系统中央监管平台的建立和维护工作。

省、自治区、直辖市、计划单列市及新疆生产建设兵团(以下简称省级)商务主管部门负责监督本行政区域内市、县商务主管部门生猪定点屠宰厂(场)病害猪无害化处理监督管理和信息报送工作;建立并维护本行政区域生猪定点屠宰厂(场)病害猪无害化处理监管系统监管平台;配合地方财政管理部门落实病害猪损失补贴和无害化处理费用补贴资金。

市、县商务主管部门负责监督生猪定点屠宰厂(场)无害化处理过程,核实本行政区域内生猪定点屠宰厂(场)病害猪数量;负责本行政区域内生猪定点屠宰厂(场)病害猪无害化处理信息统计工作;负责建立本行政区域内生猪定点屠宰厂(场)病害猪无害化处理监管系统。

第六条 财政部负责全国生猪定点屠宰厂(场)病害猪无害化处理财政补贴资金的监督管理和中央财政补贴资金的预拨、审核、清算工作。

省级财政部门负责会同同级商务主管部门核定本地区生猪定点屠宰厂(场)病

害猪数量及所需财政补贴资金；编制本地区生猪定点屠宰厂（场）病害猪无害化处理财政补贴资金预算，向财政部提出中央财政补贴资金的申请。

县级以上地方财政部门负责根据同级商务主管部门审核确认的生猪定点屠宰厂（场）病害猪数量，安排应负担的补贴资金，并将补贴资金直接支付给病害猪货主或生猪定点屠宰厂（场）。

第七条　生猪定点屠宰厂（场）应当按照《生猪屠宰管理条例》和本办法的要求对病害猪进行无害化处理，并如实上报相关处理情况和信息。

生猪定点屠宰厂（场）应当按照《生猪屠宰管理条例》的要求，配备相应的生猪及生猪产品无害化处理设施，并按照国家相关标准要求建立无害化处理监控和信息报送系统。

第三章　工作程序

第八条　送至生猪定点屠宰厂（场）屠宰的生猪，应当依法经动物卫生监督机构检疫合格，并附有检疫证明。

第九条　生猪在待宰期间和屠宰过程中，应当按照《动物防疫法》和《生猪屠宰管理条例》的规定实施检疫和肉品品质检验。发现符合本办法第三条规定情形的，按照本办法第十条、十一条规定的程序处理。

第十条　病害活猪、送至待宰圈后病死或死因不明的生猪进行无害化处理，应当加盖无害化处理印章，并按照以下程序进行：

（一）检疫人员或肉品品质检验人员按照《病害猪无害化处理记录表》（附表1）的格式要求，填写货主名称、处理原因、处理头数、处理方式，并在记录表上签字确认。

（二）货主签字确认后，送至无害化处理车间由无害化处理人员按照规定程序进行处理。处理结束后，无害化处理人员应在记录表上签字确认。

（三）厂（场）主要负责人在记录表上签字、盖章确认。

第十一条　经检疫或肉品品质检验确认为不可食用的生猪产品进行无害化处理，应当加盖无害化处理印章，并按照以下程序进行：

（一）由检疫人员或肉品品质检验人员按照《病害猪产品无害化处理记录表》（附表2）的格式要求，填写货主名称、产品（部位）名称、处理原因、处理数量、处理方式，并在记录上签字。

（二）货主签字确认后送至无害化处理车间按照规定进行处理。处理结束后，无害化处理人员应在记录表上签字确认。

（三）生猪定点屠宰厂（场）主要负责人应在记录表上签字。

第十二条　送至生猪定点屠宰厂（场）时已死的生猪进行无害化处理，应当加盖无害化处理印章，并按照以下程序进行：

（一）检疫人员或肉品品质检验人员按照《待宰前死亡生猪无害化处理记录表》（附表3）的格式要求，填写货主名称、处理原因、处理数量、处理方式，并在记录上签字。

（二）货主签字确认后，送至无害化处理车间由无害化处理人员按照规定程序进行处理。处理结束后，无害化处理人员应在记录表上签字确认。

（三）生猪定点屠宰厂（场）主要负责人应在记录表上签字、盖章确认。

第十三条　已建立无害化处理监控和信息报送系统的生猪定点屠宰厂（场），进行无害化处理之前，应通知当地商务主管部门，开启监控装置和摄录系统，记录无害化处理过程，并通过系统报送相关信息。未建立无害化处理监控和信息报送系统的生猪定点屠宰厂（场），进行无害化处理之前，应通知当地市、县商务主管部门派人现场监督无害化处理过程。

第十四条　市、县商务主管部门现场监督无害化处理过程时，应当在记录表上签字确认；通过系统报送无害化处理信息和处理过程时，应按照系统要求在系统中记录监控过程，并存档备查。

第十五条　每月5日前，生猪定点屠宰厂（场）应按照《病害猪无害化处理统计月报表》（附表4）的要求，填写上月病害猪无害化处理头数、病害猪产品无害化处理数量及折合头数以及病害猪无害化处理情况，并报市、县商务主管部门。

市、县商务主管部门应于每月10日前将《病害猪无害化处理统计月报表》报省级商务主管部门并抄送同级财政部门。

省级商务主管部门每季度第一个月20日前将上季度本行政区域内无害化处理情况报商务部，同时通报同级财政部门。

第十六条　每月10日前，生猪定点屠宰厂（场）或者提供病害猪的货主应填写《病害猪损失财政补贴申领表》（附表5），由市、县商务主管部门确认后转报同级财政部门。

每月15日前，负责无害化处理的生猪定点屠宰厂（场）应填写《病害猪无害化处理费用财政补贴申领表》（附表6），由市、县商务主管部门确认后转报同级财政部门。

第十七条　市、县财政部门根据同级商务部门确认情况及时审核拨付补贴资金，同时抄送同级商务主管部门。

第四章　监督管理

第十八条　地方各级商务主管部门应对生猪定点屠宰厂（场）病害猪无害化处理过程定期进行监督检查。

地方各级财政部门应对生猪定点屠宰厂(场)病害猪无害化处理财政补贴资金使用情况定期进行监督检查。

第十九条　各级商务主管部门应建立无害化处理举报投诉制度,公布举报电话,按照《国务院关于加强食品等产品安全监督管理的特别规定》的要求受理并处理举报投诉。

第二十条　对病害猪检出率连续三个月超过0.5%或低于0.2%的地区,省级商务主管部门应当会同同级财政主管部门加强对该地区的监督检查。必要时,商务部和财政部组成联合检查组对该地区进行检查。

第二十一条　生猪定点屠宰厂(场)应指定专门的肉品品质检验人员和无害化处理人员负责无害化处理工作,并经商务主管部门培训合格。

第二十二条　生猪定点屠宰厂(场)应当如实记录无害化处理过程的相关信息,妥善保存无害化处理记录表。记录表至少应保存五年。

第五章　罚　　则

第二十三条　生猪定点屠宰厂(场)不按规定配备病害猪及生猪产品无害化处理设施的,由商务主管部门按照《生猪屠宰管理条例》的规定责令限期改正;逾期仍不改正的,报请设区的市级人民政府取消其生猪定点屠宰资格。

第二十四条　生猪定点屠宰厂(场)未按本办法规定对病害猪进行无害化处理的,由商务主管部门按照《生猪屠宰管理条例》的规定责令限期改正,处2万元以上5万元以下的罚款;逾期不改正的,责令停业整顿,对其主要负责人处5 000元以上1万元以下的罚款。

第二十五条　生猪定点屠宰厂(场)或者提供病害猪的货主虚报无害化处理数量的,由地方商务主管部门依法处以3万元以下的罚款;构成犯罪的,依法追究刑事责任。

第二十六条　生猪定点屠宰厂(场)肉品品质检验人员和无害化处理人员不按照操作规程操作、不履行职责、弄虚作假的,由商务主管部门处500元以上5 000元以下罚款。

第二十七条　检疫人员不遵守国家有关规定、不履行职责、弄虚作假的,由商务主管部门通报相关管理部门依法处理。

第二十八条　商务主管部门和财政主管部门的工作人员在无害化处理监督管理工作中滥用职权、玩忽职守、徇私舞弊的,依法给予处分;构成犯罪的,依法追究刑事责任。

第六章　附　　则

第二十九条　本办法由商务部、财政部负责解释。

第三十条　本办法自2008年8月1日起施行。

国务院关于加强食品等产品安全监督管理的特别规定

中华人民共和国国务院令第503号

《国务院关于加强食品等产品安全监督管理的特别规定》已经2007年7月25日国务院第186次常务会议通过，现予公布，自公布之日起施行。

总　理　温家宝

二〇〇七年七月二十六日

国务院关于加强食品等产品安全监督管理的特别规定

第一条　为了加强食品等产品安全监督管理，进一步明确生产经营者、监督管理部门和地方人民政府的责任，加强各监督管理部门的协调、配合，保障人体健康和生命安全，制定本规定。

第二条　本规定所称产品除食品外，还包括食用农产品、药品等与人体健康和生命安全有关的产品。

对产品安全监督管理，法律有规定的，适用法律规定；法律没有规定或者规定不明确的，适用本规定。

第三条　生产经营者应当对其生产、销售的产品安全负责，不得生产、销售不符合法定要求的产品。

依照法律、行政法规规定生产、销售产品需要取得许可证照或者需要经过认证的，应当按照法定条件、要求从事生产经营活动。不按照法定条件、要求从事生产经营活动或者生产、销售不符合法定要求产品的，由农业、卫生、质检、商务、工商、药品等监督管理部门依据各自职责，没收违法所得、产品和用于违法生产的工具、设备、原材料等物品，货值金额不足5 000元的，并处5万元罚款；货值金额5 000元以上不足1万元的，并处10万元罚款；货值金额1万元以上的，并处货值金额10倍以上20倍以下的罚款；造成严重后果的，由原发证部门吊销许可证照；构成非法经营罪或者生产、销售伪劣商品罪等犯罪的，依法追究刑事责任。

生产经营者不再符合法定条件、要求，继续从事生产经营活动的，由原发证部门吊销许可证照，并在当地主要媒体上公告被吊销许可证照的生产经营者名单；构成非法经营罪或者生产、销售伪劣商品罪等犯罪的，依法追究刑事责任。

依法应当取得许可证照而未取得许可证照从事生产经营活动的，由农业、卫生、质检、商务、工商、药品等监督管理部门依据各自职责，没收违法所得、产品和用于违法生产的工具、设备、原材料等物品，货值金额不足1万元的，并处10万元罚款;货值金额1万元以上的,并处货值金额10倍以上20倍以下的罚款;构成非法经营罪的,依法追究刑事责任。

有关行业协会应当加强行业自律,监督生产经营者的生产经营活动;加强公众健康知识的普及、宣传,引导消费者选择合法生产经营者生产、销售的产品以及有合法标识的产品。

第四条 生产者生产产品所使用的原料、辅料、添加剂、农业投入品,应当符合法律、行政法规的规定和国家强制性标准。

违反前款规定,违法使用原料、辅料、添加剂、农业投入品的,由农业、卫生、质检、商务、药品等监督管理部门依据各自职责没收违法所得,货值金额不足5 000元的,并处2万元罚款;货值金额5 000元以上不足1万元的,并处5万元罚款;货值金额1万元以上的,并处货值金额5倍以上10倍以下的罚款;造成严重后果的,由原发证部门吊销许可证照;构成生产、销售伪劣商品罪的,依法追究刑事责任。

第五条 销售者必须建立并执行进货检查验收制度,审验供货商的经营资格,验明产品合格证明和产品标识,并建立产品进货台账,如实记录产品名称、规格、数量、供货商及其联系方式、进货时间等内容。从事产品批发业务的销售企业应当建立产品销售台账,如实记录批发的产品品种、规格、数量、流向等内容。在产品集中交易场所销售自制产品的生产企业应当比照从事产品批发业务的销售企业的规定,履行建立产品销售台账的义务。进货台账和销售台账保存期限不得少于2年。销售者应当向供货商按照产品生产批次索要符合法定条件的检验机构出具的检验报告或者由供货商签字或者盖章的检验报告复印件;不能提供检验报告或者检验报告复印件的产品,不得销售。

违反前款规定的,由工商、药品监督管理部门依据各自职责责令停止销售;不能提供检验报告或者检验报告复印件销售产品的,没收违法所得和违法销售的产品,并处货值金额3倍的罚款;造成严重后果的,由原发证部门吊销许可证照。

第六条 产品集中交易市场的开办企业、产品经营柜台出租企业、产品展销会的举办企业,应当审查入场销售者的经营资格,明确入场销售者的产品安全管理责任,定期对入场销售者的经营环境、条件、内部安全管理制度和经营产品是否符合法定要求进行检查,发现销售不符合法定要求产品或者其他违法行为的,应当及时制止并立即报告所在地工商行政管理部门。

违反前款规定的,由工商行政管理部门处以1 000元以上5万元以下的罚款;情节严重的,责令停业整顿;造成严重后果的,吊销营业执照。

第七条 出口产品的生产经营者应当保证其出口产品符合进口国(地区)的标

准或者合同要求。法律规定产品必须经过检验方可出口的，应当经符合法律规定的机构检验合格。

出口产品检验人员应当依照法律、行政法规规定和有关标准、程序、方法进行检验，对其出具的检验证单等负责。

出入境检验检疫机构和商务、药品等监督管理部门应当建立出口产品的生产经营者良好记录和不良记录，并予以公布。对有良好记录的出口产品的生产经营者，简化检验检疫手续。

出口产品的生产经营者逃避产品检验或者弄虚作假的，由出入境检验检疫机构和药品监督管理部门依据各自职责，没收违法所得和产品，并处货值金额3倍的罚款；构成犯罪的，依法追究刑事责任。

第八条　进口产品应当符合我国国家技术规范的强制性要求以及我国与出口国（地区）签订的协议规定的检验要求。

质检、药品监督管理部门依据生产经营者的诚信度和质量管理水平以及进口产品风险评估的结果，对进口产品实施分类管理，并对进口产品的收货人实施备案管理。进口产品的收货人应当如实记录进口产品流向。记录保存期限不得少于2年。

质检、药品监督管理部门发现不符合法定要求产品时，可以将不符合法定要求产品的进货人、报检人、代理人列入不良记录名单。进口产品的进货人、销售者弄虚作假的，由质检、药品监督管理部门依据各自职责，没收违法所得和产品，并处货值金额3倍的罚款；构成犯罪的，依法追究刑事责任。进口产品的报检人、代理人弄虚作假的，取消报检资格，并处货值金额等值的罚款。

第九条　生产企业发现其生产的产品存在安全隐患，可能对人体健康和生命安全造成损害的，应当向社会公布有关信息，通知销售者停止销售，告知消费者停止使用，主动召回产品，并向有关监督管理部门报告；销售者应当立即停止销售该产品。销售者发现其销售的产品存在安全隐患，可能对人体健康和生命安全造成损害的，应当立即停止销售该产品，通知生产企业或者供货商，并向有关监督管理部门报告。

生产企业和销售者不履行前款规定义务的，由农业、卫生、质检、商务、工商、药品等监督管理部门依据各自职责，责令生产企业召回产品、销售者停止销售，对生产企业并处货值金额3倍的罚款，对销售者并处1 000元以上5万元以下的罚款；造成严重后果的，由原发证部门吊销许可证照。

第十条　县级以上地方人民政府应当将产品安全监督管理纳入政府工作考核

目标，对本行政区域内的产品安全监督管理负总责，统一领导、协调本行政区域内的监督管理工作，建立健全监督管理协调机制，加强对行政执法的协调、监督；统一领导、指挥产品安全突发事件应对工作，依法组织查处产品安全事故；建立监督管理责任制，对各监督管理部门进行评议、考核。质检、工商和药品等监督管理部门应当在所在地同级人民政府的统一协调下，依法做好产品安全监督管理工作。

县级以上地方人民政府不履行产品安全监督管理的领导、协调职责，本行政区域内一年多次出现产品安全事故、造成严重社会影响的，由监察机关或者任免机关对政府的主要负责人和直接负责的主管人员给予记大过、降级或者撤职的处分。

第十一条　国务院质检、卫生、农业等主管部门在各自职责范围内尽快制定、修改或者起草相关国家标准，加快建立统一管理、协调配套、符合实际、科学合理的产品标准体系。

第十二条　县级以上人民政府及其部门对产品安全实施监督管理，应当按照法定权限和程序履行职责，做到公开、公平、公正。对生产经营者同一违法行为，不得给予 2 次以上罚款的行政处罚；对涉嫌构成犯罪、依法需要追究刑事责任的，应当依照《行政执法机关移送涉嫌犯罪案件的规定》，向公安机关移送。

农业、卫生、质检、商务、工商、药品等监督管理部门应当依据各自职责对生产经营者进行监督检查，并对其遵守强制性标准、法定要求的情况予以记录，由监督检查人员签字后归档。监督检查记录应当作为其直接负责主管人员定期考核的内容。公众有权查阅监督检查记录。

第十三条　生产经营者有下列情形之一的，农业、卫生、质检、商务、工商、药品等监督管理部门应当依据各自职责采取措施，纠正违法行为，防止或者减少危害发生，并依照本规定予以处罚：

（一）依法应当取得许可证照而未取得许可证照从事生产经营活动的；

（二）取得许可证照或者经过认证后，不按照法定条件、要求从事生产经营活动或者生产、销售不符合法定要求产品的；

（三）生产经营者不再符合法定条件、要求继续从事生产经营活动的；

（四）生产者生产产品不按照法律、行政法规的规定和国家强制性标准使用原料、辅料、添加剂、农业投入品的；

（五）销售者没有建立并执行进货检查验收制度，并建立产品进货台账的；

（六）生产企业和销售者发现其生产、销售的产品存在安全隐患，可能对人体健康和生命安全造成损害，不履行本规定的义务的；

（七）生产经营者违反法律、行政法规和本规定的其他有关规定的。

农业、卫生、质检、商务、工商、药品等监督管理部门不履行前款规定职责、造成后果的，由监察机关或者任免机关对其主要负责人、直接负责的主管人员和其他直接责任人员给予记大过或者降级的处分；造成严重后果的，给予其主要负责人、直接负责的主管人员和其他直接责任人员撤职或者开除的处分；其主要负责人、直接负责的主管人员和其他直接责任人员构成渎职罪的，依法追究刑事责任。

违反本规定，滥用职权或者有其他渎职行为的，由监察机关或者任免机关对其主要负责人、直接负责的主管人员和其他直接责任人员给予记过或者记大过的处分；造成严重后果的，给予其主要负责人、直接负责的主管人员和其他直接责任人员降级或者撤职的处分；其主要负责人、直接负责的主管人员和其他直接责任人员构成渎职罪的，依法追究刑事责任。

第十四条　农业、卫生、质检、商务、工商、药品等监督管理部门发现违反本规定的行为，属于其他监督管理部门职责的，应当立即书面通知并移交有权处理的监督管理部门处理。有权处理的部门应当立即处理，不得推诿；因不立即处理或者推诿造成后果的，由监察机关或者任免机关对其主要负责人、直接负责的主管人员和其他直接责任人员给予记大过或者降级的处分。

第十五条　农业、卫生、质检、商务、工商、药品等监督管理部门履行各自产品安全监督管理职责，有下列职权：

（一）进入生产经营场所实施现场检查；

（二）查阅、复制、查封、扣押有关合同、票据、账簿以及其他有关资料；

（三）查封、扣押不符合法定要求的产品，违法使用的原料、辅料、添加剂、农业投入品以及用于违法生产的工具、设备；

（四）查封存在危害人体健康和生命安全重大隐患的生产经营场所。

第十六条　农业、卫生、质检、商务、工商、药品等监督管理部门应当建立生产经营者违法行为记录制度，对违法行为的情况予以记录并公布；对有多次违法行为记录的生产经营者，吊销许可证照。

第十七条　检验检测机构出具虚假检验报告，造成严重后果的，由授予其资质的部门吊销其检验检测资质；构成犯罪的，对直接负责的主管人员和其他直接责任人员依法追究刑事责任。

第十八条　发生产品安全事故或者其他对社会造成严重影响的产品安全事件时，农业、卫生、质检、商务、工商、药品等监督管理部门必须在各自职责范围内及时作出反应，采取措施，控制事态发展，减少损失，依照国务院规定发布信息，做好有关善后工作。

第十九条　任何组织或者个人对违反本规定的行为有权举报。接到举报的部门应当为举报人保密。举报经调查属实的，受理举报的部门应当给予举报人奖励。

农业、卫生、质检、商务、工商、药品等监督管理部门应当公布本单位的电子邮件地址或者举报电话；对接到的举报，应当及时、完整地进行记录并妥善保存。举报的事项属于本部门职责的，应当受理，并依法进行核实、处理、答复；不属于本部门职责的，应当转交有权处理的部门，并告知举报人。

第二十条　本规定自公布之日起施行。

兽药管理条例

第一章 总 则

第一条 为了加强兽药管理,保证兽药质量,防治动物疾病,促进养殖业的发展,维护人体健康,制定本条例。

第二条 在中华人民共和国境内从事兽药的研制、生产、经营、进出口、使用和监督管理,应当遵守本条例。

第三条 国务院兽医行政管理部门负责全国的兽药监督管理工作。

县级以上地方人民政府兽医行政管理部门负责本行政区域内的兽药监督管理工作。

第四条 国家实行兽用处方药和非处方药分类管理制度。兽用处方药和非处方药分类管理的办法和具体实施步骤,由国务院兽医行政管理部门规定。

第五条 国家实行兽药储备制度。

发生重大动物疫情、灾情或者其他突发事件时,国务院兽医行政管理部门可以紧急调用国家储备的兽药;必要时,也可以调用国家储备以外的兽药。

第二章 新兽药研制

第六条 国家鼓励研制新兽药,依法保护研制者的合法权益。

第七条 研制新兽药,应当具有与研制相适应的场所、仪器设备、专业技术人员、安全管理规范和措施。

研制新兽药,应当进行安全性评价。从事兽药安全性评价的单位,应当经国务院兽医行政管理部门认定,并遵守兽药非临床研究质量管理规范和兽药临床试验质量管理规范。

第八条 研制新兽药,应当在临床试验前向省、自治区、直辖市人民政府兽医行政管理部门提出申请,并附具该新兽药实验室阶段安全性评价报告及其他临床前研究资料;省、自治区、直辖市人民政府兽医行政管理部门应当自收到申请之日起60个工作日内将审查结果书面通知申请人。

研制的新兽药属于生物制品的,应当在临床试验前向国务院兽医行政管理部门提出申请,国务院兽医行政管理部门应当自收到申请之日起60个工作日内将审查结果书面通知申请人。

研制新兽药需要使用一类病原微生物的,还应当具备国务院兽医行政管理部门规定的条件,并在实验室阶段前报国务院兽医行政管理部门批准。

第九条 临床试验完成后,新兽药研制者向国务院兽医行政管理部门提出新兽药注册申请时,应当提交该新兽药的样品和下列资料:

(一)名称、主要成分、理化性质;

(二)研制方法、生产工艺、质量标准和检测方法;

(三)药理和毒理试验结果、临床试验报告和稳定性试验报告;

(四)环境影响报告和污染防治措施。

研制的新兽药属于生物制品的,还应当提供菌(毒、虫)种、细胞等有关材料和资料。菌(毒、虫)种、细胞由国务院兽医行政管理部门指定的机构保藏。

研制用于食用动物的新兽药,还应当按照国务院兽医行政管理部门的规定进行兽药残留试验并提供休药期、最高残留限量标准、残留检测方法及其制定依据等资料。

国务院兽医行政管理部门应当自收到申请之日起10个工作日内,将决定受理的新兽药资料送其设立的兽药评审机构进行评审,将新兽药样品送其指定的检验机构复核检验,并自收到评审和复核检验结论之日起60个工作日内完成审查。审查合格的,发给新兽药注册证书,并发布该兽药的质量标准;不合格的,应当书面通知申请人。

第十条　国家对依法获得注册的、含有新化合物的兽药的申请人提交的其自己所取得且未披露的试验数据和其他数据实施保护。

自注册之日起6年内,对其他申请人未经已获得注册兽药的申请人同意,使用前款规定的数据申请兽药注册的,兽药注册机关不予注册;但是,其他申请人提交其自己所取得的数据的除外。

除下列情况外,兽药注册机关不得披露本条第一款规定的数据:

(一)公共利益需要;

(二)已采取措施确保该类信息不会被不正当地进行商业使用。

第三章　兽药生产

第十一条　设立兽药生产企业,应当符合国家兽药行业发展规划和产业政策,并具备下列条件:

(一)与所生产的兽药相适应的兽医学、药学或者相关专业的技术人员;

(二)与所生产的兽药相适应的厂房、设施;

(三)与所生产的兽药相适应的兽药质量管理和质量检验的机构、人员、仪器设备;

(四)符合安全、卫生要求的生产环境;

(五)兽药生产质量管理规范规定的其他生产条件。

符合前款规定条件的,申请人方可向省、自治区、直辖市人民政府兽医行政管理部门提出申请,并附具符合前款规定条件的证明材料;省、自治区、直辖市人民政府兽医行政管理部门应当自收到申请之日起20个工作日内，将审核意见和有关材料报送国务院兽医行政管理部门。

国务院兽医行政管理部门，应当自收到审核意见和有关材料之日起40个工作日内完成审查。经审查合格的，发给兽药生产许可证；不合格的，应当书面通知申请人。申请人凭兽药生产许可证办理工商登记手续。

第十二条 兽药生产许可证应当载明生产范围、生产地点、有效期和法定代表人姓名、住址等事项。

兽药生产许可证有效期为5年。有效期届满，需要继续生产兽药的，应当在许可证有效期届满前6个月到原发证机关申请换发兽药生产许可证。

第十三条 兽药生产企业变更生产范围、生产地点的，应当依照本条例第十一条的规定申请换发兽药生产许可证，申请人凭换发的兽药生产许可证办理工商变更登记手续；变更企业名称、法定代表人的，应当在办理工商变更登记手续后15个工作日内，到原发证机关申请换发兽药生产许可证。

第十四条 兽药生产企业应当按照国务院兽医行政管理部门制定的兽药生产质量管理规范组织生产。

国务院兽医行政管理部门，应当对兽药生产企业是否符合兽药生产质量管理规范的要求进行监督检查，并公布检查结果。

第十五条 兽药生产企业生产兽药，应当取得国务院兽医行政管理部门核发的产品批准文号，产品批准文号的有效期为5年。兽药产品批准文号的核发办法由国务院兽医行政管理部门制定。

第十六条 兽药生产企业应当按照兽药国家标准和国务院兽医行政管理部门批准的生产工艺进行生产。兽药生产企业改变影响兽药质量的生产工艺的，应当报原批准部门审核批准。

兽药生产企业应当建立生产记录，生产记录应当完整、准确。

第十七条 生产兽药所需的原料、辅料，应当符合国家标准或者所生产兽药的质量要求。

直接接触兽药的包装材料和容器应当符合药用要求。

第十八条 兽药出厂前应当经过质量检验，不符合质量标准的不得出厂。

兽药出厂应当附有产品质量合格证。

禁止生产假、劣兽药。

第十九条 兽药生产企业生产的每批兽用生物制品，在出厂前应当由国务院兽医行政管理部门指定的检验机构审查核对，并在必要时进行抽查检验；未经审查核对或者抽查检验不合格的，不得销售。

强制免疫所需兽用生物制品，由国务院兽医行政管理部门指定的企业生产。

第二十条 兽药包装应当按照规定印有或者贴有标签，附具说明书，并在显著位置注明“兽用”字样。

兽药的标签和说明书经国务院兽医行政管理部门批准并公布后，方可使用。

兽药的标签或者说明书，应当以中文注明兽药的通用名称、成分及其含量、规格、生产企业、产品批准文号(进口兽药注册证号)、产品批号、生产日期、有效期、适应症或者功能主治、用法、用量、休药期、禁忌、不良反应、注意事项、运输贮存保管条件及其他应当说明的内容。有商品名称的，还应当注明商品名称。

除前款规定的内容外，兽用处方药的标签或者说明书还应当印有国务院兽医行政管理部门规定的警示内容，其中兽用麻醉药品、精神药品、毒性药品和放射性药品还应当印有国务院兽医行政管理部门规定的特殊标志；兽用非处方药的标签或者说明书还应当印有国务院兽医行政管理部门规定的非处方药标志。

第二十一条 国务院兽医行政管理部门，根据保证动物产品质量安全和人体健康的需要，可以对新兽药设立不超过 5 年的监测期；在监测期内，不得批准其他企业生产或者进口该新兽药。生产企业应当在监测期内收集该新兽药的疗效、不良反应等资料，并及时报送国务院兽医行政管理部门。

第四章 兽药经营

第二十二条 经营兽药的企业，应当具备下列条件：

(一)与所经营的兽药相适应的兽药技术人员；

(二)与所经营的兽药相适应的营业场所、设备、仓库设施；

(三)与所经营的兽药相适应的质量管理机构或者人员；

(四)兽药经营质量管理规范规定的其他经营条件。

符合前款规定条件的，申请人方可向市、县人民政府兽医行政管理部门提出申请，并附具符合前款规定条件的证明材料；经营兽用生物制品的，应当向省、自治区、直辖市人民政府兽医行政管理部门提出申请，并附具符合前款规定条件的证明材料。

县级以上地方人民政府兽医行政管理部门，应当自收到申请之日起 30 个工作日内完成审查。审查合格的，发给兽药经营许可证；不合格的，应当书面通知申请人。申请人凭兽药经营许可证办理工商登记手续。

第二十三条 兽药经营许可证应当载明经营范围、经营地点、有效期和法定代表人姓名、住址等事项。

兽药经营许可证有效期为 5 年。有效期届满，需要继续经营兽药的，应当在许可证有效期届满前 6 个月到原发证机关申请换发兽药经营许可证。

第二十四条　兽药经营企业变更经营范围、经营地点的，应当依照本条例第二十二条的规定申请换发兽药经营许可证，申请人凭换发的兽药经营许可证办理工商变更登记手续；变更企业名称、法定代表人的，应当在办理工商变更登记手续后15个工作日内，到原发证机关申请换发兽药经营许可证。

第二十五条　兽药经营企业，应当遵守国务院兽医行政管理部门制定的兽药经营质量管理规范。

县级以上地方人民政府兽医行政管理部门，应当对兽药经营企业是否符合兽药经营质量管理规范的要求进行监督检查，并公布检查结果。

第二十六条　兽药经营企业购进兽药，应当将兽药产品与产品标签或者说明书、产品质量合格证核对无误。

第二十七条　兽药经营企业，应当向购买者说明兽药的功能主治、用法、用量和注意事项。销售兽用处方药的，应当遵守兽用处方药管理办法。

兽药经营企业销售兽用中药材的，应当注明产地。

禁止兽药经营企业经营人用药品和假、劣兽药。

第二十八条　兽药经营企业购销兽药，应当建立购销记录。购销记录应当载明兽药的商品名称、通用名称、剂型、规格、批号、有效期、生产厂商、购销单位、购销数量、购销日期和国务院兽医行政管理部门规定的其他事项。

第二十九条　兽药经营企业，应当建立兽药保管制度，采取必要的冷藏、防冻、防潮、防虫、防鼠等措施，保持所经营兽药的质量。

兽药入库、出库，应当执行检查验收制度，并有准确记录。

第三十条　强制免疫所需兽用生物制品的经营，应当符合国务院兽医行政管理部门的规定。

第三十一条　兽药广告的内容应当与兽药说明书内容相一致，在全国重点媒体发布兽药广告的，应当经国务院兽医行政管理部门审查批准，取得兽药广告审查批准文号。在地方媒体发布兽药广告的，应当经省、自治区、直辖市人民政府兽医行政管理部门审查批准，取得兽药广告审查批准文号；未经批准的，不得发布。

第五章　兽药进出口

第三十二条　首次向中国出口的兽药，由出口方驻中国境内的办事机构或者其委托的中国境内代理机构向国务院兽医行政管理部门申请注册，并提交下列资料和物品：

（一）生产企业所在国家（地区）兽药管理部门批准生产、销售的证明文件；

（二）生产企业所在国家（地区）兽药管理部门颁发的符合兽药生产质量管理规范的证明文件；

(三)兽药的制造方法、生产工艺、质量标准、检测方法、药理和毒理试验结果、临床试验报告、稳定性试验报告及其他相关资料;用于食用动物的兽药的休药期、最高残留限量标准、残留检测方法及其制定依据等资料;

(四)兽药的标签和说明书样本;

(五)兽药的样品、对照品、标准品;

(六)环境影响报告和污染防治措施;

(七)涉及兽药安全性的其他资料。

申请向中国出口兽用生物制品的,还应当提供菌(毒、虫)种、细胞等有关材料和资料。

第三十三条　国务院兽医行政管理部门,应当自收到申请之日起10个工作日内组织初步审查。经初步审查合格的,应当将决定受理的兽药资料送其设立的兽药评审机构进行评审,将该兽药样品送其指定的检验机构复核检验,并自收到评审和复核检验结论之日起60个工作日内完成审查。经审查合格的,发给进口兽药注册证书,并发布该兽药的质量标准;不合格的,应当书面通知申请人。

在审查过程中,国务院兽医行政管理部门可以对向中国出口兽药的企业是否符合兽药生产质量管理规范的要求进行考查,并有权要求该企业在国务院兽医行政管理部门指定的机构进行该兽药的安全性和有效性试验。

国内急需兽药、少量科研用兽药或者注册兽药的样品、对照品、标准品的进口,按照国务院兽医行政管理部门的规定办理。

第三十四条　进口兽药注册证书的有效期为5年。有效期届满,需要继续向中国出口兽药的,应当在有效期届满前6个月到原发证机关申请再注册。

第三十五条　境外企业不得在中国直接销售兽药。境外企业在中国销售兽药,应当依法在中国境内设立销售机构或者委托符合条件的中国境内代理机构。

进口在中国已取得进口兽药注册证书的兽用生物制品的,中国境内代理机构应当向国务院兽医行政管理部门申请允许进口兽用生物制品证明文件,凭允许进口兽用生物制品证明文件到口岸所在地人民政府兽医行政管理部门办理进口兽药通关单;进口在中国已取得进口兽药注册证书的其他兽药的,凭进口兽药注册证书到口岸所在地人民政府兽医行政管理部门办理进口兽药通关单。海关凭进口兽药通关单放行。兽药进口管理办法由国务院兽医行政管理部门会同海关总署制定。

兽用生物制品进口后,应当依照本条例第十九条的规定进行审查核对和抽查检验。其他兽药进口后,由当地兽医行政管理部门通知兽药检验机构进行抽查检验。

第三十六条　禁止进口下列兽药:

（一）药效不确定、不良反应大以及可能对养殖业、人体健康造成危害或者存在潜在风险的；

（二）来自疫区可能造成疫病在中国境内传播的兽用生物制品；

（三）经考查生产条件不符合规定的；

（四）国务院兽医行政管理部门禁止生产、经营和使用的。

第三十七条　向中国境外出口兽药，进口方要求提供兽药出口证明文件的，国务院兽医行政管理部门或者企业所在地的省、自治区、直辖市人民政府兽医行政管理部门可以出具出口兽药证明文件。

国内防疫急需的疫苗，国务院兽医行政管理部门可以限制或者禁止出口。

第六章　兽药使用

第三十八条　兽药使用单位，应当遵守国务院兽医行政管理部门制定的兽药安全使用规定，并建立用药记录。

第三十九条　禁止使用假、劣兽药以及国务院兽医行政管理部门规定禁止使用的药品和其他化合物。禁止使用的药品和其他化合物目录由国务院兽医行政管理部门制定公布。

第四十条　有休药期规定的兽药用于食用动物时，饲养者应当向购买者或者屠宰者提供准确、真实的用药记录；购买者或者屠宰者应当确保动物及其产品在用药期、休药期内不被用于食品消费。

第四十一条　国务院兽医行政管理部门，负责制定公布在饲料中允许添加的药物饲料添加剂品种目录。

禁止在饲料和动物饮用水中添加激素类药品和国务院兽医行政管理部门规定的其他禁用药品。

经批准可以在饲料中添加的兽药，应当由兽药生产企业制成药物饲料添加剂后方可添加。禁止将原料药直接添加到饲料及动物饮用水中或者直接饲喂动物。

禁止将人用药品用于动物。

第四十二条　国务院兽医行政管理部门，应当制定并组织实施国家动物及动物产品兽药残留监控计划。

县级以上人民政府兽医行政管理部门，负责组织对动物产品中兽药残留量的检测。兽药残留检测结果，由国务院兽医行政管理部门或者省、自治区、直辖市人民政府兽医行政管理部门按照权限予以公布。

动物产品的生产者、销售者对检测结果有异议的，可以自收到检测结果之日起7个工作日内向组织实施兽药残留检测的兽医行政管理部门或者其上级兽医行政管理部门提出申请，由受理申请的兽医行政管理部门指定检验机构进行复检。

兽药残留限量标准和残留检测方法，由国务院兽医行政管理部门制定发布。

第四十三条　禁止销售含有违禁药物或者兽药残留量超过标准的食用动物产品。

第七章　兽药监督管理

第四十四条　县级以上人民政府兽医行政管理部门行使兽药监督管理权。

兽药检验工作由国务院兽医行政管理部门和省、自治区、直辖市人民政府兽医行政管理部门设立的兽药检验机构承担。国务院兽医行政管理部门，可以根据需要认定其他检验机构承担兽药检验工作。

当事人对兽药检验结果有异议的，可以自收到检验结果之日起 7 个工作日内向实施检验的机构或者上级兽医行政管理部门设立的检验机构申请复检。

第四十五条　兽药应当符合兽药国家标准。

国家兽药典委员会拟定的、国务院兽医行政管理部门发布的《中华人民共和国兽药典》和国务院兽医行政管理部门发布的其他兽药质量标准为兽药国家标准。

兽药国家标准的标准品和对照品的标定工作由国务院兽医行政管理部门设立的兽药检验机构负责。

第四十六条　兽医行政管理部门依法进行监督检查时，对有证据证明可能是假、劣兽药的，应当采取查封、扣押的行政强制措施，并自采取行政强制措施之日起 7 个工作日内作出是否立案的决定；需要检验的，应当自检验报告书发出之日起 15 个工作日内作出是否立案的决定；不符合立案条件的，应当解除行政强制措施；需要暂停生产、经营和使用的，由国务院兽医行政管理部门或者省、自治区、直辖市人民政府兽医行政管理部门按照权限作出决定。

未经行政强制措施决定机关或者其上级机关批准，不得擅自转移、使用、销毁、销售被查封或者扣押的兽药及有关材料。

第四十七条　有下列情形之一的，为假兽药：

（一）以非兽药冒充兽药或者以他种兽药冒充此种兽药的；

（二）兽药所含成分的种类、名称与兽药国家标准不符合的。

有下列情形之一的，按照假兽药处理：

（一）国务院兽医行政管理部门规定禁止使用的；

（二）依照本条例规定应当经审查批准而未经审查批准即生产、进口的，或者依照本条例规定应当经抽查检验、审查核对而未经抽查检验、审查核对即销售、进口的；

（三）变质的；

（四）被污染的；

（五）所标明的适应症或者功能主治超出规定范围的。

第四十八条　有下列情形之一的，为劣兽药：

（一）成分含量不符合兽药国家标准或者不标明有效成分的；

（二）不标明或者更改有效期或者超过有效期的；

（三）不标明或者更改产品批号的；

（四）其他不符合兽药国家标准，但不属于假兽药的。

第四十九条　禁止将兽用原料药拆零销售或者销售给兽药生产企业以外的单位和个人。

禁止未经兽医开具处方销售、购买、使用国务院兽医行政管理部门规定实行处方药管理的兽药。

第五十条　国家实行兽药不良反应报告制度。

兽药生产企业、经营企业、兽药使用单位和开具处方的兽医人员发现可能与兽药使用有关的严重不良反应，应当立即向所在地人民政府兽医行政管理部门报告。

第五十一条　兽药生产企业、经营企业停止生产、经营超过 6 个月或者关闭的，由原发证机关责令其交回兽药生产许可证、兽药经营许可证，并由工商行政管理部门变更或者注销其工商登记。

第五十二条　禁止买卖、出租、出借兽药生产许可证、兽药经营许可证和兽药批准证明文件。

第五十三条　兽药评审检验的收费项目和标准，由国务院财政部门会同国务院价格主管部门制定，并予以公告。

第五十四条　各级兽医行政管理部门、兽药检验机构及其工作人员，不得参与兽药生产、经营活动，不得以其名义推荐或者监制、监销兽药。

第八章　法律责任

第五十五条　兽医行政管理部门及其工作人员利用职务上的便利收取他人财物或者谋取其他利益，对不符合法定条件的单位和个人核发许可证、签署审查同意意见，不履行监督职责，或者发现违法行为不予查处，造成严重后果，构成犯罪的，依法追究刑事责任；尚不构成犯罪的，依法给予行政处分。

第五十六条　违反本条例规定，无兽药生产许可证、兽药经营许可证生产、经营兽药的，或者虽有兽药生产许可证、兽药经营许可证，生产、经营假、劣兽药的，或者兽药经营企业经营人用药品的，责令其停止生产、经营，没收用于违法生产的原料、辅料、包装材料及生产、经营的兽药和违法所得，并处违法生产、经营的兽药（包括已出售的和未出售的兽药，下同）货值金额 2 倍以上 5 倍以下罚款，货值金额无法查证核实的，处 10 万元以上 20 万元以下罚款；无兽药生产许可证生产兽药，情节严重的，没收其生产设备；生产、经营假、劣兽药，情节严重的，吊销兽药生产许可证、兽药经营许可证；构成犯罪的，依法追究刑事责任；给他人造成损失的，依法承担赔偿责任。生产、经营企业的主要负责人和直接负责的主管人员终身不得从事兽药的生产、经营活动。

擅自生产强制免疫所需兽用生物制品的，按照无兽药生产许可证生产兽药处罚。

第五十七条　违反本条例规定，提供虚假的资料、样品或者采取其他欺骗手段取得兽药生产许可证、兽药经营许可证或者兽药批准证明文件的，吊销兽药生产许可证、兽药经营许可证或者撤销兽药批准证明文件，并处 5 万元以上 10 万元以下罚款；给他人造成损失的，依法承担赔偿责任。其主要负责人和直接负责的主管人员终身不得从事兽药的生产、经营和进出口活动。

第五十八条　买卖、出租、出借兽药生产许可证、兽药经营许可证和兽药批准证明文件的，没收违法所得，并处 1 万元以上 10 万元以下罚款；情节严重的，吊销兽药生产许可证、兽药经营许可证或者撤销兽药批准证明文件；构成犯罪的，依法追究刑事责任；给他人造成损失的，依法承担赔偿责任。

第五十九条　违反本条例规定，兽药安全性评价单位、临床试验单位、生产和经营企业未按照规定实施兽药研究试验、生产、经营质量管理规范的，给予警告，责令其限期改正；逾期不改正的，责令停止兽药研究试验、生产、经营活动，并处 5 万元以下罚款；情节严重的，吊销兽药生产许可证、兽药经营许可证；给他人造成损失的，依法承担赔偿责任。

违反本条例规定，研制新兽药不具备规定的条件擅自使用一类病原微生物或者在实验室阶段前未经批准的，责令其停止实验，并处 5 万元以上 10 万元以下罚款；构成犯罪的，依法追究刑事责任；给他人造成损失的，依法承担赔偿责任。

第六十条　违反本条例规定，兽药的标签和说明书未经批准的，责令其限期改正；逾期不改正的，按照生产、经营假兽药处罚；有兽药产品批准文号的，撤销兽药产品批准文号；给他人造成损失的，依法承担赔偿责任。

兽药包装上未附有标签和说明书，或者标签和说明书与批准的内容不一致的，责令其限期改正；情节严重的，依照前款规定处罚。

第六十一条　违反本条例规定，境外企业在中国直接销售兽药的，责令其限期改正，没收直接销售的兽药和违法所得，并处 5 万元以上 10 万元以下罚款；情节严重的，吊销进口兽药注册证书；给他人造成损失的，依法承担赔偿责任。

第六十二条　违反本条例规定，未按照国家有关兽药安全使用规定使用兽药的、未建立用药记录或者记录不完整真实的，或者使用禁止使用的药品和其他化合物的，或者将人用药品用于动物的，责令其立即改正，并对饲喂了违禁药物及其他化合物的动物及其产品进行无害化处理；对违法单位处 1 万元以上 5 万元以下罚款；给他人造成损失的，依法承担赔偿责任。

第六十三条　违反本条例规定，销售尚在用药期、休药期内的动物及其产品用于食品消费的，或者销售含有违禁药物和兽药残留超标的动物产品用于食品消费的，责令其对含有违禁药物和兽药残留超标的动物产品进行无害化处理，没收违法所得，并处 3 万元以上 10 万元以下罚款；构成犯罪的，依法追究刑事责任；给他人造成损失的，依法承担赔偿责任。

第六十四条　违反本条例规定，擅自转移、使用、销毁、销售被查封或者扣押的兽药及有关材料的，责令其停止违法行为，给予警告，并处 5 万元以上 10 万元以下罚款。

第六十五条　违反本条例规定，兽药生产企业、经营企业、兽药使用单位和开具处方的兽医人员发现可能与兽药使用有关的严重不良反应，不向所在地人民政府兽医行政管理部门报告的，给予警告，并处 5 000 元以上 1 万元以下罚款。

生产企业在新兽药监测期内不收集或者不及时报送该新兽药的疗效、不良反应等资料的，责令其限期改正，并处 1 万元以上 5 万元以下罚款；情节严重的，撤销该新兽药的产品批准文号。

第六十六条　违反本条例规定，未经兽医开具处方销售、购买、使用兽用处方药的，责令其限期改正，没收违法所得，并处 5 万元以下罚款；给他人造成损失的，依法承担赔偿责任。

第六十七条　违反本条例规定，兽药生产、经营企业把原料药销售给兽药生产企业以外的单位和个人的，或者兽药经营企业拆零销售原料药的，责令其立即改正，给予警告，没收违法所得，并处 2 万元以上 5 万元以下罚款；情节严重的，吊销兽药生产许可证、兽药经营许可证；给他人造成损失的，依法承担赔偿责任。

第六十八条　违反本条例规定，在饲料和动物饮用水中添加激素类药品和国务院兽医行政管理部门规定的其他禁用药品，依照《饲料和饲料添加剂管理条例》的有关规定处罚；直接将原料药添加到饲料及动物饮用水中，或者饲喂动物的，责令其立即改正，并处 1 万元以上 3 万元以下罚款；给他人造成损失的，依法承担赔偿责任。

第六十九条　有下列情形之一的，撤销兽药的产品批准文号或者吊销进口兽药注册证书：

（一）抽查检验连续 2 次不合格的；

（二）药效不确定、不良反应大以及可能对养殖业、人体健康造成危害或者存在潜在风险的；

（三）国务院兽医行政管理部门禁止生产、经营和使用的兽药。

被撤销产品批准文号或者被吊销进口兽药注册证书的兽药，不得继续生产、进口、经营和使用。已经生产、进口的，由所在地兽医行政管理部门监督销毁，所需费用由违法行为人承担；给他人造成损失的，依法承担赔偿责任。

第七十条　本条例规定的行政处罚由县级以上人民政府兽医行政管理部门决定；其中吊销兽药生产许可证、兽药经营许可证、撤销兽药批准证明文件或者责令停止兽药研究试验的，由原发证、批准部门决定。

上级兽医行政管理部门对下级兽医行政管理部门违反本条例的行政行为，应当责令限期改正；逾期不改正的，有权予以改变或者撤销。

第七十一条　本条例规定的货值金额以违法生产、经营兽药的标价计算；没有标价的，按照同类兽药的市场价格计算。

第九章　附　　则

第七十二条　本条例下列用语的含义是：

（一）兽药，是指用于预防、治疗、诊断动物疾病或者有目的地调节动物生理机能的物质（含药物饲料添加剂），主要包括：血清制品、疫苗、诊断制品、微生态制品、中药材、中成药、化学药品、抗生素、生化药品、放射性药品及外用杀虫剂、消毒剂等。

（二）兽用处方药，是指凭兽医处方方可购买和使用的兽药。

（三）兽用非处方药，是指由国务院兽医行政管理部门公布的、不需要凭兽医处方就可以自行购买并按照说明书使用的兽药。

（四）兽药生产企业，是指专门生产兽药的企业和兼产兽药的企业，包括从事兽药分装的企业。

（五）兽药经营企业，是指经营兽药的专营企业或者兼营企业。

（六）新兽药，是指未曾在中国境内上市销售的兽用药品。

（七）兽药批准证明文件，是指兽药产品批准文号、进口兽药注册证书、允许进口兽用生物制品证明文件、出口兽药证明文件、新兽药注册证书等文件。

第七十三条　兽用麻醉药品、精神药品、毒性药品和放射性药品等特殊药品，依照国家有关规定管理。

第七十四条　水产养殖中的兽药使用、兽药残留检测和监督管理以及水产养殖过程中违法用药的行政处罚，由县级以上人民政府渔业主管部门及其所属的渔政监督管理机构负责。

第七十五条　本条例自 2004 年 11 月 1 日起施行。

饲料和饲料添加剂管理条例

中华人民共和国国务院 1999 年 5 月 29 日

第一章 总 则

第一条 为了加强对饲料、饲料添加剂的管理,提高饲料、饲料添加剂的质量,促进饲料工业和养殖业的发展,维护人民身体健康,制定本条例。

第二条 本条例所称饲料,是指经工业化加工、制作的供动物食用的饲料,包括单一饲料、添加剂预混合饲料、浓缩饲料、配合饲料和精料补充料。

本条例所称饲料添加剂,是指在饲料加工、制作、使用过程中添加的少量或者微量物质,包括营养性饲料添加剂和一般饲料添加剂。饲料添加剂的品种目录由国务院农业行政主管部门制定并公布。

第三条 国务院农业行政主管部门负责全国饲料、饲料添加剂的管理工作。

县级以上地方人民政府负责饲料、饲料添加剂管理的部门(以下简称饲料管理部门),负责本行政区域内的饲料、饲料添加剂的管理工作。

第二章 审定与进口管理

第四条 国家鼓励研究、创制新饲料、新饲料添加剂。

新研制的饲料、饲料添加剂,在投入生产前,研制者、生产者(以下简称申请人)必须向国务院农业行政主管部门提出新产品审定申请,经国务院农业行政主管部门指定的机构检测和饲喂试验后,由全国饲料评审委员会根据检测和饲喂试验结果,对该新产品的安全性、有效性及其对环境的影响进行评审;评审合格的,由国务院农业行政主管部门发给新饲料、新饲料添加剂证书,并予以公布。

全国饲料评审委员会由养殖、饲料加工、动物营养、毒理、药理、代谢、卫生、化工合成、生物技术、质量标准和环境保护等方面的专家组成。

第五条 申请人提出饲料、饲料添加剂新产品审定申请时,除应当提供新产品的样品外,还应当提供下列资料:

(一)该新产品的名称、主要成分和理化性质;

(二)该新产品的研制方法、生产工艺、质量标准和检测方法;

(三)该新产品的饲喂效果、残留消解动态和毒理;

(四)环境影响报告和污染防治措施。

第六条 国务院农业行政主管部门公布的新饲料、新饲料添加剂的产品质量标准,为行业标准;需要制定国家标准的,依照标准化法的有关规定办理。

第七条 首次进口饲料、饲料添加剂的,应当向国务院农业行政主管部门申请登记,并提供该饲料、饲料添加剂的样品和下列资料:

（一）商标、标签和推广应用情况；

（二）生产国批准生产、销售的证明和生产国以外的其他国家的登记资料；

（三）本条例第五条规定的资料。

前款饲料、饲料添加剂经审查确认安全、有效、不污染环境的，由国务院农业行政主管部门颁发产品登记证。

第三章　生产、经营管理

第八条　设立饲料、饲料添加剂生产企业，除应当符合有关法律、行政法规规定的企业设立条件外，还应当具备下列条件：

（一）有与生产饲料、饲料添加剂相适应的厂房、设备、工艺及仓储设施；

（二）有与生产饲料、饲料添加剂相适应的专职技术人员；

（三）有必要的产品质量检验机构、检验人员和检验设施；

（四）生产环境符合国家规定的安全、卫生要求；

（五）污染防治措施符合国家环境保护要求。

经国务院农业行政主管部门或者省、自治区、直辖市人民政府饲料管理部门按照权限审查，符合前款规定条件的，方可办理企业登记手续。

第九条　生产饲料添加剂、添加剂预混合饲料的企业，经省、自治区、直辖市人民政府饲料管理部门审核后，由国务院农业行政主管部门颁发生产许可证。

前款企业取得生产许可证后，由省、自治区、直辖市人民政府饲料管理部门核发饲料添加剂、添加剂预混合饲料产品批准文号。

第十条　生产饲料、饲料添加剂的企业，应当按照产品质量标准组织生产，并实行生产记录和产品留样观察制度。

第十一条　企业生产饲料、饲料添加剂，不得直接添加兽药和其他禁用药品；允许添加的兽药，必须制成药物饲料添加剂后，方可添加；生产药物饲料添加剂，不得添加激素类药品。

第十二条　企业生产饲料、饲料添加剂，应当进行产品质量检验。检验合格的，应当附具产品质量检验合格证；无产品质量合格证的，不得销售。

第十三条　饲料、饲料添加剂的包装，应当符合国家有关安全、卫生的规定。

易燃或者其他有特殊要求的饲料、饲料添加剂的包装应当有警示标志或者说明，并注明贮运注意事项。

饲料、饲料添加剂的包装物不得重复使用；但是，生产方和使用方另有约定的除外。

第十四条　饲料、饲料添加剂的包装物上应当附具标签。标签应当以中文或者适用符号标明产品名称、原料组成、产品成分分析保证值、净重、生产日期、保质期、厂名、厂址和产品标准代号。

饲料添加剂的标签，还应当标明使用方法和注意事项。

加入药物饲料添加剂的饲料的标签，还应当标明“加入药物饲料添加剂”字样，并标明其化学名称、含量、使用方法及注意事项。

饲料添加剂、添加剂预混合饲料的标签，还应当注明产品批准文号和生产许可证号。

第十五条　经营饲料、饲料添加剂的企业，应当具备下列条件：

（一）有与经营饲料、饲料添加剂相适应的仓储设施；

（二）有具备饲料、饲料添加剂使用、贮存、分装等知识的技术人员；

（三）有必要的产品质量管理制度。

第十六条　经营饲料、饲料添加剂的企业，进货时必须核对产品标签、产品质量合格证。

禁止经营无产品质量标准、无产品质量合格证、无生产许可证和产品批准文号的饲料、饲料添加剂。

第十七条　禁止生产、经营停用、禁用或者淘汰的饲料、饲料添加剂以及未经审定公布的饲料、饲料添加剂。

禁止经营未经国务院农业行政主管部门登记的进口饲料、进口饲料添加剂。

第十八条　饲料、饲料添加剂在使用过程中，证实对饲养动物、人体健康和环境有害的，由国务院农业行政主管部门决定限用、停用或者禁用，并予以公布。

第十九条　禁止对饲料、饲料添加剂作预防或者治疗动物疾病的说明或者宣传；但是，饲料中加入药物饲料添加剂的，可以对所加入的药物饲料添加剂的作用加以说明。

第二十条　从事饲料、饲料添加剂质量检验的机构，经国务院产品质量监督管理部门或者农业行政主管部门考核合格，或者经省、自治区、直辖市人民政府产品质量监督管理部门或者饲料管理部门考核合格，方可承担饲料、饲料添加剂的产品质量检验工作。

第二十一条　国务院农业行政主管部门根据国务院产品质量监督管理部门制定的全国产品质量监督抽查工作规划，可以进行饲料、饲料添加剂质量监督抽查；但是，不得重复抽查。

县级以上地方人民政府饲料管理部门根据饲料、饲料添加剂质量监督抽查工作规划，可以组织对饲料、饲料添加剂进行监督抽查，并会同同级产品质量监督管理部门公布抽查结果。

第四章 罚 则

第二十二条 违反本条例规定，未取得生产许可证，生产饲料添加剂、添加剂预混合饲料的，由县级以上地方人民政府饲料管理部门责令停止生产，没收违法生产的产品和违法所得，并处违法所得1倍以上5倍以下的罚款；对已取得生产许可证，但未取得产品批准文号的，责令停止生产，并限期补办产品批准文号。

第二十三条 违反本条例规定，经营未附具产品质量检验合格证和产品标签的饲料、饲料添加剂的，由县级以上地方人民政府饲料管理部门责令停止经营，没收违法经营的产品和违法所得，可以并处违法所得1倍以下的罚款。

第二十四条 饲料、饲料添加剂的包装不符合本条例第十三条的规定，或者附具的标签不符合本条例第十四条的规定的，由县级以上地方人民政府饲料管理部门责令限期改正；逾期不改正的，责令停止销售，可以处违法所得1倍以下的罚款。

第二十五条 不具备本条例第十五条规定的条件，经营饲料、饲料添加剂的，由县级以上地方人民政府饲料管理部门责令限期改正；逾期不改正的，责令停止经营，没收违法所得，可以并处违法所得1倍以上3倍以下的罚款。

第二十六条 违反本条例规定，生产、经营已经停用、禁用或者淘汰以及未经审定公布的饲料、饲料添加剂的，由县级以上地方人民政府饲料管理部门责令停止生产、经营，没收违法生产、经营的产品和违法所得，并处违法所得1倍以上5倍以下的罚款。

第二十七条 违反本条例规定，有下列行为之一的，由县级以上地方人民政府饲料管理部门责令停止生产、经营，没收违法生产、经营的产品和违法所得，并处违法所得1倍以上5倍以下的罚款；情节严重的，并由国务院农业行政主管部门吊销生产许可证；构成犯罪的，依法追究刑事责任：

(一)在生产、经营过程中，以非饲料、非饲料添加剂冒充饲料、饲料添加剂或者以此种饲料、饲料添加剂冒充他种饲料、饲料添加剂的；

(二)生产、经营的饲料、饲料添加剂所含成分的种类、名称与产品标签上注明的成分的种类、名称不符的；

(三)生产、经营的饲料、饲料添加剂不符合饲料、饲料添加剂产品质量标准的；

(四)经营的饲料、饲料添加剂失效、霉变或者超过保质期的。

第二十八条 经营未经国务院农业行政主管部门登记的进口饲料、进口饲料添加剂的，由县级以上地方人民政府饲料管理部门责令立即停止经营，没收未售出的产品和违法所得，并处违法所得1倍以上5倍以下的罚款。

第二十九条 假冒、伪造或者买卖饲料添加剂、添加剂预混合饲料生产许可证、产品批准文号或者产品登记证的，由国务院农业行政主管部门或者省、自治区、直辖市人民政府饲料管理部门按照职责权限收缴或者吊销生产许可证、产品批准文号或者产品登记证，没收违法所得，并处违法所得1倍以上5倍以下的罚款；构成犯罪的，依法追究刑事责任。

第五章 附 则

第三十条 本条例下列用语的含义：

（一）营养性饲料添加剂，是指用于补充饲料营养成分的少量或者微量物质，包括饲料级氨基酸、维生素、矿物质微量元素、酶制剂、非蛋白氮等。

（二）一般饲料添加剂，是指为保证或者改善饲料品质、提高饲料利用率而掺入饲料中的少量或者微量物质。

（三）药物饲料添加剂，是指为预防、治疗动物疾病而掺入载体或者稀释剂的兽药的预混物，包括抗球虫药类、驱虫剂类、抑菌促生长类等。

第三十一条 药物饲料添加剂的管理，依照《兽药管理条例》的规定执行。

第三十二条 本条例自发布之日起施行。

无公害农产品管理办法

（2002 年 4 月 29 日农业部、国家质量监督检验检疫总局第 12 号部长令发布）

第一章 总 则

第一条 为加强对无公害农产品的管理，维护消费者权益，提高农产品质量，保护农业生态环境，促进农业可持续发展，制定本办法。

第二条 本办法所称无公害农产品，是指产地环境、生产过程和产品质量符合国家有关标准和规范的要求，经认证合格获得认证证书并允许使用无公害农产品标志的未经加工或者初加工的食用农产品。

第三条 无公害农产品管理工作，由政府推动，并实行产地认定和产品认证的工作模式。

第四条 在中华人民共和国境内从事无公害农产品生产、产地认定、产品认证和监督管理等活动，适用本办法。

第五条 全国无公害农产品的管理及质量监督工作，由农业部门、国家质量监督检验检疫部门和国家认证认可监督管理委员会按照“三定”方案赋予的职责和国务院的有关规定，分工负责，共同做好工作。

第六条 各级农业行政主管部门和质量监督检验检疫部门应当在政策、资金、技术等方面扶持无公害农产品的发展，组织无公害农产品新技术的研究、开发和推广。

第七条 国家鼓励生产单位和个人申请无公害农产品产地认定和产品认证。

实施无公害农产品认证的产品范围由农业部、国家认证认可监督管理委员会共同确定、调整。

第八条 国家适时推行强制性无公害农产品认证制度。

第二章 产地条件与生产管理

第九条 无公害农产品产地应当符合下列条件：

（一）产地环境符合无公害农产品产地环境的标准要求；

（二）区域范围明确；

（三）具备一定的生产规模。

第十条 无公害农产品的生产管理应当符合下列条件：

（一）生产过程符合无公害农产品生产技术的标准要求；

（二）有相应的专业技术和管理人员；

（三）有完善的质量控制措施，并有完整的生产和销售记录档案。

第十一条 从事无公害农产品生产的单位或者个人，应当严格按规定使用农业投入品。禁止使用国家禁用、淘汰的农业投入品。

第十二条　无公害农产品产地应当树立标示牌，标明范围、产品品种、责任人。

第三章　产地认定

第十三条　省级农业行政主管部门根据本办法的规定负责组织实施本辖区内无公害农产品产地的认定工作。

第十四条　申请无公害农产品产地认定的单位或者个人（以下简称申请人），应当向县级农业行政主管部门提交书面申请，书面申请应当包括以下内容：

（一）申请人的姓名（名称）、地址、电话号码；

（二）产地的区域范围、生产规模；

（三）无公害农产品生产计划；

（四）产地环境说明；

（五）无公害农产品质量控制措施；

（六）有关专业技术和管理人员的资质证明材料；

（七）保证执行无公害农产品标准和规范的声明；

（八）其他有关材料。

第十五条　县级农业行政主管部门自收到申请之日起，在10个工作日内完成对申请材料的初审工作。

申请材料初审不符合要求的，应当书面通知申请人。

第十六条　申请材料初审符合要求的，县级农业行政主管部门应当逐级将推荐意见和有关材料上报省级农业行政主管部门。

第十七条　省级农业行政主管部门自收到推荐意见和有关材料之日起，在10个工作日内完成对有关材料的审核工作，符合要求的，组织有关人员对产地环境、区域范围、生产规模、质量控制措施、生产计划等进行现场检查。

现场检查不符合要求的，应当书面通知申请人。

第十八条　现场检查符合要求的，应当通知申请人委托具有资质资格的检测机构，对产地环境进行检测。

承担产地环境检测任务的机构，根据检测结果出具产地环境检测报告。

第十九条　省级农业行政主管部门对材料审核、现场检查和产地环境检测结果符合要求的，应当自收到现场检查报告和产地环境检测报告之日起，30个工作日内颁发无公害农产品产地认定证书，并报农业部和国家认证认可监督管理委员会备案。

不符合要求的，应当书面通知申请人。

第二十条　无公害农产品产地认定证书有效期为3年。期满需要继续使用的，应当在有效期满90日前按照本办法规定的无公害农产品产地认定程序，重新办理。

第四章　无公害农产品认证

第二十一条　无公害农产品的认证机构，由国家认证认可监督管理委员会审批，并获得国家认证认可监督管理委员会授权的认可机构的资格认可后，方可从事无公害农产品认证活动。

第二十二条　申请无公害产品认证的单位或者个人（以下简称申请人），应当向认证机构提交书面申请，书面申请应当包括以下内容：

（一）申请人的姓名（名称）、地址、电话号码；

（二）产品品种、产地的区域范围和生产规模；

（三）无公害农产品生产计划；

（四）产地环境说明；

（五）无公害农产品质量控制措施；

（六）有关专业技术和管理人员的资质证明材料；

（七）保证执行无公害农产品标准和规范的声明；

（八）无公害农产品产地认定证书；

（九）生产过程记录档案；

（十）认证机构要求提交的其他材料。

第二十三条　认证机构自收到无公害农产品认证申请之日起，应当在15个工作日内完成对申请材料的审核。

材料审核不符合要求的，应当书面通知申请人。

第二十四条　符合要求的，认证机构可以根据需要派员对产地环境、区域范围、生产规模、质量控制措施、生产计划、标准和规范的执行情况等进行现场检查。

现场检查不符合要求的，应当书面通知申请人。

第二十五条　材料审核符合要求的、或者材料审核和现场检查符合要求的（限于需要对现场进行检查时），认证机构应当通知申请人委托具有资质资格的检测机构对产品进行检测。

承担产品检测任务的机构，根据检测结果出具产品检测报告。

第二十六条　认证机构对材料审核、现场检查（限于需要对现场进行检查时）和产品检测结果符合要求的，应当在自收到现场检查报告和产品检测报告之日起，30个工作日内颁发无公害农产品认证证书。

不符合要求的，应当书面通知申请人。

第二十七条　认证机构应当自颁发无公害农产品认证证书后30个工作日内，

将其颁发的认证证书副本同时报农业部和国家认证认可监督管理委员会备案，由农业部和国家认证认可监督管理委员会公告。

第二十八条　无公害农产品认证证书有效期为3年。期满需要继续使用的，应当在有效期满90日前按照本办法规定的无公害农产品认证程序，重新办理。

在有效期内生产无公害农产品认证证书以外的产品品种的，应当向原无公害农产品认证机构办理认证证书的变更手续。

第二十九条　无公害农产品产地认定证书、产品认证证书格式由农业部、国家认证认可监督管理委员会规定。

第五章　标志管理

第三十条　农业部和国家认证认可监督管理委员会制定并发布《无公害农产品标志管理办法》。

第三十一条　无公害农产品标志应当在认证的品种、数量等范围内使用。

第三十二条　获得无公害农产品认证证书的单位或者个人，可以在证书规定的产品、包装、标签、广告、说明书上使用无公害农产品标志。

第六章　监督管理

第三十三条　农业部、国家质量监督检验检疫总局、国家认证认可监督管理委员会和国务院有关部门根据职责分工依法组织对无公害农产品的生产、销售和无公害农产品标志使用等活动进行监督管理。

（一）查阅或者要求生产者、销售者提供有关材料；

（二）对无公害农产品产地认定工作进行监督；

（三）对无公害农产品认证机构的认证工作进行监督；

（四）对无公害农产品的检测机构的检测工作进行检查；

（五）对使用无公害农产品标志的产品进行检查、检验和鉴定；

（六）必要时对无公害农产品经营场所进行检查。

第三十四条　认证机构对获得认证的产品进行跟踪检查，受理有关的投诉、申诉工作。

第三十五条　任何单位和个人不得伪造、冒用、转让、买卖无公害农产品产地认定证书、产品认证证书和标志。

第七章　罚　　则

第三十六条　获得无公害农产品产地认定证书的单位或者个人违反本办法，有下列情形之一的，由省级农业行政主管部门予以警告，并责令限期改正；逾期未改正的，撤销其无公害农产品产地认定证书：

（一）无公害农产品产地被污染或者产地环境达不到标准要求的；

（二）无公害农产品产地使用的农业投入品不符合无公害农产品相关标准要求的；

（三）擅自扩大无公害农产品产地范围的。

第三十七条 违反本办法第三十五条规定的，由县级以上农业行政主管部门和各地质量监督检验检疫部门根据各自的职责分工责令其停止，并可处以违法所得1倍以上3倍以下的罚款，但最高罚款不得超过3万元；没有违法所得的，可以处1万元以下的罚款。

第三十八条 获得无公害农产品认证并加贴标志的产品，经检查、检测、鉴定，不符合无公害农产品质量标准要求的，由县级以上农业行政主管部门或者各地质量监督检验检疫部门责令停止使用无公害农产品标志，由认证机构暂停或者撤销认证证书。

第三十九条 从事无公害农产品管理的工作人员滥用职权、徇私舞弊、玩忽职守的，由所在单位或者所在单位的上级行政主管部门给予行政处分；构成犯罪的，依法追究刑事责任。

第八章 附 则

第四十条 从事无公害农产品的产地认定的部门和产品认证的机构不得收取费用。

检测机构的检测、无公害农产品标志按国家规定收取费用。

第四十一条 本办法由农业部、国家质量监督检验检疫总局和国家认证认可监督管理委员会负责解释。

第四十二条 本办法自发布之日起施行。

无公害农产品产地认定程序

（2003 年 4 月 17 日农业部、国家认证认可监督管理委员会第 264 号公告发布）

第一条 为规范无公害农产品产地认定工作，保证产地认定结果的科学、公正，根据《无公害农产品管理办法》，制定本程序。

第二条 各省、自治区、直辖市和计划单列市人民政府农业行政主管部门（以下简称省级农业行政主管部门）负责本辖区内无公害农产品产地认定（以下简称产地认定）工作。

第三条 申请产地认定的单位和个人（以下简称申请人），应当向产地所在地县级人民政府农业行政主管部门（以下简称县级农业行政主管部门）提出申请，并提交以下材料：

（一）《无公害农产品产地认定申请书》；

（二）产地的区域范围、生产规模；

（三）产地环境状况说明；

（四）无公害农产品生产计划；

（五）无公害农产品质量控制措施；

（六）专业技术人员的资质证明；

（七）保证执行无公害农产品标准和规范的声明；

（八）要求提交的其他有关材料。

申请人向所在地县级以上人民政府农业行政主管部门申领《无公害农产品产地认定申请书》和相关资料，或者从中国农业信息网站（www. agri. gov. cn）下载获取。

第四条 县级农业行政主管部门自受理之日起 30 日内，对申请人的申请材料进行形式审查。符合要求的，出具推荐意见，连同产地认定申请材料逐级上报省级农业行政主管部门；不符合要求的，应当书面通知申请人。

第五条 省级农业行政主管部门应当自收到推荐意见和产地认定申请材料之日起 30 日内，组织有资质的检查员对产地认定申请材料进行审查。

材料审查不符合要求的，应当书面通知申请人。

第六条 材料审查符合要求的，省级农业行政主管部门组织有资质的检查员参加的检查组对产地进行现场检查。

现场检查不符合要求的，应当书面通知申请人。

第七条 申请材料和现场检查符合要求的，省级农业行政主管部门通知申请人委托具有资质的检测机构对其产地环境进行抽样检验。

第八条 检测机构应当按照标准进行检验，出具环境检验报告和环境评价报告，分送省级农业行政主管部门和申请人。

第九条 环境检验不合格或者环境评价不符合要求的，省级农业行政主管部门应当书面通知申请人。

第十条 省级农业行政主管部门对材料审查、现场检查、环境检验和环境现状评价符合要求的，进行全面评审，并作出认定终审结论。

（一）符合颁证条件的，颁发《无公害农产品产地认定证书》；

（二）不符合颁证条件的，应当书面通知申请人。

第十一条 《无公害农产品产地认定证书》有效期为 3 年。期满后需要继续使用的，证书持有人应当在有效期满前 90 日内按照本程序重新办理。

第十二条 省级农业行政主管部门应当在颁发《无公害农产品产地认定证书》之日起 30 日内，将获得证书的产地名录报农业部和国家认证认可监督管理委员会备案。

第十三条 在本程序发布之日前，省级农业行政主管部门已经认定并颁发证书的无公害农产品产地，符合本程序规定的，可以换发《无公害农产品产地认定证书》。

第十四条 《无公害农产品产地认定申请书》、《无公害农产品产地认定证书》的格式，由农业部统一规定。

第十五条 省级农业行政主管部门根据本程序可以制定本辖区内具体的实施程序。

第十六条 本程序由农业部、国家认证认可监督管理委员会负责解释。

第十七条 本程序自发布之日起执行。

无公害农产品检查员管理办法

第一条　为加强无公害农产品检查员（以下简称“检查员”）管理，确保无公害农产品认定认证和监督管理工作质量，制定本办法。

第二条　本办法所称检查员是指经农业部农产品质量安全中心（以下简称“部中心”）注册，在无公害农产品产地认定、产品认证和监督管理工作中，对产地环境、生产过程、产品质量及标志使用等进行文件审查、现场检查和监督检查的人员。

第三条　部中心负责检查员培训、注册和管理工作。

第四条　检查员应具备以下条件：

（一）掌握有关农产品质量安全的法律、法规、标准和规范，农产品生产、加工相关技术，认证和监督检查程序及方法；

（二）具有农业相关技术专业大专以上学历，并专职从事农产品质量安全管理及相关技术和管理工作1年以上；

（三）具有清晰的口头与书面表达能力，较强的沟通和组织能力，独立、客观、正确的判断能力，从事野外工作的能力；

（四）完成部中心认可的无公害农产品检查员培训课程，取得《无公害农产品检查员培训合格证书》，且证书在有效期内；

（五）遵纪守法，坚持原则，实事求是，作风正派，身体健康。

第五条　符合第四条规定条件的个人，可向部中心提出注册申请，由所在地的无公害农产品省级工作机构审查并推荐至部中心。部中心及其分中心人员，由所在单位审查并推荐。部中心对各工作机构推荐的申请人进行核准，符合注册条件的颁发注册证书并公布注册人员名单。

第六条　检查员应履行以下职责：

（一）开展无公害农产品产地认定、产品认证的文件审查和现场检查工作；

（二）开展无公害农产品产地环境、生产过程、产品质量及标志使用的监督管理工作；

（三）承担无公害农产品相关业务培训的授课任务。

第七条　检查员应遵守以下行为准则：

（一）遵纪守法、敬业诚信、客观公正；

（二）严格按照注册专业范围开展审查和检查工作；

（三）不向委托方或受检方隐瞒任何可能影响公正判断的利益和人际关系；

（四）除非委托方或受检方书面授权或有法律要求，不向他人披露任何有关审查、检查的信息；

(五)不接受受检方及其有利益关系的团体或个人任何形式的好处;

(六)维护无公害农产品及其工作机构的声誉,如有违背本准则行为时,应配合有关机构的调查和质询;

(七)接受部中心、分中心和省级无公害农产品工作机构的监督。

第八条　部中心对检查员进行监督管理。不履行职责和违反行为准则的,视情节轻重,给予暂停或者撤销注册的处分。

第九条　检查员注册证书实行年度确认制度,从发证之日起,每满一年进行一次年度确认,证书有效期以年度确认有效期为准。

第十条　本办法由部中心负责解释。

第十一条　本办法自2008年5月1日起施行。原《无公害农产品认证检查员管理办法》同时废止。

无公害农产品检查员注册准则

1.目的

为规范无公害农产品检查员(以下简称“检查员”)注册管理工作,根据《无公害农产品检查员管理办法》,制定本准则。

2.适用范围

本准则适用于检查员的注册、保持注册和再注册。

3.注册专业

注册专业分为:种植业、畜牧业、渔业。

4.注册条件

(1)掌握有关农产品质量安全的法律、法规、标准和规范,农产品生产、加工相关技术,认证和监督检查程序及方法;

(2)具有农业相关技术专业大专以上学历,并专职从事农产品质量安全管理及相关技术和管理工作1年以上;

(3)具有清晰的口头与书面表达能力,较强的沟通和组织能力,独立、客观、正确的判断能力,从事野外工作的能力;

(4)完成部中心认可的无公害农产品检查员培训课程,取得《无公害农产品检查员培训合格证书》,且证书在有效期内;

(5)遵纪守法,坚持原则,实事求是,作风正派,身体健康。

5.注册申请

申请人需填写《无公害农产品检查员注册申请表》(附件1),并附以下证明文件提交审查机构:

(1)《无公害农产品检查员培训合格证书》复印件;

(2)教育资格证书、职称证书复印件;

(3)居民身份证复印件。

6.申请的审查与推荐

6.1 审查

部中心工作人员提交的申请材料由部中心进行审查,分中心工作人员提交的申请材料由分中心进行审查,其他申请人提交的申请材料由申请人所在省、自治区、直辖市及计划单列市农产品质量安全中心、无公害农产品工作机构(以下简称“省级工作机构”)进行审查,以确认申请人是否符合本准则的要求。

6.2 推荐

经审查符合要求的申请人,由审查机构填写《推荐注册人员汇总表》(附件2)

报送部中心。

7.注册

部中心通过《推荐注册人员汇总表》对各工作机构推荐的申请人进行核准,符合注册条件的,准予注册,颁发《无公害农产品检查员证书》,并公布注册人员名单。

8.证书

证书包括以下信息:姓名、性别、身份证号、注册专业、证书编号和工作单位。

9.保持注册

检查员自首次注册满一年起,每年进行年度确认。

9.1 年度确认条件

满足下列条件之一的予以年度确认:

(1)本年度内完成所注册专业认定认证文件审查4例以上;

(2)本年度内完成所注册专业认定认证现场检查2例以上;

(3)本年度内完成无公害农产品监督检查2次以上;

(4)本年度内完成无公害农产品培训班授课1次以上。

9.2 年度确认申请文件

(1)年度确认申请表(附件3);

(2)参加培训、认定认证检查、监督检查、授课记录(附件4)。

9.3 年度确认程序

年度确认工作按照本准则第6.1款的分工分别由部中心、分中心和省级工作机构完成。分中心、省级工作机构填写《无公害农产品注册检查员年度确认汇总表》(附件5)上报部中心,部中心核准后公布。

9.4 通过年度确认的检查员保持注册。未通过年度确认的检查员暂停注册一年,下一年度可继续申请年度确认。

9.5 再注册

检查员应每5年进行一次再注册。再注册应于注册期满前3个月内按照注册程序重新申请。

10.检查员行为准则

(1)遵纪守法、敬业诚信、客观公正;

(2)严格按照注册专业范围开展审查和检查工作;

(3)不向委托方或受检方隐瞒任何可能影响公正判断的利益和人际关系;

(4)除非委托方或受检方书面授权或有法律要求,不向他人披露任何有关审查、检查的信息;

(5)不接受受检方及其有利益关系的团体或个人任何形式的好处;

(6)维护无公害农产品及其工作机构的声誉,如有违背本准则行为时,应配合有关机构的调查和质询;

(7)接受部中心、分中心和省级无公害农产品工作机构的监督。

11. 申诉和投诉

11.1 为维护检查员的正当权益,部中心接受所有注册检查员的申诉和投诉。

11.2 部中心将通过有效程序受理并调查处理有关申诉和投诉。

12. 注册资格处置规则

对检查员的注册资格处置分为暂停注册、撤销注册和注销注册三种方式。

12.1 暂停注册资格

12.1.1 注册人员有下列情况之一的,部中心将给予暂停其注册资格 6 个月至 1 年的处置:

(1)违反检查员行为准则,情节一般的;

(2)错误使用注册证书及注册资格的;

(3)未按注册准则的要求进行资格保持的;

(4)违反国家有关法律法规的要求,受到相关管理部门处置的。

12.1.2 在暂停期内,注册人员不得使用相关注册资格,不得从事相关的审查、检查活动。

12.1.3 对于暂停注册资格的人员,应在暂停期内采取相应整改措施,并经部中心验证有效后,恢复其注册资格。

12.2 撤销注册资格

12.2.1 注册人员有下列情况之一的,部中心将撤销其注册资格:

(1)违反检查员行为准则,情节严重或造成严重后果的;

(2)违反相关法律法规要求,情节严重或造成严重后果的;

(3)在暂停期内,未就存在的问题采取有效的纠正措施的;

(4)连续两年未通过年度确认的。

12.2.2 人员资格撤销后,注册资格不再有效,不能再从事审查、检查活动。

12.3 注销资格

对注册期限已满而没有再次申请注册的人员,或在注册期内声明放弃资格的人员,部中心将注销其资格。

13. 检查员档案

部中心、分中心、省级工作机构按照本准则第 6.1 款的分工分别为每位申请人和注册检查员保留档案。档案包括原始申请、保持注册、再注册的相关信息。

14.注册检查员名录

部中心定期公布注册检查员名录。

15.组织实施

本准则由部中心组织实施。

16.准则的制定和修订

本准则由部中心制定和修订,并负责解释。

17.施行

本准则自2008年5月1日起施行。原《无公害农产品认证检查员注册准则(试行)》同时废止。

无公害农产品(畜牧业产品)认证
现场检查评定细则

一、本细则包括10类产品的评定方法，每类产品的评定项目分关键项目(条款号后加※表示)和一般项目。其中：

(一)生猪屠宰加工厂现场检查评定项目共56项，关键项目10项，一般项目46项；

(二)牛、羊屠宰加工厂现场检查评定项目共58项，关键项目10项，一般项目48项；

(三)家兔屠宰加工厂现场检查评定项目共41项，关键项目9项，一般项目32项；

(四)肉鸡屠宰加工厂现场检查评定项目共57项，关键项9项，一般项目48项；

(五)蛋鸡场现场检查评定项目共34项，关键项目8项，一般项目26项；

(六)奶牛场现场检查评定项目共44项，关键项目17项，一般项目27项；

(七)蜂蜜、蜂花粉加工厂现场检查评定项目共28项，关键项目8项，一般项目20项。

(八)生猪养殖场现场检查评定项目共26项，关键项目8项，一般项目18项。

(九)牛、羊养殖场现场检查评定项目共33项，关键项目6项，一般项目27项。

(十)肉鸡养殖场现场检查评定项目共35项，关键项目6项，一般项目29项。

二、在现场检查时，凡属不完整、不齐全的项目，称不合格项；关键项目如不合格则称为严重不合格项；一般项目不合格则称为一般不合格项。在“结论”栏中，合格者填“A”；不合格者填“B”。关键项目出现不合格，检查员应对此说明原因。

三、各类产品的评定原则如下：

项目		结果
严重不合格项	一般不合格项＊	
0	小于15%	现场检查通过
0	15%～30%	限期整改，跟踪检查
0	大于30%	现场检查不通过
大于或等于1		

四、10类产品现场检查评定项目表见附表1～10。

附表 1

生猪屠宰加工厂现场检查评定项目

条款	检查项目	结论	备注(原因)
一、质量管理体系			
1※	质量安全管理专门组织机构:包括原料接收检验、卫生防疫、产品质量检验、成品管理等。 查:相关机构岗位职责、文件资料		
2	质检科(或检验室)与生产能力相适应。 查:所需的仪器设备和检验人员资质证明,并检查实际操作能力		
3※	质量管理文件:各类管理制度、程序文件和生产操作规程至少包括药物使用管理措施、采购和销售制度、卫生消毒制度、检疫制度、成品管理制度、无害化处理制度、人员培训制度。 查:现场查看相应管理制度和记录,卫生消毒情况		
4	操作人员健康证齐全有效,相关人员经培训上岗,检疫员由动物防疫监督机构派驻。 查:操作人员健康证、培训记录(培训对象、时间、内容)、检疫证		
5※	拥有有效的营业执照、动物防疫合格证、食品卫生许可证、定点屠宰许可证、排污许可证。 查:原件		
6	建立批生产记录,可追溯的产品销售记录。 查:批生产记录(时间、规格、数量、批号)和销售记录(数量、批次、购买方)		
二、环境条件及设施			
(一)选址布局			
7	厂区远离水源保护区和饮用水取水口,避开居民住宅区、公共场所及畜禽饲养场。 查:现场查看		
8	厂区平面布局科学合理,生产区与生活区应严格分开,生产区位于生活区的下风向。 查:现场查看		
9	人员进出、生猪入厂、产品出厂应分别设置出入口,不应交叉。 查:现场查看		
10※	有与生产规模相适应的车辆清洗、消毒设施和场地。 查:现场查看		

11	有待宰圈、疑似病畜圈、病畜隔离圈、急宰间和无害化处理间，并位于生活区和生产加工区的下风向。待宰间、急宰间要及时清扫、消毒。 查：现场查看相应设施、管理制度和记录		
12	厂区除待宰生猪外，一律不得饲养其他动物。 查：现场查看		
(二)屠宰车间			
13	屠宰加工设备应表面光滑、无毒、不渗水、耐腐蚀、不生锈，并便于清洗消毒。 查：现场查看		
14	地面应使用不渗水、不吸收、无毒、防滑材料铺砌，应有适当坡度，在地面最低点设置地漏，无积水。 查：现场查看		
15	屋顶或天花板应选用不吸水、表面光洁、耐腐蚀、耐温、浅色材料覆涂或装修。 查：现场查看		
16	墙壁平整光滑，四壁及其与地面交界处呈弧形，墙壁要用浅色、不吸水、不渗水、无毒材料覆涂，并用白瓷砖或其他易清洗、防腐蚀材料装修高度不低于 2.0 m 的墙裙。 查：现场查看		
17	门、窗、天窗严密不变形，设置位置适当，并便于卫生防护设施的设置；窗台高出地面 1 m 以上，内侧下斜 45°，非全年使用空调的车间、门、窗应有防尘设施。 查：现场查看		
18	车间通风良好，采用自然通风时，通风面积与地面积之比不应小于 1∶16；采用机械通风时，机械通风管道进风口要距地面 2 m 以上，并远离污染源和排风口，开口处应设防护罩。 查：现场查看		
19	放血线轨道面应距地面 3～3.5 m，屠体加工线距地面 2.5～3 m，挂猪间距大于 0.8 m。 查：现场查看		
20	具有冷热两套供水系统(热水温度不能低于 82℃)，车间内排水沟底为 U 形。 查：现场查看		
21	车间内应有充足的自然光线或人工照明。照明灯具的光泽不应改变被加工物的本色，亮度应能满足动物检疫人员和生产操作人员的工作需要。吊挂在肉品上方的灯具，必须装有安全防护罩。 查：现场查看		
22	废弃物、污水、粪便的无害化处理和销毁的设施，且运转有效。污水排放各项指标符合 GB 13457 的规定。 查：现场设施、相关报告		

23	车间内防蝇、防鼠设施健全有效。 查:门窗等现场设施		
24	每班工作之后对肉品接触台面、加工场地、墙壁、排水沟进行清洗、消毒。 查:记录		
(三)分割车间			
25	车间墙壁、地面、门窗或天花板、门窗和设备要求同屠宰车间。 查:现场查看		
26	冷分割环境温度在15℃以下,热分割环境温度不高于20℃ 查:记录和温度计实际温度。		
27	包装间的温度在15℃以下,接触分割肉的塑料薄膜符合GB 4456—1986(包装用聚乙烯吹塑薄膜)的规定。 查:记录和温度计实际温度		
(四)冷库			
28	生产冷库应设有预冷间(0～4℃)。 查:记录和温度计实际温度		
29	生产冷库应设有冻结库(－23℃以下)。 查:记录和温度计实际温度		
30	生产冷库应设有冷藏库(－18℃以下)。 查:记录和温度计实际温度		
31	鲜肉贮存在0～4℃的专用库中;冻肉在－18℃以下的冷藏库中贮存。 查:查看记录和温度计实际温度		
32	冷藏库产品必须由企业质检部门检验合格后方可办理出入库,产品进入冷藏库,应分品种、规格、生产日期、批次,分批堆放在垫仓板上,标识清晰,并与墙面、顶棚、排管有一定间距,温度－18℃以下。 查:记录、入库观察		
三、投入品管理			
(一)生猪			
33※	生猪应来自通过认定的无公害农产品产地。 查:购销合同、无公害农产品产地认定证书复印件		
(二)药品			
34	用于卫生消毒的各类药品如清洗剂、消毒剂,杀虫剂、灭鼠剂以及其他有毒有害物品应标识明显,贮存于专门库房或柜橱内,分类存放,并由专人负责保管。 查:药品库房、管理制度文件和领用记录		

35※	药品的使用应由经过培训的人员按照使用方法进行。 查:药品使用记录、询问		
36	除卫生和工艺需要,均不得在生产车间使用和存放可能污染食品的任何种类的药品,如存放应在指定处标示。 查:现场查看		
(三)加工用水			
37	加工用水符合畜禽产品加工用水水质或饮用水水质要求。 查:水质检验报告,水源		
四、加工操作管理			
(一)屠宰操作			
38	屠宰过程中做到胴体、内脏、头蹄不落地。 查:现场操作		
39	副产品中内脏、血、毛、皮、蹄壳及废弃物的流向不应对产品和周围环境造成污染。 查:现场查看		
40	屠宰或检疫过程中,被污染的刀具要更换,并经过高温消毒处理。 查:现场操作、询问		
41	从业人员进入车间前,必须穿戴工作服、帽、靴、鞋,保持清洁卫生。 查:现场查看		
(二)常规卫生消毒			
42	厂区整洁、无臭水沟、垃圾或有碍卫生的场所。 查:现场查看		
43	生产人员每年至少一次健康检查。 查:人员档案、记录		
44	活畜进口处及隔离间、急宰间、化制间门口设置有效的车轮、鞋靴消毒池。 查:现场		
45※	屠宰车间和分割车间入口应设有非手动洗手设施并备有洗手液,靴、鞋消毒池,更衣室等卫生设施,有专人管理,应经常保持良好状态。 查:现场查看		
46	生产人员进车间前,必须穿戴工作服、帽、靴、鞋,工作服应盖住外衣,头发不得露于帽外,并洗净双手。 查:现场实施情况		
47	厂区内应定期或在必要时进行除虫灭害工作,要采取有效措施防止鼠类、蚊、蝇、昆虫等。 查:现场查看相应设施、管理制度和记录		

(二)检疫			
48※	生猪和猪肉产品的检疫工作由动物防疫监督机构实施，并做到严格实施宰前检疫、宰后检疫，检疫人员的数量应与生产规模相适应；厂内设有专门的检疫工作室。 查：检疫人员证件、现场查看检疫人员的操作，以及检疫工作室的设置		
49※	经产地动物防疫监督机构检疫，有规定的检疫证明；经驻厂动物检疫人员查证验物，合格的方可入厂屠宰。确认为患有传染病时按 GB 16548 的规定处理。 查：随机抽查本年度最近 1 个月或 2 个月回收的生猪检疫合格证明、宰前检疫记录		
50	屠宰车间设有可供检疫人员实施检疫操作的检疫位点和相应的空间。 查：屠宰车间和宰后检疫记录		
51※	检疫合格的胴体，在规定的部位加盖“检疫验讫”印章并出具检疫证明，印色须使用食用级色素配制；分割肉外包装应当印有或加贴规定的检疫合格标志。 查：现场查看		
52	检疫不合格的产品，按 GB 16548 的规定做无害化处理。 查：无害化处理设施和记录		
(三)运输			
53	猪肉运输车辆进出厂前应彻底清洗、装运前消毒。 查：相应设施、管理制度和实施情况的记录		
54	产品运输使用符合食品卫生要求的专用冷藏车或保温车，胴体肉实行悬挂式运输。 查：现场查看		
五、产品质量管理			
55	产品质量检验由企业质检部门负责，应按国家规定的卫生标准和检验方法进行检验，要逐批次对投产前的原材料、半成品和出厂前的成品进行检验，并签发检验结果单。 查：文件、记录和检验单存根		
56	产品出厂须经动物防疫监督机构检疫，并出具检疫合格证明。 查：产品出厂记录和检疫证明存根		

共 56 项，10 个关键项。

附表 2

牛、羊屠宰加工厂现场检查评定项目

条款	检查项目	结论	备注(原因)
一、质量管理体系			
1※	生产和质量安全管理机构：包括原料接收、卫生防疫、产品质量检验、成品管理等。 查：相关机构岗位职责、文件资料		
2	质检能力要与生产能力相适应。 查：所需的仪器设备和检验人员资质证明，实际操作能力		
3※	质量管理文件：各类管理制度、程序文件和生产操作规程至少包括药物使用管理措施、采购和销售制度、卫生消毒制度、检疫制度、成品管理制度、无害化处理制度、人员培训制度。 查：相关文件		
4	操作人员健康证齐全有效，相关人员经培训上岗，检疫员由动物防疫监督机构派驻。 查：操作人员健康证、培训记录(培训对象、时间、内容)、检疫证		
5※	营业执照、动物防疫合格证、食品卫生许可证。 查：原件		
6	建立批生产记录(时间、规格、数量、批号)和可追溯的产品销售记录，并由操作人及复核人签名。 查：批生产记录、销售记录(至少包括数量、批次、购买方等)及签字		
二、环境条件及设施			
(一)选址布局			
7	厂区选址科学，符合动物防疫和环境质量要求；远离水源保护区和饮用水取水口，避开居民住宅区、公共场所及畜禽饲养场。 查：现场查看		
8	厂区平面布局科学合理，生产区与生活区应严格分开，生产区位于生活区的下风向。 查：现场查看		
9	人员进出、活畜入厂、产品出厂应分别设置出入口，不应交叉。 查：现场查看		
10※	有与生产规模相适应的车辆清洗、消毒设施和场地。 查：现场查看		
11	有待宰圈、疑似病畜圈、病畜隔离圈、急宰间和无害化处理间，并位于生活区和生产加工区的下风向。待宰间、急宰间要及时清扫、消毒。 查：现场查看相应设施、管理制度和记录。		

12	厂区除待宰活畜外，不得饲养其他动物。 查：现场查看		
(二)屠宰车间			
13	屠宰加工设备应表面光滑、无毒、不渗水、耐腐蚀、不生锈，并便于清洗消毒。 查：现场查看		
14	地面应使用不渗水、不吸收、无毒、防滑材料铺砌，应有适当坡度，在地面最低点设置地漏，无积水。 查：现场查看		
15	屋顶或天花板应选用不吸水、表面光洁、耐腐蚀、耐温、浅色材料覆涂或装修。 查：现场查看		
16	墙壁平整光滑，四壁及其与地面交界处呈弧形，无污垢积存，便于清洗、消毒。 查：现场查看		
17	门、窗、天窗严密不变形，设置位置适当，并便于卫生防护设施的设置；窗台高出地面 1 m 以上，内侧下斜 45°，非全年使用空调的车间、门、窗应有防蚊蝇、防尘设施。 查：现场查看		
18	屠体加工线距地面 2.5 m(羊)、4.5 m(牛)。 查：现场查看		
19	具有冷热两套供水系统(热水温度不能低于 82℃)，车间内排水沟底为 U 形，上面覆盖箅子。 查：现场查看		
20	车间内应有充足的自然光线或人工照明。照明灯具的光泽不应改变被加工物的本色，亮度应能满足兽医检验人员和生产操作人员的工作需要。吊挂在肉品上方的灯具，必须装有安全防护罩，以防灯具破碎而污染肉品。 查：现场查看		
21	废弃物、污水、粪便的无害化处理和销毁的设施，且运转有效。污水排放各项指标符合 GB 13457 的规定。 查：现场设施、相关报告		
22	车间内防蝇、防鼠设施健全有效。 查：门窗等现场设施		
23	车间内通风和温控设施健全，设备运转有效。 查：现场设施及温控记录		
24	每班工作之后对肉品接触台面、加工场地、墙壁、排水沟进行清洗、消毒。 查：记录		

(三)分割车间			
25	车间墙壁、地面、门窗或天花板、门窗和设备要求同屠宰车间。 查:现场查看		
26	生产线的运行速度能满足检验员必要的检验时间。 查:现场设施及操作		
27	车间内有专用的产品运送设备和容器,这些容器由无毒、无害、无锈、无污染的材料制成,不污染肉品,且与盛装废弃物的容器标识分明。 查:现场设施		
28	车间内通风和温控设施健全,设备运转有效,热分割加工环境温度不得高于20℃,冷分割加工环境温度不高于15℃。 查:现场设施和记录		
29	车间内地面平整、防滑、不渗水、易清洗消毒、耐腐蚀,天花板光滑、不宜脱落。 查:现场设施		
30	预冷库的温度在0～4℃。 查:现场设施、记录		
31	剔骨间的温度在15℃以下。 查:现场设施、记录		
32	包装间的温度在15℃以下。 查:现场设施、记录		
三、投入品管理			
(一)活畜			
33※	活畜应来自通过认定的无公害农产品产地。 查:购销合同、无公害农产品产地认定证书复印件		
(二)药品			
34※	有可追溯的杀虫剂、灭鼠剂、消毒剂等有毒有害物品的使用规则和登记使用记录(名称、来源、数量、领用人、所在部门、领用数量、使用浓度、使用目的等),有专门人员监督管理。 查:管理制度、相应记录和岗位设置		
35	设置专门的库房和储藏柜存放杀虫剂、灭鼠剂、消毒剂等有毒有害物品,并分类存放、标有醒目标记。 查:药品库,无违禁药物		
36	除卫生和工艺需要,均不得在生产车间使用和存放可能污染食品的任何种类的药剂。 查:现场查看		

(三)加工用水			
37	水质要符合 NY 5028 的要求。 查:水质检验报告,水源		
四、加工操作管理			
(一)屠宰操作			
38	开膛时不得割破胃、肠、胆囊、膀胱、孕育子宫等,以免造成肉品污染。 查:现场操作		
39	屠宰过程中做到胴体、内脏、头、蹄不落地。 查:现场操作		
40	屠宰用具应及时用热水进行清洗消毒,当触及带病菌的屠体或病变组织时,必须彻底消毒后再继续使用。 查:现场操作或询问		
41	副产品中血、毛、皮、蹄壳及废弃物的流向不对肉品和周围的环境造成污染。 查:现场操作		
(二)常规卫生消毒			
42	厂区整洁、无臭水沟、垃圾或有碍卫生的场所。 查:现场查看		
43	生产人员每年至少一次健康检查。 查:人员档案、记录		
44	活畜进口处及隔离间、急宰间、化制间门口设置有效的车轮、鞋靴消毒池。 查:现场		
45※	屠宰车间和分割车间入口应设有非手动洗手设施并备有洗手液、消毒池,靴、鞋消毒池,更衣室等卫生设施,有专人管理,应经常保持良好状态。 查:现场查看		
46	生产人员进车间前,必须穿戴工作服、帽、靴、鞋,工作服应盖住外衣,头发不得露于帽外,并洗净双手。 查:现场实施情况		
47	厂区内应定期或在必要时进行除虫灭害工作,要采取有效措施防止鼠类、蚊、蝇、昆虫等。 查:现场查看相应设施、管理制度和记录		

(三)检疫			
48※	检疫工作由动物防疫监督机构实施,并做到严格实施宰前检疫、宰后检疫,检疫人员的数量应与生产规模相适应;厂内设有专门的检疫工作室。 查:检疫人员证件、现场观察检疫人员的操作,以及检疫工作室的设置		
49※	经产地动物防疫监督机构检疫,有规定的检疫证明;经驻厂动物检疫人员查证验物,合格的方可入厂屠宰。确认为患有传染病时按 GB 16548 的规定处理。 查:随机抽查本年度最近 1 个月或 2 个月回收的活畜检疫合格证明、宰前检疫记录。		
50	屠宰车间设有同步检疫设施,并设有头部、内脏、胴体及终末等4～5个检疫点,在各个检疫点处有可供检疫人员行使检疫操作的足够空间。 查:现场设施		
51※	检疫合格的胴体,在规定的部位加盖“检疫验讫”印章并出具检疫证明,印色须使用食用级色素配制;分割肉外包装应当印有或加贴规定的检疫合格标志。 查:现场查看		
52	检疫不合格的产品按 GB 16548 规定执行。 查:设施、检疫记录和处理记录		
(四)贮存与运输			
53	冷冻库贮存的冻肉在垫板上分类堆放,标识清晰,并与墙面、顶棚、排管有一定间距,温度－18℃以下。 查:冷冻库、记录		
54	鲜肉不敞运,装卸鲜肉、冻肉时不脚踩、触地。 查:操作		
55	运输容器和车辆使用前后彻底清洗、消毒。 查:相应设施、管理制度和实施情况的记录		
五、产品质量管理			
56	产品质量检验由企业质检部门负责,应按国家规定的卫生标准和检验方法进行检验,要逐批次对投产前的原材料、半成品和出厂前的成品进行检验,并签发检验结果单。 查:文件、记录和检验单存根		
57	产品出厂须经动物防疫监督机构检疫,并出具检疫合格证明。 查:产品出厂记录和检疫证明存根		
58	供少数民族食用的牛羊屠宰厂,应尊重少数民族习惯。		

共 58 项,10 个关键项。

附表 3

家兔屠宰加工厂现场检查评定项目

条款	检查项目	结论	备注(原因)
一、质量管理体系			
1※	质量安全管理专门组织机构:包括原料接收检验、卫生防疫、产品质量检验、成品管理等。 查:查阅相关机构岗位职责、文件资料		
2	质检科(或检验室)与生产能力相适应。 查:所需的仪器设备和检验人员资质证明,并检查实际操作能力		
3※	质量管理文件:各类管理制度、程序文件和生产操作规程至少包括药物使用管理措施、采购和销售制度、卫生消毒制度、检疫制度、成品管理制度、无害化处理制度、人员培训制度。 查:现场查看相应管理制度和记录,卫生消毒情况		
4	操作人员健康证齐全有效,相关人员经培训上岗。 查:操作人员健康证、培训记录(培训对象、时间、内容)、检疫证		
5※	拥有有效的营业执照、动物防疫合格证、食品卫生许可证。 查:原件		
6	建立批生产记录,可追溯的产品销售记录。 查:批生产记录(时间、规格、数量、批号)和销售记录(数量、批次、购买方)		
二、环境条件及设施			
(一)选址布局			
7	厂区远离水源保护区和饮用水取水口,避开居民住宅区、公共场所及畜禽饲养场。 查:现场查看		
8	厂区平面布局科学合理,生产区与生活区应严格分开,生产区位于生活区的下风向。 查:现场查看		
9	人员进出、活兔入厂、产品出厂应分别设置出入口,不应交叉。 查:现场查看		
10※	有与生产规模相适应的车辆清洗、消毒设施和场地,进出车辆和人员应严格消毒。 查:现场查看		

11	有待宰圈、疑似病畜圈、病畜隔离圈、急宰间和无害化处理间，并位于生活区和生产加工区的下风向。待宰间、急宰间要及时清扫、消毒。 查：现场查看相应设施、管理制度和记录		
12	厂区除待宰活兔外，一律不得饲养其他动物。 查：现场查看		
(二)屠宰车间			
13※	应设有非手动洗手设施、消毒池，靴、鞋消毒池，更衣室等卫生设施，有专人管理，建立管理制度，责任到人，应经常保持良好状态。 查：现场查看		
14	屠宰加工设备以及材料应表面光滑、无毒、不渗水、耐腐蚀、不生锈，并便于清洗消毒。 查：现场查看		
15	车间地面应使用不渗水、不吸收、无毒、防滑材料铺砌，应有适当坡度，在地面最低点设置地漏，以保证不积水。 查：现场查看		
16	车间及冷库的屋顶或天花板应选用不吸水、表面光洁、耐腐蚀、耐温、浅色材料覆涂或装修。 查：现场查看		
17	车间墙壁要平整光滑，四壁及其与地面交界处呈弧形；用浅色、不吸水、不渗水、无毒材料覆涂，并用白瓷砖或其他易清洗、防腐蚀材料装修高度不低于 2.0 m 的墙裙。 查：现场查看		
18	门、窗、天窗严密不变形，设置位置适当，并便于卫生防护设施的设置；窗台高出地面 1 m 以上，内侧下斜 45°，非全年使用空调的车间、门、窗应有防蚊蝇、防尘设施。 查：现场查看		
19	车间通风良好，采用自然通风时，通风面积与地面积之比不应小于 1∶16；采用机械通风时，机械通风管道进风口要距地面 2 m 以上，并远离污染源和排风口，开口处应设防护罩。 查：现场查看		
20	具有冷热两套供水系统(热水温度不能低于 82℃)，车间内排水沟底为 U 形。 查：现场查看		
21	车间内应有充足的自然光线或人工照明。照明灯具的光泽不应改变被加工物的本色，亮度应能满足兽医检验人员和生产操作人员的工作需要。吊挂在肉品上方的灯具，必须装有安全防护罩，以防灯具破碎而污染肉品。 查：现场查看		

(三)分割车间			
22	车间墙壁、地面、门窗或天花板、门窗和设备要求同屠宰车间。 查:现场查看		
23※	应设有非手动洗手设施、消毒池,靴、鞋消毒池,更衣室等卫生设施,有专人管理,建立管理制度,责任到人,应经常保持良好状态。 查:现场查看		
24	胴体预冷间的温度在0～4℃。 查:现场设施与记录		
25	胴体分割和剔骨间的温度在12℃以下。 查:现场设施与记录		
26	包装间温度在15℃以下。 查:现场设施与记录		
27	车间的输送设备不造成肉品污染,盛放产品的容器不能直接落地。 查:现场设施与记录		
三、投入品管理			
(一)家兔			
28※	活兔应来自通过认定的无公害农产品产地。 查:购销合同、无公害农产品证书复印件		
(二)药品			
29※	用于卫生消毒的各类药品如清洗剂、消毒剂,杀虫剂、灭鼠剂以及其他有毒有害物品应标识明显,贮存于专门库房或柜橱内,分类存放,并由专人负责保管,建立管理制度。 查:药品库房、管理制度文件和领用记录		
30	药品的使用应由经过培训的人员按照使用方法进行。 查:药品使用记录、询问。		
31	除卫生和工艺需要,均不得在生产车间使用和存放可能污染食品的任何种类的药品,如存放应在指定处标示。 查:现场查看		
(三)加工用水			
32	加工用水符合畜禽产品加工用水水质或饮用水水质要求。 查:水质检验报告,水源		

四、加工操作管理			
(一)屠宰操作			
33	操作人员进车间前,必须穿戴整洁的工作服、帽、靴、鞋,工作服应盖住外衣,头发不得露于帽外,并洗净双手。 查:实施情况		
34	放血充分,沥血时间不得少于3分钟。 查:现场操作		
35	剥皮前冷水湿淋,在剥皮过程中,凡是接触过皮毛的手和工具,未经消毒不得再接触胴体。 查:现场操作		
36	副产品中血、毛皮、内脏、肠及内容物、四肢下部等废弃物的流向不应对产品和周围环境造成污染。 查:现场操作		
(二)检疫			
37※	活兔和产品的检疫工作由动物防疫监督机构实施,并做到严格实施宰前检疫、宰后检疫。 查:检疫人员证件		
38	检疫人员的数量应与生产规模相适应。 查:现场观察检疫人员的操作,以及检疫工作室的设置		
39	屠宰车间有可供检疫、检验人员操作的空间(至少有胴体、内脏及球虫病检疫点),取脏区设有同步检疫、检验设施(内脏抽样检验器械、化验室)。 查:现场设施与操作		
五、产品质量管理			
40	产品质量检验由企业质检部门负责,按国家规定的卫生标准和检验方法进行检验,要逐批次对投产前的原材料、半成品和出厂前的成品进行检验,并签发检验结果单。 查:文件、记录和检验单存根		
41	产品出厂须经动物防疫监督机构检疫,并出具检疫合格证明。 查:产品出厂记录和检疫证明存根		

共41项,9个关键项。

附表 4

肉鸡屠宰加工厂现场检查评定项目

条款	检查项目	结论	备注(原因)
一、质量管理体系			
1※	生产和质量安全管理机构:包括原料接收、卫生防疫、产品质量检验、成品管理等。 查:相关机构岗位职责、文件资料		
2	质检能力要与生产能力相适应。 查:所需的仪器设备和检验人员资质证明,实际操作能力		
3※	质量管理文件:各类管理制度、程序文件和生产操作规程至少包括疫病防治措施、药物使用管理措施、饲料使用管理措施、采购和销售制度、卫生消毒制度、检疫制度、成品管理制度、无害化处理制度、人员培训制度		
4	操作人员健康证齐全有效,相关人员经培训上岗,检疫员由动物防疫监督机构派驻。 查:操作人员健康证、培训记录(培训对象、时间、内容)、检疫证		
5※	营业执照、动物防疫合格证、食品卫生许可证。 查:原件		
6	建立批生产记录(时间、规格、数量、批号)和可追溯的产品销售记录,并由操作人及复核人签名。 查:批生产记录、销售记录(至少包括数量、批次、购买方等)及签字		
二、环境条件及设施			
(一)选址布局			
7	厂区选址科学,符合动物防疫和环境质量要求;远离水源保护区和饮用水取水口,避开居民住宅区、公共场所及畜禽饲养场。 查:现场查看		
8	厂区平面布局科学合理,生产区与生活区应严格分开,生产区位于生活区的下风向。 查:现场查看		
9	人员进出、肉鸡入厂、产品出厂应分别设置出入口,不应交叉。 查:现场设施		
10※	有与生产规模相适应的车辆清洗、消毒设施和场地。 查:现场设施		

11	厂区除待宰肉鸡外，不得饲养其他动物。 查：现场查看		
12	有符合卫生要求的原辅料和内包装材料库。 查：现场查看		
13	有符合卫生要求的成品冷库，物品摆放整齐，标识清晰。 查：现场查看		
14	有废弃物、污水的无害化处理间，并位于生活区和生产加工区的下风向。 查：现场查看		
（二）屠宰车间			
15	地面应使用不渗水、不吸收、无毒、防滑材料铺砌，应有适当坡度，在地面最低点设置地漏，以保证不积水。 查：现场设施		
16	生产车间通风良好，采用自然通风时，通风面积与地面积之比不应小于 1∶16；采用机械通风时，换气量不应小于每小时换气三次；机械通风管道进风口要距地面 2 m 以上，并远离污染源和排风口，开口处应设防护罩。 查：现场设施		
17	车间内应有充足的自然光线或人工照明。照明灯具的光泽不应改变被加工物的本色，亮度应能满足兽医检验人员和生产操作人员的工作需要。吊挂在肉品上方的灯具，必须装有安全防护罩，以防灯具破碎而污染肉品。 查：现场设施		
18	从麻电致昏至宰杀放血不得超过 15 秒。宰杀放血刀口长度约 1～2 cm，沥血时间不得少于 3 分钟，防止血液污染鸡体表面。 查：现场操作		
19	浸烫水保持清洁卫生，采用流动水，水温设有控温设施，水温为 60℃，脱毛后用清水冲洗鸡体，体表不得被粪便污染。 查：现场操作		
20	副产品中血、毛、肠、胗皮、爪皮等废弃物的流向不应对产品和周围环境造成污染。 查：现场操作		
21	取脏区有标识容器，盛放放血不良鸡、病变鸡和污染鸡，摘取内脏时消化道内容物、胆汁不得污染鸡体。 查：现场操作		
22※	宰后检疫记录完整。 查：检疫检验情况、不合格胴体无害化处理情况、日期		
（三）分割车间			

23	车间墙壁、地面、门窗或天花板、门窗和设备要求同屠宰车间。 查:现场查看		
24	冷却水温在4℃以下,并保持清洁卫生。 查:现场设施、操作		
25	终冷却水温应保持0～2℃,勤换冷却水,鸡体在冷却槽内与水流逆向移动,鸡体中心温度达到4℃。 查:现场设施、操作		
26	冷却槽内应加消毒液,单设鸡体消毒池,鸡体出预冷槽后,经2～3分钟转动沥干。 查:现场设施、操作		
27	有胴体预冷间的相应设施:预冷槽、制冰机、氯水添加设施、水表等。 查:现场设施		
28	从屠宰放血到成品进入冻结库所需时间,不得超过100分钟,成品不准堆积,不准进行二次冻结;装箱前须测试肉温,中心温度达－15℃后方可装箱入库。 查:现场操作		
29	冻结库温保持－30℃以下,相对湿度为90%～95%,肌肉中心温度在10小时内降到－15℃以下。 查:现场设施、操作		
30	有专职检验员,定时检测预冷槽内冷却水温度、消毒液的浓度和换水量,保证出预冷槽时胴体中心温度在10～5℃以下;分割包装间的温度在15℃(待查)以下。 查:现场操作、记录		
31	车间的输送设备不造成肉品污染,盛放产品的容器不能直接落地。 查:现场设施、操作		
32	鲜鸡肉产品应贮藏在0±4℃冷藏库中;冻鸡肉产品应真空包装,在－18℃以下的冷藏库贮存;按品种、批次分类存放,防止相互混杂。 查:现场设施、操作		
三、投入品管理			
(一)肉鸡			
33※	活鸡应来自经过认证的无公害畜禽产地。 查:购销合同、无公害农产品产地认定证书复印件		
(二)药品			
34※	有可追溯的杀虫剂、灭鼠剂、消毒剂等有毒有害物品的使用制度和登记使用记录(名称、来源、数量、领用人、所在部门、领用数量、使用浓度、使用目的等),有专门人员监督管理。 查:管理制度、相应记录和岗位设置		

35	清洗剂、消毒剂、杀虫剂、灭鼠剂以及其他有毒有害物品标示明显，贮存于专门库房或柜橱内，分类存放，并由专人负责保管，建立管理制度。 查：药品库房、管理制度文件和使用记录		
36	除卫生和工艺需要，均不得在生产车间使用和存放可能污染食品的任何种类的药剂。 查：现场查看		
（三）加工用水			
37	水质要符合 NY 5028 的要求。 查：水质检验报告，水源		
四、加工操作管理			
（一）屠宰操作			
38	从业人员进车间前，必须穿戴工作服、帽、靴、鞋，工作服应盖住外衣，头发不得露于帽外，并洗净双手。 查：实施情况		
39	屠宰过程中胴体、内脏不落地。 查：现场操作		
40	副产品种内脏、血、羽毛等废弃物的流向不应对产品和周围环境造成污染。 查：现场查看		
41	屠宰或检疫过程中，被污染的刀具要更换，并经过高温消毒处理。 查：现场操作、询问		
（二）常规卫生消毒			
42	厂区整洁、无臭水沟、垃圾或有碍卫生的场所。 查：现场查看		
43	生产人员每年至少一次健康检查。 查：人员档案、记录		
44※	屠宰车间和分割车间入口应设有非手动洗手设施并备有洗手液、消毒池，靴、鞋消毒池，更衣室等卫生设施，有专人管理，应经常保持良好状态。 查：现场查看		
45	生产设备、工具、容器、场地等在使用前后均应彻底清洗、消毒；维修、检查设备时，不得污染食品。 查：相应设施、管理制度和实施情况的记录		
46	厂区应定期或在必要时进行除虫灭害工作，要采取有效措施防止鼠类、蚊、蝇、昆虫等的聚集和滋生。 查：相应设施、管理制度和实施情况的记录		

47	屠宰加工设备以及材料应表面光滑、无毒、不渗水、耐腐蚀、不生锈,并便于清洗消毒。 查:相应设施		
(三)检疫			
48※	肉鸡和鸡肉产品的检疫工作由动物防疫监督机构实施,并做到严格实施宰前检疫、宰后检疫,检疫人员的数量应与生产规模相适应;厂内设有专门的检疫工作室。 查:检疫人员证件、现场观察检疫人员的操作,以及检疫工作室的设置		
49※	经产地动物防疫监督机构检疫,有规定的检疫证明;经驻厂动物检疫人员查证验物,合格的方可入厂屠宰。确认为患有传染病时按 GB 16548 的规定处理。 查:随机抽查本年度最近 1 个月或 2 个月回收的活畜检疫合格证明、宰前检疫记录		
50	屠宰车间有可供检疫、检验人员操作的空间(至少 4 个检疫、检验点,头部、体表、光禽及内脏等检疫点),取脏区设有同步检疫、检验设施(内脏抽样检验器械、化验室)。 查:现场设施、操作		
51	对可疑病变内脏进行实验室检验。 查:实验室检验的仪器和人员配置		
52	冷藏库产品必须由企业质检部门检验合格后方可办理出入库,产品进入冷藏库,应分品种、规格、生产日期、批次,分批堆放在垫仓板上。 查:记录、入库观察		
53	检疫不合格产品按 GB 16548 的规定作无害化处理。 查:无害化处理记录		
(四)运输			
54	鸡肉运输车辆进出厂前应彻底清洗、装运前消毒。 查:相应设施、管理制度和实施情况的记录		
55	产品运输使用符合食品卫生要求的专用冷藏车或保温车。 查:现场查看		
五、产品质量管理			
56	产品质量检验由企业质检部门负责;企业质检部门应按国家规定的卫生标准和检验方法进行检验,要逐批次对投产前的原材料、半成品和出厂前的成品进行检验,并签发检验结果单。 查:文件和记录、记录和检验单存根		
57	产品出厂须经动物防疫监督机构检疫,并出具检疫合格证明。 查:产品出厂记录和检疫证明存根		

共 57 项,9 个关键项。

附表 5

蜂蜜、蜂花粉加工厂现场检查评定项目

条款	检查项目	结论	备注(原因)
一、质量管理体系			
1 ※	工厂设置相对独立的与生产能力相适应的质量管理机构，质量管理体系组织机构文件。 查：1）检查组织机构框架职能图。2）检查组织机构中是否有质量安全管理机构、质量体系控制框图。 查与实际情况是否相符		
2 ※	原料进货检验、成品检验管理制度及相应的质量标准、检验规程和抽样方案。 查：1）检查是否有原料进货检验、成品检验管理制度及相应的质量标准、检验规程和抽样方案；2）检查看是否每个产品都有相应的原料、成品的质量标准、检验规程和抽样方案；3）抽查产品的原料、成品的质量标准、检验规程和抽样方案，看其是否切实可行、便于操作和检查		
3	人员档案，重要车间或班组设专或兼职质检员。 查：技术人员学历证书，培训记录，健康记录，是否设专兼职质监员，其职责与工作计划		
4	无公害农产品产地认定证书、企业营业执照、食品卫生合格证齐全有效。 查：相关证件		
二、环境条件及设施			
5	厂区应远离有危及产品卫生的污染源及其他有害场所。 查：现场查看		
6	工厂的总体设计、厂房与设施的一般性设计、建筑和卫生设施（现阶段）推荐符合 GB 14881 的要求。 查：生产企业周围和厂区环境是否整洁，厂区地面，路面及运输等是否对保健食品生产会造成污染		
三、投入品管理			
7 ※	原料必须来源于无公害生产基地。 查：原料的产地环境证明、原料的生产纪录、蜂农的培训记录。		
8	原料的购入、使用等应制定验收、贮存、使用、检验等制度，并由专人负责。 查：1）检查是否有原料的验收、贮存、使用、检验等制度，并检查执行情况记录；2）原料验收、贮存、使用、检验是否有专人负责		
9 ※	生产加工用水水质符合 NY 5028 的要求。 查：检验报告原件		

四、加工操作管理			
(一)生产过程			
10	工厂应结合自身产品的生产工艺特点,制定岗位操作规程。 查:1)岗位操作规程文件是否齐全;2)岗位操作规程是否包括工序操作步骤及注意事项等;3)现场抽查:操作人员是否掌握岗位规程		
11	各生产车间的生产技术和管理人员,应按照生产过程中各关键工序控制项目及检查要求,对每一批次产品从原料加工、产品质量和卫生指标等情况进行记录。 查:1)有无生产记录;2)生产记录是否真实和完整,有无随意涂改		
12	产品的灌装、装填应使用自动机械设备。 查:1)现场审查灌装、装填设备是否采用自动机械装置;2)因工艺特殊,确实无法采用自动机械装置的,应有合理解释,并能保证产品质量		
(二)产品包装标识			
13	标签是否专人管理,产品说明书、标签的印制是否符合有关部门批准的内容,产品标识必须符合 GB 7718 标准。 查:相关记录、是否符合要求		
(三)贮存与运输部分			
14	成品库是否地面平整,便于通风换气,是否有防鼠、防虫设施。 查:现场查看		
15	成品的运输工具。 查:运输工具是否符合卫生要求。并符合相关规定		
16	成品出库应有出货记录,内容至少包括批号、出货时间、地点、对象、数量等,以便发现问题及时回收。 查:成品出库记录		
17 ※	成品逐批检验。 查:1)查看各产品企业标准。同时查看各产品的型式检验报告(每个产品每年至少一次)是否都合格;2)查看产品近 3 个月的生产批号,每个产品随机抽 1~2 个批号,查看是否按企业标准规定的出厂检验项目进行了相应指标的检验;3)查看各产品成品检验汇总,查看近 3 个月是否有不合格成品。如果有,查看产品发货记录,查看是否将不合格产品发送出厂		
18	每批产品均应有留样,留样应存放于专设的留样库(或区)内,按品种、批号分类存放,并有明显标志。 查:1)是否有留样观察制度并切实实行;2)各产品保质期前后及近期生产的产品批号,到留样室现场抽查 2~5 批,看是否都留样;3)抽查产品的留样跟踪检验记录,看保质期内是否都合格? 如有不合格是否立即采取了有效的纠正/预防措施。4)现场观察是否有专设的留样室(或区),留样是否按品种、批号分类存放,标识明确		

五、卫生及检验			
(一)卫生管理			
19	生产操作人员上岗前必须经过卫生法规教育及相应技术培训,企业应建立培训及考核档案。 查:1)企业从业人员上岗前是否有培训记录;2)企业是否有从业人员考核档案		
20 ※	从业人员必须进行健康检查,取得健康证明后方可上岗,以后每年须进行一次健康检查。 查:从业人员的健康证明,现场随机抽查企业内一定比例从业人员,看其是否有效的健康证明。有一人没有健康证明,即为本项不符合		
21	从业人员应参照 GB 14881 的要求做好个人卫生。 查:车间内从业人员是否穿戴整洁一致的工作服、帽、靴、鞋、工作服盖住外衣,头发不露于帽外,有否穿工作服离开生产加工场所		
22	专用洁具清洗间和洁具存放间。 查:1) 现场察看专用洁具洗消效果,消毒剂是否经卫生行政部门批准; 2) 清洁工具专用并无纤维物脱落,消毒剂建立轮换制度保证灭菌效果		
23	凡与原料直接接触的生产用工具、设备应使用符合产品质量和卫生要求的材质。 查:所用设备、工具是否使用符合食品卫生要求的材料		
24	直接接触产品的内包装材料必须达到卫生要求。 查:是否有合格检验报告		
25 ※	杀菌或灭菌操作规程。 查:是否有杀菌或灭菌操作规程		
(二)检验			
26	具有与生产产品种类相适应的检验室和化验室,应具备对原料、成品进行检验所需的房间、仪器、设备及器材,并定期鉴定,使其经常处于良好状态。 查:现场查看是否有符合要求的微生物和理化检验室及相应的仪器设备;		
27	对不具备成品或出厂检验能力的企业,必须委托符合法定资格的检验机构进行产品出厂检验。 查:现场查看设施、记录、成品委托实验室应提供委托实验室资质和合同证明		
28 ※	产品质量必须符合无公害标准。 查:检测报告原件		

共 28 项,8 个关键项。

附表 6

奶牛场现场检查评定项目

条款	检查项目	结论	备注(原因)
一、质量管理体系			
1※	建立质量安全管理机构,负责原料接收、卫生防疫、产品检验等。质量管理文件:各类管理制度、程序文件和生产操作规程至少包括疫病防治措施,药物使用管理措施,饲料使用管理措施。 查:文件资料等		
2	建立完整的质量管理档案,设有档案柜和档案管理人员。各种记录编号后分类归档,便于检索、查阅,妥善保管,保存期三年。		
3※	许可证照:营业执照、动物防疫合格证。		
4	人员的职责及岗位要求:从业人员上岗前经过动物防疫法规、食品卫生法规教育及相应技术培训,企业建立培训及考核档案;挤奶人员经奶牛泌乳生理和挤奶操作工艺的培训合格后才能上岗操作,上岗后应对从业人员继续进行无公害生产操作培训。 查:培训资料、考试成绩、上岗证等		
二、环境条件及设施			
5	奶牛场建立在交通方便、水质良好、水量充沛、地势高燥、环境幽静、无有害气体、烟雾、灰沙及其他污染的地区,并离学校、公共场所、居民住宅区等敏感区域 500 m 以上。 查:现场查看		
6	奶牛场具有生活区、生产和饲养区、生产辅助区、粪便污物处理区和病牛隔离圈,布局合理且相互隔离。 查:现场查看		
7	场区内的道路坚硬、平坦、无积水。牛舍、运动场、道路以外地带绿化。人员进出、饲料入场、产品出场及牛场废弃物出场等分别设置出入口,不交叉,净污道分开。 查:现场查看		
8	场区牛舍宽敞明亮、坚固耐用,排水畅通,通风良好,地面和墙面应便于清洗,并能耐酸、碱等消毒药液清洗消毒。 查:质检部门检查记录		
9	有一定范围的运动场,运动场要保持干燥;运动场的地面材料、坡度符合排水、牛蹄健康的要求。 查:现场查看		
10	饲养区门口通道地面设消毒池,人行通道除设地面消毒池外,增设紫外线消毒灯。 查:现场查看		

11	设有与生产能力相适应的微生物和产品质量检验室，并配备工作所需的仪器设备。 查：温度计、乳汁计、乳脂计、酸碱滴定管、离心机、培养箱、高压灭菌锅、冰箱、试管、量筒、培养皿和三角瓶等		
12	具有与生产规模相适应的完整的机械化挤奶设备、配套的冷藏贮罐、运输罐车。 查：1)挤奶设备(管道式或手推车式)及其清洗系统； 2)冷藏贮罐(自冷罐或冷排加保温罐)保证奶温≤4℃； 3)运输罐车：罐体内部采用表面光滑的不锈钢，外部使用保温材料，奶温保持在6℃以下		
13	保持挤奶设备及所有容器具的清洁卫生，有完善的清洗系统并有与之配套的锅炉提供足够的热水，保证有效清洗。 查：现场设施，清洗消毒制度、记录		
14※	生鲜牛乳的盛装采用表面光滑的不锈钢制成的桶和贮奶罐或由食品级塑料制成的存乳容器，并与生产量相适应。 现场查看		
15※	生鲜牛奶设单间存放，与牛舍隔离，并且有防尘、防蝇、防鼠的设施。 查：现场设施		
16※	出场生鲜牛奶使用密闭的、清洁的经消毒的奶罐车或桶装运，装入容器2 h内应冷却到4℃以下，24小时内出售。 查：操作、记录、奶罐车清洗消毒制度		
17	场内设牛粪尿、褥草和污物等处理设施，废弃物遵循减量化、无害化(处理设施)和资源化的原则。 查：废弃物的无害化设施		
三、投入品管理			
(一)奶牛引种			
18※	引进牛只来自非疫区并具有经引进地动物防疫监督机构检疫合格后发放的《动物及动物产品运载工具消毒证明》、《动物产地检疫合格证明》或《出县境动物检疫合格证明》。 查：相关证明资料		
19	引进的牛只隔离观察至少45天，经动物防疫监督机构检查确定健康合格后，可供生产使用。 查：隔离记录、隔离后检疫合格证明		
20	奶牛引种前档案和预防接种记录、引种时群体和个体检疫记录。 查：相关记录		
(二)饲料饲草			
21	外购饲料的养殖场保存饲料生产企业提供的饲料注册证明材料复印件、购销合同和外购饲料的检测报告。 查：相关记录		

22	自己生产饲料的养殖场需要建立饲料原料接收、饲料配方档案及相应生产记录，饲料原料和各个批次生产的饲料产品均应保留样品，样品应保留至该批产品保质期满后3个月。 查：相关记录		
23	饲料原料、饲料添加剂、配合饲料、浓缩饲料和添加剂预混合饲料具有该品种应有的色、嗅、味和组织形态特征，无发霉、变质、结块、异味及异臭，符合无公害食品畜禽饲料使用准则的要求。 查：饲料库、原料进厂检测报告单		
24※	在奶牛饲料中不添加和使用除乳制品外的动物源性饲料原料（如肉骨粉、骨粉、血粉、羽毛粉、鱼粉等）。 查：饲料配方、饲养记录		
25	干草类及秸秆类饲料贮存时，保证通风良好，防止日晒、雨淋、霉变；青绿饲料堆放在棚内，堆放时间不宜过长，防止日晒、雨淋、霉变；防止青储饲料变质；饲料贮存场地不使用化学药剂。 查：现场查看、虫鼠害控制措施及实施记录		
（三）兽药			
26※	兽药采购、贮存、使用要符合国家相关的规定，凭兽医处方用药，专人管理并建立详细可追溯的记录，记录应在清群后保存2年以上。 查：核实牛场兽药是否符合要求，查看管理和使用兽药的相关制度、采购记录、使用记录药品库药品的保质期，用药记录		
27	不向饲料中添加原料药物。 查：用药记录		
28	场内设置专用兽医室和兽药储存场所。 查：现场查看		
四、饲养管理			
29※	环境消毒：场区内定期进行除虫灭害，清除杂草，防止害虫孳生，但药液不得直接触及牛体和盛奶用具；牛舍周围环境（包括运动场）每周消毒1次；场周围及场内污水池、排粪坑和下水道出口，每月消毒1次；在大门口和牛舍入口设消毒池；公共场所（更衣室、淋浴室、休息室、厕所）经常清洗、消毒。 查：灭鼠杀虫记录、清洗消毒记录、消毒剂配制记录		
30※	人员消毒：工作人员进入生产区时应洗手、换鞋和更衣，工作服不得穿出场外。外来参观人员进入场区参观前彻底消毒，更换场区工作服和工作鞋，并遵守场内防疫制度。 查：现场操作		
31※	牛舍消毒：每班牛只下槽后彻底清扫干净，用高压水枪冲洗，并进行喷雾消毒或熏蒸消毒。 查：现场操作、牛舍消毒记录、消毒剂配制记录		
32※	用具消毒：定期用有效消毒剂；兽医用具、助产用具、配种用具、挤奶设备和奶罐车在使用前后进行彻底清洗和消毒。 查：消毒记录、消毒剂配制记录		

33	饲料运输工具和装卸场地定期清洗和消毒，不使用运输畜禽等动物的车辆运输饲料产品。 查：运输工具及场地的清洗消毒记录		
34	带牛环境消毒：用有效的低毒消毒剂定期进行带牛环境消毒，避免消毒剂污染牛奶。 查：现场查看、消毒记录、消毒剂配制记录		
35	挤奶操作前对相关部位进行消毒擦拭。 查：现场操作		
36※	牛场工作人员每年进行健康检查，取得健康合格证后方可上岗，并建立职工健康档案。 查：健康证		
37	饲养员和挤奶员工作时穿戴工作服、工作帽和工作鞋，工作服、工作帽和工作鞋要经常清洗；挤奶员工作时不得佩戴饰物和涂抹化妆品，并经常修剪指甲。 查：现场执行情况		
38	清洗工作结束后及时将粪便及污物运送到贮粪场。 查：现场操作、查质检部门检查记录		
39※	根据《中华人民共和国动物防疫法》及其配套法规的要求，结合当地实际情况，有选择地进行疫病的预防接种工作。在炭疽高发区每年三、四月间，全群进行无毒炭疽芽孢苗的防疫注射。每年春秋两次对全群进行口蹄疫免疫注射。 查：免疫记录		
40※	奶牛场按照《中华人民共和国动物防疫法》及其配套法规的要求，结合当地实际情况，制定疫病监测方案；每年春季和秋季要对全群进行布鲁氏菌病和结核病监测；多雨年份的秋季作肝片吸虫的检查。 查：牛群检疫合格证、检查报告		
41	病死牛作无害化处理。出现疫情及时通知当地动物防疫监督机构。 查：病死牛处理记录		
42	奶牛场不饲养任何其他畜禽，并防止周围畜禽进入场区。 查：现场执行情况		
五、产品质量			
43※	初乳（产后 7 天内）、病牛所产乳和休药期所产乳不作为商品乳出售。 查：相关管理制度、记录		
44※	检验记录：生鲜牛奶质量检测情况、检疫（布病、结核）报告、对每日生产的生鲜牛奶进行检验：感官指标、理化指标、微生物指标和抗菌素指标等。		

共 44 项，17 个关键项。

附表 7

蛋鸡场现场检查评定项目

条款	检查项目	结论	备注(原因)
一、质量管理体系			
1※	有生产和质量安全管理机构(部门),包括:原料接收、卫生防疫、产品质量检验、产品管理等。 查:相应机构(部门)、人员		
2	有文件化的生产管理制度,包括:原料(投入品)的采购、使用和管理制度、饲养管理制度、卫生防疫制度、成品(鸡蛋)管理制度、产品质量检验制度、无害化处理制度、培训制度等。 查:相关文件		
3	动物防疫合格证、食品卫生合格证齐全有效。 查:相关证件		
4※	管理人员、技术(包括产品质量检验)人员、操作人员的培训记录、健康证齐全有效。 查:相关证件、记录		
5	可追溯的产品销售记录。 查:销售记录(数量、批次、购买方)		
二、环境条件及设施			
6	周围 3 km 内无大型化工厂、矿厂或其他畜牧场等污染源;距离干线公路 1 km 以上,鸡场距离村、镇居民点至少 1 km 以上,不建在饮用水源、食品厂上游。 查:现场查看		
7	场区周围设绿化隔离带或有围墙,场内净道和污道分开,运送粪污、废弃物与饲料、产品不共用一个大门,鸡场生产区、生活区分开,雏鸡、成年鸡分舍饲养。 查:现场查看		
8	鸡场入口设有车辆消毒设施,车辆消毒池的长度和消毒液的高度能保证入场车辆所有车轮外沿充分浸没在消毒液中。 查:现场查看		
9	鸡舍入口应设有非手动洗手设施并备有洗手液,靴、鞋消毒池,等卫生设施,有专人管理,应经常保持良好状态。 查:现场查看		
10	鸡舍设有防鸟、防鼠设施,并定期进行除虫灭害工作。 查:现场查看,相关记录		
11	根据实际情况,设有与生产能力相适应的鸡蛋贮存库,冷库温度保持在−1～4℃,相对湿度保持在 80%～90%,并有记录。 查:现场查看、鸡蛋库房记录		

三、投入品管理			
（一）雏鸡			
12※	商品代雏鸡来自通过有关部门验收的种鸡场或专业孵化厂；外购种蛋应来自通过无公害产地认定并与其签订购销协议的蛋鸡养殖场。 查：种鸡场或专业孵化厂相关证件、蛋鸡养殖场的无公害农产品产地认定证书的复印件		
（二）饲料和饲料添加剂			
13※	药物饲料添加剂的使用应遵守《饲料药物添加剂使用规范》，并严格执行休药期的规定。 查：药物饲料添加剂使用记录		
14	配合饲料、浓缩饲料和添加剂预混合饲料使用应遵照产品饲料标签所规定的用法和用量。 查：饲料使用记录，饲料标签		
15	外购饲料的养殖场保存饲料生产企业提供的饲料注册证明材料复印件、购销合同和外购饲料的检验报告。 查：相关记录		
16	自己生产饲料的养殖场需要建立饲料原料接收、饲料配方档案及相应生产记录，饲料原料和各个批次生产的饲料产品均应保留样品，样品应保留至该批产品保质期满后 3 个月。 查：相关记录		
（三）药品			
17※	所用兽药来自具有《兽药生产许可证》，并获得农业部颁发《中华人民共和国兽药 GMP 使用证书》的兽药生产企业或者具有《进口兽药许可证》的供应商，并具有批准文号。 查：兽药生产企业或供应商相关证件的复印件、兽药购货发票、兽药库房		
18	兽药有专门的地方用药品柜、冰箱存放，专人进行管理。 查：现场查看、兽药领用记录		
19	兽药使用严格遵守国家法规规定，不使用违禁药物，严格执行休药期规定，并作好兽药使用记录。 查：兽药使用记录		
20	产蛋期使用治疗药物时，在弃蛋期内所产鸡蛋不供人类食用。 查：用药记录、生产记录		
四、饲养管理			
21	鸡舍喂料器内的饲料保持新鲜，无霉变和污染。 查：现场查看		
22	鸡舍饮水设备内的水质保持清洁、无污染。 查：现场查看		
23	集蛋人员集蛋前洗手消毒。 查：现场查看		

24	定期投放灭鼠药,控制啮齿类动物。投放鼠药定时、定点,及时收集死鼠和残余鼠药进行无害化处理,并有记录。 查:鼠药购货发票、使用记录		
25	使用高效低毒化学药物杀虫,喷洒杀虫剂时避免喷洒到鸡蛋表面、饲料中和鸡体上。 查:杀虫药物购货发票,现场操作		
26	运送鸡蛋的车辆事先用消毒液彻底消毒,并及时记录;运送鸡蛋的车辆使用封闭货车或集装箱,不让鸡蛋直接暴露在空气中进行运输。 查:现场查看		
27※	实行"全进全出"制。 查:记录,现场操作		
28	不在场内饲养其他畜禽。 查:现场查看		
29	现存栏鸡只健康状况良好。 查:现场查看		
30	人员进出生产区采取紫外线消毒、淋浴、更衣、消毒池等消毒防疫措施。 查:现场设施		
31※	根据《动物防疫法》及其配套法规的要求,结合当地实际情况,有选择地进行疫病的预防接种工作,并注意选择适宜的疫苗、免疫程序和免疫方法。 查:免疫程序、记录		
32※	依照《动物防疫法》及其配套法规的要求,结合当地实际情况,制定疫病监测方案,常规监测的疫病应包括:高致病性禽流感、鸡新城疫、禽白血病、禽结核病、鸡白痢与伤寒等。 查:疫病监测方案、监测报告、记录		
33	不使用酚类消毒剂,产蛋期不使用醛类消毒剂。 查:消毒剂购货发票、兽药库房、消毒记录		
34	鸡舍周围环境、场区周围及场内污水池、排粪坑、下水道出口定期消毒,并及时记录;每批鸡出栏后,对鸡舍进行彻底清洗、消毒,空舍2周以上,并及时记录。 查:消毒记录		
35	定期在鸡舍内无蛋时进行带鸡消毒,并及时记录;定期对鸡蛋养殖、贮存、分装的场地和设施进行消毒,并及时记录。 查:消毒记录		
五、产品质量管理			
36	产品质量必须符合无公害标准。 查:检测报告原件		

共36项,8个关键项。

附表 8

生猪养殖场现场检查评定项目

条款	检查项目	结论	备注(原因)
一、质量管理体系			
1※	产品质量安全管理制度,至少包括:机构的设置及相应的人员职责,产品质量安全达到的具体指标。 查:相关文件		
2	生产管理制度,至少包括:原料(投入品)的采购、使用和管理制度,饲养管理制度、卫生防疫制度、无害化处理制度、培训制度。 查:相关文件		
3	管理人员和技术人员的资质证明、健康证、培训记录。 查:相关证件、记录		
4※	取得合法经营条件的资质证明,如动物防疫合格证等。 查:相关证件		
5	可追溯的产品销售记录。 查:销售记录(数量、批次、购买方)		
二、环境条件及设施			
6	养殖场建在地势高燥、排水良好、易于防疫的地方。远离化工厂、肉类加工厂或其他畜牧场等污染源,周围应有围墙或其他有效屏障。 查:现场查看		
7	养殖场应严格执行管理区与生产区、隔离区相隔离的原则。消毒室、兽医室、隔离舍、病死无害化处理间等,应处于畜舍的下风口。 查:现场查看		
8	人员、动物和物资运转应采取单一流向,净道和污道严格分开。 查:现场查看		
9	养殖场大门入口处理设置宽与大门相同,长等于进场大型机动车车轮一周半长的水泥结构消毒池。 查:现场查看		
10※	生产区门口设有更衣换鞋、消毒室或淋浴室。畜舍入口处要设置长 1 m 的消毒池,或设置消毒盆以供进入人员消毒。 查:现场查看		
11	猪场设有废弃物储存设施,防止渗漏、溢流、恶臭对周围环境的污染。 查:现场查看		

三、投入品管理			
(一)仔猪			
12※	经产地动物防疫监督机构检疫,有规定的《动物及动物产品运载工具消毒证明》、《动物产地检疫合格证明》或《出县境动物检疫合格证明》,经当地动物防疫监督机构查证验物,合格的方可入场,并隔离饲养。 查:种畜禽经营许可证复印件,随机抽查本年度最近1或2个生产周期回收的活畜购买合同(或发票)、检疫合格证明、运输工具消毒证明、活畜入场检疫监督记录、隔离观察记录		
(二)饲料和饲料添加剂			
13※	药物饲料添加剂的使用应遵守《饲料药物添加剂使用规范》,并严格执行休药期的规定。查:药物饲料添加剂使用记录		
14	配合饲料、浓缩饲料和添加剂预混合饲料使用应遵照产品饲料标签所规定的用法和用量。 查:饲料使用记录,饲料标签		
15	外购饲料的养殖场保存饲料生产企业提供的饲料注册证明材料复印件、购销合同和外购饲料的检验报告。 查:相关记录		
16	自己生产饲料的养殖场需要建立饲料原料接收、饲料配方档案及相应生产记录,饲料原料和各个批次生产的饲料产品均应保留样品,样品应保留至该批产品保质期满后3个月。 查:相关记录		
17	干草类及秸秆类饲料贮存时,保证通风良好,防止日晒、雨淋、霉变;青绿饲料堆放在棚内,堆放时间不宜过长,防止日晒、雨淋、霉变;防止青贮饲料变质;饲料贮存场地不使用化学药剂。 查:现场查看、虫鼠害控制措施及实施记录		
(三)药品			
18※	所用兽药来自具有《兽药生产许可证》,并获得农业部颁发《中华人民共和国兽药GMP使用证书》的兽药生产企业或者具有《进口兽药许可证》的供应商,并具有批准文号。 查:兽药生产企业或供应商相关证件的复印件、兽药购货发票、兽药库房		
19	兽药有专门的地方用药品柜、冰箱存放,专人进行管理。 查:现场查看、兽药领用记录		
20	兽药使用严格遵守国家法规规定,不使用违禁药物,严格执行休药期规定,并作好兽药使用记录。 查:兽药使用记录		

四、饲养管理			
21	仔猪引进程序应符合卫生防疫要求。 查:种畜禽经营许可证复印件、购买合同(或发票)、产地检疫证明、运输工具消毒证明、隔离观察记录		
22※	生产人员进入生产区内时,应进行清洁消毒,更换衣鞋;非生产人员一般不允许进入生产区,特殊情况下,应严格执行消毒程序后方可入场。 查:相关设施、制度,询问		
23	猪场人员不得对外进行动物疫病诊疗和配种工作;食堂不从外购入生鲜猪肉及其副产品。 查:相关制度、询问		
24	养殖场应选择合适的消毒剂,定期对环境、人员、畜舍、用具、猪只进行消毒。 查:消毒记录、消毒制度		
25※	根据《中华人民共和国动物防疫法》及其配套法规的要求,结合当地实际情况制定棉衣和疫病监测制度,做好免疫接种和疫病监测,发生可疑重大动物疫病时,对病畜及时隔离的同时上报当地兽医行政主管部门。疫病确诊后,按照国家相关要求进行处置。 查:相关制度、现场操作、记录和相关报告		
26	定期投放灭鼠药,控制啮齿类动物。投放鼠药定时、定点,及时收集死鼠和残余鼠药进行无害化处理,并有记录。 查:鼠药购货发票、使用记录		
27	不在场内饲养其他畜禽。 查:现场查看		
28※	商品猪上市前,应经兽医卫生检疫部门进行检疫,并出具检疫证明。 查:相关制度、询问		
29	生猪和饲料运输车辆在运输前和使用后要用消毒液彻底消毒。 查:消毒记录		

共29项,9个关键项。

附表 9

牛、羊养殖场现场检查评定项目

条款	检查项目	结论	备注(原因)
一、质量管理体系			
1※	生产和质量安全管理机构:包括投入品接收、卫生防疫、饲喂、饲养管理等。各类管理制度、程序文件和生产操作规程至少包括人员培训制度,疫病防治措施,疫病监测制度,药物使用管理措施,饲料使用管理措施,无害化处理制度,采购和销售制度。 查:是否成立质量安全组织机构(文件资料)、制度文件		
2	建立完整的质量管理档案,设有档案柜和档案管理人员。各种记录编号后分类归档,便于检索、查阅,妥善保管,保存期三年。 查:记录档案		
3	员工的职责及岗位要求明确,员工上岗前经过动物防疫法规和相应技术培训,上岗后继续加强无公害生产方面的培训。 查:培训记录(培训对象、时间、内容)、员工岗位职责文件		
4※	营业执照、动物防疫合格证。 查:原件		
5	可追溯的产品销售记录。 查:销售记录(数量、批次、购买方)		
二、环境条件及设施			
6	饲养场建立在交通方便、水质良好、水量充沛、地势高燥,无有害气体、烟雾及其他污染的地区,并距离交通要道、居民区、学校 500 m 以上。 查:现场查看		
7	饲养区、粪便污物处理区、病畜隔离圈与生活区、办公区布局合理且相互分开。 查:现场查看		
8	人员、投入品与粪便出入口应分别设置,无交叉相遇。 查:平面布局图及现场		
9	饲养区门口通道地面设消毒池,人行通道除设地面消毒池外,增设紫外线消毒灯。 查:现场查看		
10	场区内须设有更衣室、厕所、淋浴室、休息室。 查:现场查看		
11	设有与生产能力相适应的实验室,并配备工作所需的仪器设备。 查:温度计、离心机、培养箱、高压灭菌锅、冰箱、试管、量筒、培养皿和三角瓶等		

12	场内设粪尿、褥草和污物等处理设施，废弃物遵循减量化、无害化（处理设施）和资源化的原则。 查：废弃物的无害化处理设施		
三、投入品管理			
（一）活畜			
13※	经产地动物防疫监督机构检疫，有规定的《动物及动物产品运载工具消毒证明》、《动物产地检疫合格证明》或《出县境动物检疫合格证明》，经当地动物防疫监督机构查证验物，合格的方可入场，并隔离饲养。 查：随机抽查本年度最近 1 或 2 个生产周期回收的活畜检疫合格证明、活畜入场检疫监督记录等		
（二）饲料和饲料添加剂			
14	有可追溯的饲料和饲料添加剂登记使用记录（配比、名称、来源、领用人、领用数量、使用目的等）。 查：采购、使用记录，无违禁药物		
15※	药物饲料添加剂的使用应遵守《饲料药物添加剂使用规范》，并严格执行休药期的规定。 查：药物饲料添加剂使用记录		
16	外购饲料的养殖场保存饲料生产企业提供的饲料注册证明材料复印件、购销合同和外购饲料的检验报告。 查：相关记录		
17	自己生产饲料的养殖场需要建立饲料原料接收、饲料配方档案及相应生产记录，饲料原料和各个批次生产的饲料产品均应保留样品，样品应保留至该批产品保质期满后 3 个月。 查：相关记录		
18	在饲料中不添加和使用除乳制品外的动物源性饲料原料（如肉骨粉、骨粉、血粉、羽毛粉、鱼粉等）。 查：饲料配方、饲养记录		
19	干草类及秸秆类饲料贮存时，保证通风良好，防止日晒、雨淋、霉变；青绿饲料堆放在棚内，堆放时间不宜过长，防止日晒、雨淋、霉变；防止青储饲料变质；饲料贮存场地不使用化学药剂。 查：现场查看、虫鼠害控制措施及实施记录		
（三）药品			
20※	所用兽药来自具有《兽药生产许可证》，并获得农业部颁发《中华人民共和国兽药 GMP 使用证书》的兽药生产企业或者具有《进口兽药许可证》的供应商，并具有批准文号。 查：管理和使用兽药的相关制度、采购记录、使用记录药品库药品的保质期，用药记录		

21	兽药使用严格遵守国家法规规定,凭兽医处方用药,不使用违禁药物,严格执行休药期规定,专人管理并建立详细可追溯的记录,记录应在清群后保存2年以上。 查:兽药使用记录		
22	设置专门的库房和储藏柜存放兽药、疫苗和杀虫剂、灭鼠剂、消毒剂等物品,并分类存放、有醒目标记。 查:现场查看		
四、饲养管理			
23	饲料配方和投料频次应符合牛羊的营养需要。 查:使用记录、投料记录,无违禁药物		
24	不在场内饲养其它畜禽。 查:现场查看		
25	畜舍地面平整,勤换垫料,保持清洁干燥,防止粪尿积存,便于打扫、消毒。 查:现场查看		
26	活畜出入场口设有消毒设施,消毒药定期更换,保证对运输工具进行有效消毒。 查:记录及现场		
27	饲料运输工具、养殖用具和装卸场地定期清洗和消毒,不使用运输畜禽等动物的车辆运输饲料产品。 查:运输工具及场地的清洗消毒记录		
28	带活畜环境消毒:用有效的低毒消毒剂定期进行带活畜环境消毒。 查:现场查看、消毒记录、消毒剂配制记录		
29※	根据《中华人民共和国动物防疫法》及其配套法规的要求,结合当地实际情况做好免疫接种和疫病监测,发生可疑重大动物疫病时,对病畜及时隔离的同时上报当地兽医行政主管部门。疫病确诊后,按照国家相关要求进行处置。 查:现场操作、记录和相关报告		
30	有用于病死动物、废弃物、污水和粪尿的无害化处理和销毁的设施,且运转有效。污水排放各项指标符合GB 13457的规定。 查:现场设施、记录和相关报告		
31※	牛、羊上市前,应经兽医卫生检疫部门进行检疫,并出具检疫证明。 查:相关制度、询问		
32	每批牛羊出场后对畜舍、运动场和通道进行清洗、消毒。 查:记录		
33	运输工具使用后彻底清洗、消毒。 查:相应设施、管理制度和实施情况的记录		

共33项,7个关键项。

附表 10

肉鸡养殖场现场检查评定项目

条款	检查项目	结论	备注(原因)
一、质量管理体系			
1※	生产和质量安全管理机构:包括投入品接收、卫生防疫、饲喂、饲养管理等。各类管理制度、程序文件和生产操作规程至少包括人员培训制度,疫病防治措施,疫病监测制度,药物使用管理措施,饲料使用管理措施,无害化处理制度,采购和销售制度。 查:是否成立质量安全组织机构(文件资料)、制度文件		
2	建立完整的质量管理档案,设有档案柜和档案管理人员。各种记录编号后分类归档,便于检索、查阅,妥善保管,保存期三年。 查:记录档案		
3	员工的职责及岗位要求明确,员工上岗前经过动物防疫法规和相应技术培训,上岗后继续加强无公害生产方面的培训。 查:培训记录(培训对象、时间、内容)、员工岗位职责文件		
4※	营业执照、产地认定证书、动物防疫合格证。 查:原件		
5	可追溯的肉鸡销售记录。 查:销售记录(数量、批次、购买方)		
二、环境条件及设施			
6	养鸡场建立在交通方便、水质良好、水量充沛、地势高燥,无有害气体、烟雾及其他污染的地区,并距离交通要道、居民区、学校 500 m 以上。 查:现场查看		
7	饲养区、粪便污物处理区与生活区、办公区布局合理且相互分开。 查:现场查看		
8	人员、投入品与粪便出入口应分别设置,无交叉相遇。 查:现场查看		
9	饲养区门口通道地面设消毒池,人行通道除设地面消毒池外,增设紫外线消毒灯。 查:现场查看		
10	场区内须设有更衣室、厕所、淋浴室、休息室。 查:现场查看		
11	设有与生产能力相适应的实验室,并配备工作所需的仪器设备。 查:温度计、离心机、培养箱、高压灭菌锅、冰箱、试管、量筒、培养皿和三角瓶等		

12	场内设粪尿、褥草和污物等处理设施，废弃物遵循减量化、无害化（处理设施）和资源化的原则。 查：废弃物的无害化处理设施		
13	饮水器和饲喂器应由无毒、不渗水、耐腐蚀、不生锈，并便于清洗消毒的材料制成，饮水器和饲喂器设计合理，便于饮水和采食。 查：现场查看		
三、投入品管理			
（一）鸡苗			
14※	经产地动物防疫监督机构检疫，有规定的《动物及动物产品运载工具消毒证明》、《动物产地检疫合格证明》或《出县境动物检疫合格证明》，经当地动物防疫监督机构查证验物，合格的方可入场，并隔离饲养。 查：随机抽查本年度最近 1 或 2 个生产周期回收的苗鸡检疫合格证明、活畜入场检疫监督记录等		
15	孵化厂出具的沙门氏菌监测合格证明。 查：相关证明		
（二）饲料和饲料添加剂			
16※	药物饲料添加剂的使用应遵守《饲料药物添加剂使用规范》，并严格执行休药期的规定。 查：药物饲料添加剂使用记录		
17	配合饲料、浓缩饲料和添加剂预混合饲料使用应遵照产品饲料标签所规定的用法和用量。 查：饲料使用记录，饲料标签		
18	外购饲料的养殖场保存饲料生产企业提供的饲料注册证明材料复印件、购销合同和外购饲料的检验报告。 查：相关记录		
19	自己生产饲料的养殖场需要建立饲料原料接收、饲料配方档案及相应生产记录，饲料原料和各个批次生产的饲料产品均应保留样品，样品应保留至该批产品保质期满后 3 个月。 查：相关记录		
（三）药品			
20※	所用兽药来自具有《兽药生产许可证》，并获得农业部颁发《中华人民共和国兽药 GMP 使用证书》的兽药生产企业或者具有《进口兽药许可证》的供应商，并具有批准文号。 查：兽药生产企业或供应商相关证件的复印件、兽药购货发票、兽药库房		
21	兽药有专门的地方用药品柜、冰箱存放，专人进行管理。 查：现场查看、兽药领用记录		

22	兽药使用严格遵守国家法规规定，不使用违禁药物，严格执行休药期规定，并作好兽药使用记录。 查：兽药使用记录		
四、饲养管理			
23	饲料配方和投料频次应符合肉鸡营养需要。 查：使用记录、投料记录，无违禁药物		
24	鸡舍地面平整，勤换垫料，保持清洁干燥，防止粪便积存，便于打扫、消毒。 查：现场查看		
25※	实行"全进全出"制。 差：记录、现场操作		
26	肉鸡出入场口设有消毒设施，消毒药定期更换，保证对运输工具进行有效消毒。 查：记录及现场		
27	饲料运输工具、养殖用具和装卸场地定期清洗和消毒，不使用运输动物的车辆运输饲料产品。 查：运输工具及场地的清洗消毒记录		
28	带鸡环境消毒：用有效的低毒消毒剂定期进行带鸡环境消毒。 查：现场查看、消毒记录、消毒剂配制记录		
29※	根据《中华人民共和国动物防疫法》及其配套法规的要求，结合当地实际情况做好免疫接种和疫病监测，发生可疑重大动物疫病时，对病鸡及时隔离的同时上报当地兽医行政主管部门。疫病确诊后，按照国家相关要求进行处置。 查：现场操作、记录和相关报告		
30	有用于病死鸡、废弃物、污水和粪便的无害化处理和销毁的设施，且运转有效。污水排放各项指标符合 GB 13457 的规定。 查：现场设施、记录和相关报告		
31※	商品肉鸡上市前，应经兽医卫生检疫部门进行检疫，并出具检疫证明。 查：相关制度、询问。		
32	每批肉鸡出场后对鸡舍和通道进行清洗、消毒。 查：记录		
33	运输工具使用后彻底清洗、消毒。 查：相应设施、管理制度和实施情况的记录		

共 33 项，8 个关键项。

无公害农产品认证现场检查规范

第一条　为规范无公害农产品认证现场检查工作，保证无公害农产品现场检查工作质量，根据《无公害农产品管理办法》和《无公害农产品认证程序》，制定本规范。

第二条　本规范所称的现场检查，是指在审查无公害农产品认证申报材料的过程中，根据需要对申请人相关情况进行实地核实确认的过程。

第三条　农业部农产品质量安全中心（以下简称“中心”）负责对无公害农产品认证现场检查的统筹规划和管理，中心所属种植业、畜牧业、渔业产品认证分中心（以下简称“部直分中心”）负责现场检查的组织和安排；省级承办机构负责现场检查的实施工作。

第四条　省级承办机构根据初审情况提出现场检查计划，每个月的15日前将下个月拟实施的现场检查计划分专业报部直分中心备案确认。现场检查计划包括拟现场检查的申请人、现场检查的重点、人员构成、时间安排等内容。

第五条　部直分中心对照无公害农产品认证审查要求，审定省级承办机构提出的现场检查计划，于每月25日前将备案确认的现场检查计划及相关调整意见反馈省级承办机构。部直分中心应当根据工作需要安排一定比例的部直分中心检查员参与省级承办机构实施的现场检查活动。备案确认的现场检查计划原则上应当在下个月内完成。

第六条　现场检查工作根据《无公害农产品现场检查工作程序》和《无公害农产品认证现场检查细则》进行，现场检查组不得向申请者提出检查范围以外的其他检查要求。

第七条　现场检查实行检查组组长负责制。现场检查组成员一般由3人组成。

现场实地检查工作，原则上应当在2天内完成。特殊情况需要延长检查时间的，可商申请人适当调整。

第八条　现场检查完成后，检查组应当依据《无公害农产品认证现场检查细则》对检查结果进行综合判定，做出现场检查结论。现场检查结论分三种：

（一）现场检查通过；

（二）现场检查基本通过，限期整改和报送整改结果；

（三）现场检查不通过，限期整改并届时派员对整改结果进行确认。

第九条　检查组应当在现场检查后10个工作日内，将《无公害农产品认证现场检查报告》(附件2)和《无公害农产品认证现场检查工作单》(附件3)报省级承办机构。

第十条　省级承办机构根据现场检查结论负责做好现场检查的后续工作。现场检查通过的,应结合原申请材料进行初审,提出初审意见,连同《无公害农产品认证现场检查报告》、《无公害农产品认证现场检查工作单》一并报部直分中心;现场检查基本通过或不通过的,根据检查组结论和建议督促申请人整改,并确认整改结果。符合要求的,提出初审意见,连同《无公害农产品认证现场检查报告》、《无公害农产品现场检查工作单》一并报部直分中心。

第十一条　部直分中心应当按照无公害农产品认证要求,对省级承办机构报送的申报材料及《无公害农产品认证现场检查报告》和《无公害农产品认证现场检查工作单》进行复审。复审过程中需要进行现场核查的,应当自收到省级承办机构报送的材料之日起30日内对照需要核查的内容组织2至3名检查员实施现场核查,核查的实施方案应提前报中心备案。

第十二条　部直分中心应当每个季度的第1个月的10日前将备案确认的各省级承办机构现场检查计划汇总表、执行情况及部直分中心组织实施的现场核查情况向中心报告。

第十三条　本规范由农业部农产品质量安全中心负责解释,自2005年7月1日实施。

无公害农产品认证现场检查工作程序

一、制定现场检查方案

根据检查内容制定可操作的《无公害农产品认证现场检查方案》(附件 1)。

二、通知申请人

以《无公害农产品认证现场检查通知单》(附件 2)的形式书面通知申请人,并请申请人予以确认。

三、实施现场检查

依据现场检查方案和《无公害农产品认证现场检查细则》进行检查。

(一)召开首次会议

检查组与申请人见面时召开首次会议。会议由检查组组长主持,参加人员包括检查组全体人员、申请代表和部门负责人等。内容包括:

1.介绍参会人员;

2.确认检查范围、检查依据、日程安排、检查方法和检查结论的报告方式;

3.宣读保密承诺;

4.确定陪同人员;

5.明确注意事项,说明相关问题;

6.确定末次会议的安排。

(二)进行实地检查

在检查过程中,检查组应按照检查方案进行实地检查。

检查组内部应及时沟通,汇总分析检查中发现的问题,确定不符合项,商定末次会议有关事宜。

发现的问题和不合格项,应请申请人或其代表确认并在《无公害农产品认证现场检查工作单》上签字;双方存在异议及其他需协商的事宜,应通过说明和沟通,达成共识。通过说明和沟通仍不能达成共识的,应在《无公害农产品认证现场检查工作单》上如实记载双方的意见。

(三)召开末次会议

现场检查结束前召开末次会议。由检查组组长主持,参会人员应包括检查组全体人员、申请人代表和地方有关方面人员等。内容包括:

1.简述检查的总体情况(目的、依据、范围等);

2.介绍检查过程和发现的主要问题;

3.对产地环境状况和生产过程质量控制情况的有效性评价;

4. 宣布检查结论、提出改进或整改意见；

5. 申请人代表讲话；

6. 宣布末次会议和现场检查结束。

四、现场检查报告及后续工作

检查组在完成现场检查后10个工作日内，向省级承办机构提交《无公害农产品认证现场检查报告》和《无公害农产品认证现场检查工作单》，省级承办机构根据现场检查结果和检查组意见负责现场检查的后续工作。

附件 1

无公害农产品认证现场检查方案

序号：

<table>
<tr><td>申 请 人</td><td colspan="4"></td></tr>
<tr><td>产地位置</td><td colspan="4"></td></tr>
<tr><td>产品名称</td><td colspan="2"></td><td>法人代表</td><td></td></tr>
<tr><td>联 系 人</td><td></td><td>电话</td><td></td><td>传真</td></tr>
<tr><td colspan="5">实施日期： 年 月 日 — 月 日</td></tr>
<tr><td colspan="5">检查依据</td></tr>
<tr><td colspan="5">检查范围和主要内容</td></tr>
<tr><td colspan="5">检查组成员</td></tr>
<tr><td>姓名</td><td>组中职责</td><td>职称</td><td>电话</td><td>传真</td></tr>
<tr><td></td><td>组长</td><td></td><td></td><td></td></tr>
<tr><td></td><td>组员</td><td></td><td></td><td></td></tr>
<tr><td></td><td>组员</td><td></td><td></td><td></td></tr>
</table>

编制人： 审批人： 日期：

附件 2

无公害农产品认证现场检查通知单

____________________：

经对你单位____________________的无公害农产品认证申请材料初步审查，定于________年________月________日到________月________日对你单位进行现场检查，请予以支持和配合。

检查组联系人：
联系电话：

附：《无公害农产品认证现场检查方案》

省级工作机构（印章）

年　　月　　日

无公害农产品产地认定复查换证规范

第一条 为做好无公害农产品产地认定复查换证(以下简称产地复查换证)工作,根据《无公害农产品管理办法》和《无公害农产品产地认定程序》的有关规定,制定本规范。

第二条 产地复查换证是指已获得无公害农产品产地认定证书的单位和个人(统称申请人)在证书有效期满,按照规定时限和要求提出重新取证申请,经确认合格准予换发新的无公害农产品产地证书的过程。

第三条 申请产地复查换证,应当提交以下材料:

(一)《无公害农产品产地认定复查换证申请书》(附件 1-1);

(二)产地变化情况说明(包括区域范围、生产规模、环境状况、质量控制措施等);

(三)保证申请材料真实性和执行无公害农产品标准及规范的声明(附件 1-2);

(四)原《无公害农产品产地认定证书》(复印件);

(五)其他需要说明的事项。

第四条 申请人备齐相关申请材料后,向所在地县级农业部门提出产地复查换证申请。

产地复查换证申请书及相关要求可以向所在地县级农业部门领取或咨询,也可从 www.aqsc.gov.cn 或 www.agri.gov.cn 下载。

第五条 县级农业部门自收到产地复查换证申请之日起 10 个工作日内,完成对申请人产地复查换证材料的形式审查。符合要求的,提出推荐意见,连同产地复查换证申请材料报送地市级农业部门审查;不符合要求的,书面通知申请人整改、补充、完善。

第六条 地市级农业部门自收到产地复查换证申请、推荐材料之日起 20 个工作日内,按照省级农业部门统一规定的要求,组织有资质的检查员对产地复查换证材料进行审查、对现场进行核查。对材料审查和现场核查符合要求的,提出审查推荐意见和是否需要进行环境检测及环境评价的建议报送省级农业行政主管部门;对材料审查或现场核查不符合要求的,书面通知县级农业部门或申请人整改、补充、完善。

第七条 省级农业行政主管部门自收到产地复查换证及地、县两级农业部门推荐材料之日起 30 个工作日内,完成对申请材料、现场核查材料的审查,并对需要进行环境检测和环境评价的做出决定,通知申请人委托有资质的产地环境检测机构进行环境检测和环境评价。

第八条 省级农业行政主管部门在规定的时限和范围内，通过对材料审查、现场核查、环境检验和环境现状评价等方面的全面复查评审，对产地复查换证申请做出终审结论。

（一）符合换证条件的，重新颁发《无公害农产品产地认定证书》；

（二）不符合换证条件的，书面通知申请人整改和补充相应材料。

第九条 新换发的《无公害农产品产地认定证书》有效期 3 年。期满后需要继续使用的，证书持有人应当在有效期满前 90 日内按照《无公害农产品产地认定程序》和本规范重新办理复查换证手续。

第十条 省级农业行政主管部门应当在颁发《无公害农产品产地认定证书》之日起 30 日内，将通过复查换证的产地目录报农业部农产品质量安全中心备案；农业部农产品质量安全中心定期将备案的产地认定目录报农业部和国家认证认可监督管理委员会。

第十一条 鼓励无公害农产品产地认定复查换证工作和无公害农产品认证复查换证工作结合进行。

第十二条 省级农业行政主管部门可以根据《无公害农产品产地认定程序》和本规范制定具体的实施细则。

第十三条 本规范由农业部农产品质量安全中心负责解释，自 2005 年 7 月 1 日起实施。

附件 1-1

无公害农产品产地认定复查换证申请书

申请人(盖章):______________________________

法定代表人:(签字、盖章)______________________

产地名称:__________________________________

原证书编号:________________________________

原证书起止日期:____________________________

申请日期:__________年__________月________日

农业部农产品质量安全中心制

申请书填写说明

1. 提出申请即说明申请人已经了解换证的要求和相应规定。保证遵守《无公害农产品管理办法》及相关法律、法规的要求。

2. 申请书请用钢笔、签字笔正楷如实填写或用A4纸打印,字迹整洁、术语规范、印章清晰。

3. 封面和表1由申请人填写,表格栏目不得空缺(可附页):

(1)法定代表人签字一律手签;

(2)申请人全称须与所盖印章一致;

(3)联系电话须注明区号;

4. 申请人及产地变化情况说明应当填写产地区域范围、生产规模、环境状况、质量控制措施等变化的详细情况。

申请人及产地基本情况

<table>
<tr><td>申请人全称</td><td colspan="5"></td></tr>
<tr><td>单位性质</td><td colspan="2"></td><td>法人代表</td><td colspan="2"></td></tr>
<tr><td>联系人</td><td colspan="2"></td><td>联系电话</td><td colspan="2"></td></tr>
<tr><td>手机</td><td colspan="2"></td><td>传真</td><td colspan="2"></td></tr>
<tr><td>E-mail</td><td colspan="5"></td></tr>
<tr><td>通讯地址</td><td colspan="3"></td><td>邮政编码</td><td></td></tr>
<tr><td>职工人数</td><td></td><td>管理人员数</td><td></td><td>技术人员数</td><td></td></tr>
<tr><td>生产经营范围</td><td colspan="5"></td></tr>
<tr><td colspan="6">产地概况</td></tr>
<tr><td>产地名称</td><td colspan="2"></td><td>主要产品</td><td colspan="2"></td></tr>
<tr><td>产地认定规模(公顷、万头、万只)</td><td colspan="2"></td><td>年总产量</td><td colspan="2"></td></tr>
<tr><td>产地地址</td><td colspan="5"></td></tr>
<tr><td>生产管理形式</td><td colspan="5">□集中生产管理 □分散生产,统一管理
□其他</td></tr>
<tr><td>执行标准</td><td colspan="5"></td></tr>
<tr><td colspan="6">申请人及产地变化基本情况说明</td></tr>
</table>

产地现场核查情况

<table>
<tr><td colspan="6">产地名称：</td></tr>
<tr><td colspan="6">现场检查时间：</td></tr>
<tr><td rowspan="2">参加人员</td><td>姓名</td><td>单位</td><td>职称和职务</td><td>联系电话</td><td>签名</td></tr>
<tr><td></td><td></td><td></td><td></td><td></td></tr>
<tr><td colspan="6">检查的方法、内容(生产环境、生产管理、质量监督等)及与申请书符合情况。</td></tr>
<tr><td colspan="6">检查结论：

(负责人)签字：
年　　月　　日</td></tr>
</table>

县级农业部门意见	签名 （公章） 年 月 日
市级农业部门意见	签名 （公章） 年 月 日
省级农业行政主管部门意见	负责人(签字)： 年 月 日
证书内容	生产单位 证书编号 产地名称 证书有效期 产地地址 发证单位 产品名称 代表签字 产地规模 发证日期

附件 1-2

保证申请材料真实性和执行无公害农产品标准及规范的声明

1.本产地申请产地认定复查换证所提交的材料和填写的内容全部真实、准确。如有虚假成分,愿负法律责任。

2.本产地在生产____________________过程中,严格执行有关无公害农产品标准。管理人员、技术人员和生产人员熟悉掌握该产品标准,并保证在生产过程中落实无公害农产品质量控制措施,严格执行该产品生产技术规范,决不使用国家禁止使用的各类农业投入品,规范使用国家限用的各类农业投入品,确保本产地产品符合质量安全要求。

3.接受无公害农产品产地认定机构及有关部门对本产地与无公害农产品生产有关的检查及资料复核。

申报单位:(盖章)

法人代表:(签字)

日期:

无公害农产品认证复查换证规范

第一条　为做好无公害农产品认证复查换证(以下简称产品复查换证)工作，根据《无公害农产品管理办法》和《无公害农产品认证程序》的有关规定，制定本规范。

第二条　产品复查换证是指已获得无公害农产品证书的单位和个人(统称申请人)在证书有效期满，按照规定时限和要求提出重新取证申请，经确认合格准予换发新的无公害农产品证书的过程。

第三条　申请产品复查换证，应提交以下材料：

(一)《无公害农产品认证复查换证申请书》(附件 2-1)；

(二)《无公害农产品产地认定证书》复印件；

(三)原《无公害农产品证书》复印件；

(四)《产品检验报告》；

(五)生产过程记录档案。

第四条　申请人备齐相关申请材料后，可通过县级农业部门逐级向省级承办机构提出产品复查换证申请，也可直接向省级承办机构提出产品复查换证申请。

产品复查换证申请书及相关要求可向省级承办机构及省级以下无公害农产品工作机构领取或咨询，也可从 www. aqsc. gov. cn 或 www. agri. gov. cn 下载。

第五条　省级承办机构自收到产品复查换证申请之日起 15 个工作日内，负责完成对申请材料的初审，并根据需要通知申请人委托符合资质条件的检测机构对复查换证产品进行抽样检测。

省级承办机构确认复查换证产品质量稳定并有有效的检验报告(申请之日前一年内)证明符合无公害农产品标准要求的可免予抽样检测。

经省级承办机构初审，符合产品复查换证要求的，产品复查换证申请及相应材料分专业分别报农业部农产品质量安全中心种植业、畜牧业、渔业产品三个认证分中心(以下简称部直分中心)。

第六条　部直分中心自收到产品复查换证申请及省级承办机构初审意见之日起 15 个工作日内，负责完成对申请材料的复审。经复审，符合产品复查换证要求的，将全套复查换证材料及复审意见报农业部农产品质量安全中心；需补充材料的和不符合要求的，通过省级承办机构通知申请人补充材料或限期整改补充材料。必要时，部直分中心应当对各地方的产品复查换证工作情况进行指导和检查。

第七条　农业部农产品质量安全中心自收到产品复查换证材料及部直分中心

复审意见之日起15个工作日内，负责完成对产品复查换证申请及推荐材料的综合审查。符合产品复查换证要求的，提交全国无公害农产品认证评审委员会专家终审；不符合产品复查换证要求的，通过部直分中心或省级承办机构通知申请人补充材料或限期整改补充材料。

第八条　经无公害农产品认证评审委员会专家终审，符合换证条件的，由农业部农产品质量安全中心审批颁发新的《无公害农产品证书》；不符合换证条件的，由农业部农产品质量安全中心通过部直分中心或省级承办机构通知申请人补充材料或限期整改补充材料。

第九条　新颁发的《无公害农产品证书》有效期3年。期满后需要继续使用的，证书持有人应当在有效期满前90日内按照《无公害农产品认证程序》和本规范重新办理产品复查换证手续。

第十条　农业部农产品质量安全中心在每月10日前将上月通过复查换证的无公害农产品目录报农业部和国家认证认可监督管理委员会备案。

第十一条　鼓励无公害农产品认证复查换证工作和无公害农产品产地认定复查换证工作结合进行。

第十二条　无公害农产品证书有效期满未办理产品复查换证或未通过产品复查换证手续的，原无公害农产品证书自动失效，停止使用无公害农产品标志。

第十三条　本规范由农业部农产品质量安全中心负责解释，自2005年7月1日起实施。

附件 2-1

无公害农产品认证复查换证申请书

申请人(签字、盖章):________________

原证书编号:________________

原证书起止日期:________________

复查换证申请日期:______年______月______日

农业部农产品质量安全中心印制

申请书填写说明

1. 提出申请即说明申请人已经了解换证的要求和相应规定。保证遵守《中华人民共和国产品质量法》和《无公害农产品管理办法》及相关法律、法规的要求，接受农业部农产品质量安全中心对本单位的认证检查。

2. 一份申请书只能申报一种产品。

3. 请用钢笔、签字笔正楷如实填写或用A4纸打印，字迹整洁、术语规范、印章清晰。

4. 表格栏目不得空缺(可附页)。

(1)法定代表人、填表人签字一律手签；

(2)申请人全称须与所盖印章一致；

(3)联系电话须注明区号。

5. 申请书和附报材料均使用A4纸装订成册，编制页码，所有复印件须加盖申请人公章，报无公害农产品认证各省级承办机构。

6. 联系方式：

(1)农业部农产品质量安全中心

地址:北京市海淀区学院南路59号　邮编:100081

电话:010-62191437;010-62131998　传真:010-62191434;010-62191445

E-mail:shc@aqsc.gov.cn;jdc@aqsc.gov.cn

(2)农业部农产品质量安全中心种植业产品认证分中心

地址:北京市朝外大街223号　邮编:100020

电话:010-65520107　传真:010-65520119

E-mail:yuangy70@163.com

(3)农业部农产品质量安全中心畜牧业产品认证分中心

地址:北京市朝阳区麦子店街20号楼527室　邮编:100026

电话:010-59191489,59191485,59194646,59194645

传真:010-59191485,59194779

E-mail:zbc@cav.net.cn

(4)农业部农产品质量安全中心渔业产品认证分中心

地址:北京永定路南青塔150号　邮编:100039

电话:010-68673907,68673912,68673913　传真:010-68671130

E-mail: cffpq@sina.com

保证申请材料真实性和执行无公害农产品标准及规范的声明

1. 本单位申请产品认证复查换证所提交的材料和填写的内容全部真实、准确。如有虚假成分,愿负法律责任。

2. 本单位在生产__________________过程中,严格执行有关无公害农产品标准。管理人员、技术人员和生产人员熟悉掌握该产品标准,并保证在生产过程中落实无公害农产品质量控制措施,严格执行该产品生产技术规范,决不使用国家禁止使用的各类农业投入品,规范使用国家限用的各类农业投入品,确保本产品符合质量安全要求。

3. 申请换证的该产品,如果通过无公害农产品换证申请,将保证严格按照《无公害农产品标志管理办法》(农业部、国家认监委第231号公告)的规定,在换证产品或者产品包装上加贴使用全国统一的无公害农产品标志。

4. 继续接受农业部农产品质量安全中心、无公害农产品省级承办机构及有关部门对本单位与无公害农产品生产和使用无公害农产品标志的监督检查。

法人代表:(签字)

申报单位:(盖章)

日期:

申请人及产品基本情况

<table>
<tr><td>申请人全称</td><td colspan="5"></td></tr>
<tr><td>法人代表</td><td colspan="2"></td><td>联系电话</td><td colspan="2"></td></tr>
<tr><td>申请人类型</td><td colspan="5">□自产自销型　□公司＋农户型　□松散收购型　□混合型</td></tr>
<tr><td>联系人</td><td colspan="2"></td><td>联系电话</td><td colspan="2"></td></tr>
<tr><td>手机</td><td colspan="2"></td><td>传真</td><td colspan="2"></td></tr>
<tr><td>E-mail</td><td colspan="5"></td></tr>
<tr><td>通讯地址</td><td colspan="3"></td><td>邮政编码</td><td></td></tr>
<tr><td>职工人数</td><td></td><td>管理人员数</td><td></td><td>技术人员数</td><td></td></tr>
<tr><td>经营范围</td><td colspan="5"></td></tr>
<tr><td colspan="6">产品概况</td></tr>
<tr><td>产品名称</td><td colspan="2"></td><td>注册商标</td><td colspan="2">□无　□有(提交复印件)</td></tr>
<tr><td colspan="3">产地认定规模(公顷/万头/万只)</td><td colspan="3"></td></tr>
<tr><td colspan="3">实际生产规模(公顷/万头/万只)</td><td colspan="3"></td></tr>
<tr><td>执行标准</td><td colspan="2"></td><td>包装规格</td><td colspan="2"></td></tr>
<tr><td>年总产量(吨)</td><td colspan="2"></td><td>年销售量(吨)</td><td colspan="2"></td></tr>
<tr><td>年销售额(万元)</td><td colspan="2"></td><td>销售范围</td><td colspan="2"></td></tr>
</table>

与上次认证对比变化情况说明	包括生产主体、注册商标、无公害农产品产地生产质量控制措施、操作技术规程等方面的变化内容。

备注：此栏如填写不下，可附页。

无公害农产品产地认定与产品认证一体化推进实施意见

为从根本上解决无公害农产品产地认定与产品认证脱节问题，提高产地认定和产品认证工作效率，加快产地认定与产品认证步伐，农业部农产品质量安全中心决定在黑龙江省一体化试点的基础上，进一步扩大试点范围，加快无公害农产品产地认定与产品认证一体化推动进程。现就推进无公害农产品产地认定与产品认证一体化工作提出如下实施意见：

一、总体思路

紧紧围绕全国无公害农产品“全面加快发展，全力打造品牌”中心任务，以提升农产品质量安全水平为目标，以贯彻实施《农产品质量安全法》为契机，以行政推动和依法管理相结合为发展基本方向，在现有制度框架基础上，围绕提高无公害农产品产地认定与产品认证工作质量和效率，在操作层面按照“统一规范、简便快捷”和“循序渐进、稳步推进”的工作原则，用一体化推进的理念和要求，统筹产地认定与产品认证全过程，不断创新工作方式方法，简便工作程序和流程，强化各环节相互衔接，充分发挥体系队伍的管理和技术优势，突出工作重点，做好整体推进工作。力争用 2 年左右的时间，全面实现无公害农产品产地认定与产品认证工作一体化推进，产地认定与产品认证工作机构一体化运作，产地认定产品认证与证后监管同步实施，证书核发与标志使用同步进行的工作目标。

二、推进重点

根据总体思路，按照无公害农产品产地认定与产品认证一体化推进工作流程规范（附件 1），一体化推进的重点主要集中在以下五个方面：

（一）将产地认定与产品认证申请书合二为一。将目前产地认定的“县级—地级—省级”和产品认证的“县级—地级—省级—部直分中心—部中心”两个工作流程 8 个环节整合为“县级—地级—省级—部直分中心—部中心”一个工作流程 5 个环节。申请人提交一次申请书，即可完成产地认定和产品认证申请。

（二）将产地认定与产品认证申请材料合二为一。将目前产地认定和产品认证需要分别提交的两套申请材料共 20 个附件合并简化为一套申请材料 7 个附件，一套申报材料同时满足产地认定和产品认证两个方面的需要（附件 2）。

（三）将产地认定和产品认证审查工作合并进行。在整个产地认定和产品认证过程中需要技术审查与现场检查的，同步安排，技术审查和现场检查的结果在产地认定与产品认证审批发证时共享。

（四）改单一产品独立申报为多产品合并申报。同一产地、同一申请人可以通过一份申请书和一套附报材料一次完成多个产品认证的同时申报。

（五）放宽申请人资格条件。凡是具有一定组织能力和责任追溯能力的单位和个人，都可以作为无公害农产品产地认定和产品认证申报的主体，包括部分乡镇人民政府及其所属的各种产销联合体、协会等服务农民和拓展农产品市场的服务组织。

三、实施要求

（一）因地制宜拟定实施方案并迅速组织实施。为稳步开展一体化推进工作，农业部农产品质量安全中心在总结黑龙江试点工作的基础上，将在不同区域省份扩大一体化推进工作试点。各省级农产品质量安全工作机构（无公害农产品工作机构）要根据总体思路和一体化推进工作重点，结合本地区、本行业无公害农产品发展实际，对本地区、本行业一体化推进工作作出全面部署和安排。对纳入试点优先实施一体化推进的重点区域、重点产品、重点产业和企业，要从简化、衔接、规范等方面入手，抓紧研究制定切实可行的一体化推进实施方案，并以正式文件形式向农业部农产品质量安全中心提出一体化推进试点申请，报经审查认可后全面组织实施。

（二）努力构建良好的一体化推进政策环境。为确保一体化推进工作顺利开展，各省级农产品质量安全工作机构要在省级农业（农林、农牧、畜牧、兽医、渔业、农垦）主管厅（局、委、办）的领导下，抓住《农产品质量安全法》实施的有利时机，把一体化推进工作纳入本地区、本行业农产品质量安全“十一五”发展规划，多渠道争取财政支持和政策扶持，为一体化推进工作创造有利条件。

（三）进一步强化一体化推进的宣传培训工作。无公害农产品产地认定与产品认证一体化推进，是一项推动农产品质量安全工作深入开展的新探索。要通过广播、电视、报刊等媒体，加大一体化推进的宣传力度，普及相关知识，提高社会认知度。要通过技术、管理培训，培养一批掌握一体化推进要求的业务骨干，提高业务能力和工作效率。农业部农产品质量安全中心将结合一体化推进进展情况，举办专项培训，重点培训各省级工作机构的业务负责人和技术骨干。各省级工作机构也要结合本地实际和工作进展情况，有针对性地做好本地区、本行业地县两级一体化推进的专项培训。

（四）切实加强对一体化推进工作的组织领导。对无公害农产品产地认定与产品认证实施一体化推进，是新阶段做好无公害农产品工作的重要举措，影响面大、政策性强，关系到整个无公害农产品事业的有序、快速、健康发展。各省级农产品质量安全工作机构，要高度重视，切实加强组织领导，把一体化推进工作摆上重要日程，明确工作目标和责任，采取有力措施，实现一体化推进工作在省、地、县层层有人管，事事有人抓，一抓到底，抓出成效。

附件 1　无公害农产品产地认定与产品认证一体化工作流程规范

附件 2　无公害农产品产地认定与产品认证一体化推进前后申请材料及审查流程对比分析

附件 1

无公害农产品产地认定与产品认证一体化工作流程规范

第一条　为做好无公害农产品产地认定与产品认证一体化推进工作，根据《无公害农产品管理办法》、《无公害农产品产地认定程序》和《无公害农产品认证程序》，结合无公害农产品发展需要，制定本工作流程规范。

第二条　本工作流程规范适用于经农业部农产品质量安全中心批复认可的省、自治区、直辖市及计划单列市无公害农产品产地认定与产品认证一体化推进工作。

第三条　从事农产品生产的单位和个人，可以直接向所在县级农产品质量安全工作机构(简称“工作机构”)提出无公害农产品产地认定和产品认证一体化申请，并提交以下材料：

(一)《无公害农产品产地认定与产品认证(复查换证)申请书》(附表1、附表2)；

(二)国家法律法规规定申请者必须具备的资质证明文件(复印件)；

(三)无公害农产品生产质量控制措施；

(四)无公害农产品生产操作规程；

(五)符合规定要求的《产地环境检验报告》和《产地环境现状评价报告》或者符合无公害农产品产地要求的《产地环境调查报告》；

(六)符合规定要求的《产品检验报告》；

(七)规定提交的其他相应材料。

申请产品扩项认证的，提交材料(一)、(四)、(六)和有效的《无公害农产品产地认定证书》。

申请复查换证的，提交材料(一)、(六)、(七)和原《无公害农产品产地认定证书》和《无公害农产品认证证书》复印件，其中材料(六)的要求按照《无公害农产品认证复查换证有关问题的处理意见》执行。

第四条　同一产地、同一生长周期、适用同一无公害食品标准生产的多种产品在申请认证时，检测产品抽样数量原则上采取按照申请产品数量开二次平方根(四舍五入取整)的方法确定，并按规定标准进行检测。

申请之日前两年内部、省监督抽检质量安全不合格的产品应包含在检测产品抽样数量之内。

第五条　县级工作机构自收到申请之日起10个工作日内，负责完成对申请人申请材料的形式审查。符合要求的，在《无公害农产品产地认定与产品认证报告》(附表3，以下简称《认证报告》)签署推荐意见，连同申请材料报送地级工作机构审查。

不符合要求的，书面通知申请人整改、补充材料。

第六条　地级工作机构自收到申请材料、县级工作机构推荐意见之日起15个工作日内，对全套申请材料进行符合性审查，符合要求的，在《认证报告》上签署审查意见(北京、天津、重庆等直辖市和计划单列市的地级工作合并到县级一并完成)，报送省级工作机构。

不符合要求的，书面告之县级工作机构通知申请人整改、补充材料。

第七条　省级工作机构自收到申请材料及县、地两级工作机构推荐、审查意见之日起20个工作日内，应当组织或者委托地县两级有资质的检查员按照《无公害农产品认证现场检查工作程序》进行现场检查，完成对整个认证申请的初审，并在《认证报告》上提出初审意见。

通过初审的，报请省级农业行政主管部门颁发《无公害农产品产地认定证书》，同时将申请材料、《认证报告》和《无公害农产品产地认定与产品认证现场检查报告》(附表4)及时报送部直各业务对口分中心复审。

未通过初审的，书面告之地县级工作机构通知申请人整改、补充材料。

第八条　本工作流程规范未对无公害农产品产地认定和产品认证作调整的内容，仍按照原有无公害农产品产地认定与产品认证相应规定执行。

第九条　农业部农产品质量安全中心审核颁发《无公害农产品证书》前，申请人应当获得《无公害农产品产地认定证书》或者省级工作机构出具的产地认定证明。

第十条　本工作流程规范由农业部农产品质量安全中心负责解释，自2006年8月1日起实施。

附表 1

材料编号：____________

无公害农产品
产地认定与产品认证申请书

申请人(盖章)：____________

法人代表：(签字、盖章)____________

首次申报 □　　产品扩项申请 □

申请日期：______年______月______日

农业部农产品质量安全中心印制

申请书填写说明

1. 申请材料要用钢笔、签字笔填写或用计算机打印，内容完整真实，字迹整洁、术语规范、印章清晰。

2. 申请书填写：种植业产品不需要填写表五、六、七；畜牧业产品不需要填写表三、四、七；渔业产品不需要填写表三、四、五、六。

3. 随申请书须附报以下材料：

(1)国家法律法规规定申请者必须具备的资质证明文件(如营业执照、卫生许可证、动物防疫证、屠宰证、水产养殖证等；以乡镇人民政府作为申请人的，应当出具证明并加盖乡镇人民政府公章，负责人签字确认)；

(2)无公害农产品质量控制措施；

(3)无公害农产品生产操作规程(多种产品同时申报的，需提供每种产品的生产操作规程)；

(4)《产地环境检验报告》和《产地环境现状评价报告》(省级工作机构委托、农业部农产品质量安全中心备案的产地环境检测机构出具)或符合无公害农产品产地要求的《产地环境调查报告》；

(5)《产品检验报告》(农业部农产品质量安全中心委托的产品检测机构出具，一年之内)；

(6)要求提交的其他有关材料。

4. 申请书和附报材料均使用A4纸装订成册，编制目录、页码。

5. 联系方式：

(1)农业部农产品质量安全中心

地址：北京市海淀区学院南路59号　　邮编：100081

电话：010-62191437，010-62131998　传真：010-62191434，010-62191445

E-mail：shc@aqsc. gov. cn，jdc@aqsc. gov. cn

(2)农业部农产品质量安全中心种植业产品认证分中心

地址：北京市朝阳区朝外大街223号　　邮编：100020

电话：010-65520107　传真：010-65520119

E-mail：rzch@263. com

(3)农业部农产品质量安全中心畜牧业产品认证分中心

地址：北京市朝阳区麦子店街20号楼527室　　邮编：100026

电话：010-59191489，59191485，59194646，59194645

传真：010-59191485，59194779　E-mail：zbc504@126. com

(4)农业部农产品质量安全中心渔业产品认证分中心

地址：北京市丰台区永定路南青塔150号　　邮编：100039

电话：010-68673907，68673912，68673913　传真：010-68671130

E-mail：cffpq@ cafs. ac. cn

保证申请材料真实性和执行无公害农产品标准及规范的声明

1. 本单位申请无公害农产品产地认定和产品认证所提交的材料和填写的内容全部真实、准确。如有虚假成分，愿负法律责任。

2. 本单位在生产________________过程中，严格执行有关无公害农产品标准。管理人员、技术人员和生产人员熟悉掌握该产品标准，并保证在生产过程中落实无公害农产品质量控制措施，严格执行该产品生产技术规范(程)，决不使用国家禁止使用的各类农业投入品，规范使用各类农业投入品，确保本产品符合质量安全要求。

3. 申请认证的产品，如果通过无公害农产品认证申请，将保证严格按照《无公害农产品标志管理办法》(农业部、国家认监委第231号公告)的规定，在产品或产品包装上加贴使用全国统一的无公害农产品标志。

4. 接受各级无公害农产品产地认定和产品认证机构及有关部门对本单位生产无公害农产品和使用无公害农产品标志情况的监督检查。

法人代表：(签字)

申请人：(盖章)

日期：

表一 申请人基本情况

<table>
<tr><td>申请人全称</td><td colspan="6"></td></tr>
<tr><td>法人代表</td><td></td><td>单位性质</td><td colspan="2"></td><td>注册商标</td><td></td></tr>
<tr><td>申请人类型</td><td colspan="6">□自产自销型 □公司+农户型 □混合型 □其他</td></tr>
<tr><td>联系人</td><td colspan="2"></td><td>联系电话</td><td colspan="3"></td></tr>
<tr><td>手机</td><td colspan="2"></td><td>传真</td><td colspan="3"></td></tr>
<tr><td>E-mail</td><td colspan="6"></td></tr>
<tr><td>通讯地址</td><td colspan="4"></td><td>邮政编码</td><td></td></tr>
<tr><td>职工人数</td><td></td><td>管理人员数</td><td colspan="2"></td><td>技术人员数</td><td></td></tr>
<tr><td>经营范围</td><td colspan="6"></td></tr>
<tr><td>固定资产(万元)</td><td colspan="2"></td><td colspan="2">年总利润(万元)</td><td colspan="2"></td></tr>
<tr><td>年总销售量(吨)</td><td colspan="2"></td><td colspan="2">年总销售额(万元)</td><td colspan="2"></td></tr>
<tr><td>年总出口量(吨)</td><td colspan="2"></td><td colspan="2">年总出口额(万元)</td><td colspan="2"></td></tr>
<tr><td>主要销售区域</td><td colspan="6"></td></tr>
<tr><td colspan="7">产地基本情况</td></tr>
<tr><td>产地名称</td><td colspan="6">__________省(区、市)无公害__________产地</td></tr>
<tr><td>产地规模(公顷、万头、万只)</td><td colspan="6"></td></tr>
<tr><td>产地所在具体地址</td><td colspan="6"></td></tr>
<tr><td rowspan="3">生产管理形式</td><td colspan="3">□分村组生产,统一管理</td><td colspan="2">村组个数</td><td></td></tr>
<tr><td colspan="3">□分户生产,统一管理</td><td colspan="2">户数</td><td></td></tr>
<tr><td colspan="2">□集中生产管理</td><td colspan="4">□其他</td></tr>
<tr><td>产地执行标准编号及名称</td><td colspan="6"></td></tr>
</table>

填表人: 年 月 日

表二 申报产品情况

产品名称	商品名称	生产规模（公顷、万头、万只）	生产周期	包装规格	年产量（吨）	年销售量（吨）	产品执行标准编号及名称

填表人： 年 月 日

表三 最近生产周期种植产品农药使用情况

施药作物	农药通用名称	登记证号	农药剂型	防治对象	使用剂量	一个生产周期使用次数	末次施药到收获的间隔天数

填表人： 年 月 日

表四 最近生产周期种植产品肥料使用情况

施肥作物	肥料通用名称	登记证号	总施肥量	一个生产周期使用次数

填表人： 年 月 日

表五　最近生产周期畜牧产品饲养场情况

<table>
<tr><td colspan="2">饲养场名称</td><td colspan="5"></td></tr>
<tr><td colspan="2">畜禽种类</td><td colspan="2"></td><td>来源</td><td colspan="2"></td></tr>
<tr><td colspan="2">生产规模</td><td colspan="3"></td><td>养殖周期</td><td></td></tr>
<tr><td>饲养方法</td><td colspan="6">□散养　□圈养　□分户养殖　□集中集约养殖　□其他</td></tr>
<tr><td rowspan="2">饲料</td><td>名称</td><td>来源与成分</td><td>执行标准和登记证号（或批准文号）</td><td colspan="3">饲喂方法</td></tr>
<tr><td></td><td></td><td></td><td colspan="3"></td></tr>
<tr><td rowspan="2">饲料添加剂</td><td>名称</td><td>来源与成分</td><td>执行标准和登记证号（或批准文号）</td><td colspan="2">使用方法</td><td>用量</td></tr>
<tr><td></td><td></td><td></td><td colspan="2"></td><td></td></tr>
<tr><td rowspan="2">兽药</td><td>名称</td><td>主要防治疾病</td><td>执行标准和登记证号（或批准文号）</td><td colspan="2">用药方法</td><td>休药期</td></tr>
<tr><td></td><td></td><td></td><td colspan="2"></td><td></td></tr>
<tr><td colspan="7">废污物无害化处理与环境保护情况（废污物无害化处理设施、措施及执行标准）</td></tr>
</table>

填表人：　　　　　　年　　　月　　　日

表六 屠宰场(厂)生产情况

<table>
<tr><td>屠宰场(厂)名称</td><td colspan="2"></td><td>许可证号</td><td colspan="2"></td></tr>
<tr><td>产品名称</td><td></td><td>设计年屠宰量
(万头、万只)</td><td></td><td>实际年屠宰量
(万头、万只)</td><td></td></tr>
<tr><td>屠宰动物来源的饲养场名称(标明产地认定证书号码、附供货合同)</td><td colspan="5"></td></tr>
<tr><td>主要屠宰设施</td><td colspan="5"></td></tr>
<tr><td>执行标准</td><td colspan="5"></td></tr>
<tr><td colspan="6">屠宰工艺流程</td></tr>
<tr><td colspan="6">屠宰检疫单位、检疫员姓名及检疫证书号</td></tr>
<tr><td colspan="6">废污物无害化处理及环境保护情况(废污物无害化处理设施、措施及执行标准)</td></tr>
</table>

填表人: 年 月 日

表七　最近生产周期渔业产品养殖情况

<table>
<tr><td colspan="2">养殖场名称</td><td colspan="5"></td></tr>
<tr><td colspan="2">养殖方式</td><td colspan="2"></td><td>苗种来源</td><td colspan="2"></td></tr>
<tr><td colspan="2">放养日期</td><td></td><td>捕捞日期</td><td></td><td>养殖周期</td><td></td></tr>
<tr><td colspan="2">疾病防治条件</td><td colspan="5"></td></tr>
<tr><td rowspan="2">饲料</td><td>名称</td><td>来源与成分</td><td colspan="2">执行标准和登记证号
（或批准文号）</td><td colspan="2">饲喂方法</td></tr>
<tr><td></td><td></td><td colspan="2"></td><td colspan="2"></td></tr>
<tr><td rowspan="2">饲料添加剂</td><td>名称</td><td>来源与成分</td><td colspan="2">执行标准和登记证号
（或批准文号）</td><td colspan="2">使用方法与用量</td></tr>
<tr><td></td><td></td><td colspan="2"></td><td colspan="2"></td></tr>
<tr><td rowspan="2">渔药及其他化学剂</td><td>名称/成分</td><td>主要防治病害
（或用途）</td><td colspan="2">执行标准和登记证号
（或批准文号）</td><td colspan="2">用药方法与休药期</td></tr>
<tr><td></td><td></td><td colspan="2"></td><td colspan="2"></td></tr>
<tr><td colspan="7">废污物无害化处理与环境保护情况（废污物无害化处理设施、措施及执行标准）</td></tr>
</table>

填表人：　　　　　　年　　　月　　　日

表八 初级产品加工生产情况

<table>
<tr><td>产品名称</td><td colspan="2"></td><td colspan="2">加工厂名称</td><td></td></tr>
<tr><td>设计年产量(吨)</td><td colspan="2"></td><td colspan="2">实际产量(吨)</td><td></td></tr>
<tr><td colspan="6">原料</td></tr>
<tr><td>名称</td><td colspan="2">比例</td><td colspan="2">年用量(吨)</td><td>来源</td></tr>
<tr><td></td><td colspan="2"></td><td colspan="2"></td><td></td></tr>
<tr><td colspan="6">食品添加剂</td></tr>
<tr><td>名称</td><td colspan="2">添加比例</td><td>作用</td><td>来源</td><td>执行标准和登记证号（或批准文号）</td></tr>
<tr><td></td><td colspan="2"></td><td></td><td></td><td></td></tr>
<tr><td>主要加工设施</td><td colspan="5"></td></tr>
<tr><td colspan="6">工艺流程</td></tr>
<tr><td colspan="6">产品检验能力(检验机构、人员、设施、检验项目等)</td></tr>
<tr><td colspan="6">废污物无害化处理及环境保护情况</td></tr>
</table>

填表人： 年 月 日

表九 申请认证产品计划使用无公害农产品标志统计

单位名称						
产品名称			产品上市时间			
标志种类	规格	直径尺寸（mm）	使用标志数量（万枚）	加贴附着物		产品包装规格说明（克/袋、箱、包）
				产品	包装	
纸质标志	1号	10				
	2号	15				
	3号	20				
	4号	30				
	5号	60				
塑质标志	2号	15				
	3号	20				
	4号	30				
	5号	60				

填表人： 年 月 日

注：1.请登陆http://www.aqsc.gov.cn仔细阅读“公告栏”中《全国统一无公害农产品标志申领使用说明》，并按其要求填写上表；

2.请你单位根据申报产品的种类、数量、包装规格等计算当年计划申领使用全国统一无公害农产品标志的种类、规格和数量，并如实填写上表；

3.上表“加贴附着物”栏：是指标志在确定直接加贴于无公害农产品上或加贴于无公害农产品包装上后，在“产品”或“包装”对应栏划“√”；

4.上表“产品包装规格说明”栏：是指如果标志确定加贴于无公害农产品包装上的，须注明产品的包装规格。如：XX克/箱、XX克/袋XX克/盒、XX克/包等；

5.上表填写的有关数据，将作为我中心给获证产品核发全国统一无公害农产品标志的主要依据。

附表 2

材料编号：__________

无公害农产品
产地认定与产品认证复查换证申请书

申请人(盖章)：__________

法人代表(签字、盖章)：__________

原产地证书编号：__________ 起止日期：__________

原产品证书起止日期：__________

申请日期：__________年__________月__________日

农业部农产品质量安全中心印制

申请书填写说明

1．申请材料要用钢笔、签字笔填写或用计算机打印，内容完整真实，字迹整洁、术语规范、印章清晰。

2．随申请书须附报以下材料：

(1)原《无公害农产品产地认定证书》(复印件)；

(2)原《无公害农产品证书》(复印件)；

(3)《产品检验报告》(具体要求详见农质安发[2005]15 号文《无公害农产品认证复查换证有关问题的处理意见》)；

(4)要求提交的其他有关材料。

3．申请书和附报材料均使用 A4 纸装订成册，编制目录、页码。

4．联系方式：

(1)农业部农产品质量安全中心

地址:北京市海淀区学院南路 59 号　邮编:100081

电话:010-62191437,010-62131998

传真:010-62191434,010-62191445

E-mail:shc@aqsc. gov. cn,jdc@aqsc. gov. cn

(2)农业部农产品质量安全中心种植业产品认证分中心

地址:北京市朝阳区朝外大街 223 号　邮编:100020

电话:010-65520107　传真:010-65520119

E-mail:rzch@263. com

(3)农业部农产品质量安全中心畜牧业产品认证分中心

地址:北京市朝阳区麦子店街 20 号楼 527 室　邮编:100026

电话:010-59191489,59191485,59194646,59194645

传真:010-59191485,59194779

E-mail:zbc504@126. com

(4)农业部农产品质量安全中心渔业产品认证分中心

地址:北京市丰台区永定路南青塔 150 号　邮编:100039

电话:010-68673907,68673912,68673913　传真:010-68671130

E-mail: cffpq@ cafs. ac. cn

保证申请材料真实性和执行无公害农产品标准及规范的声明

1.本单位申请复查换证所提交的材料和填写的内容全部真实、准确。如有虚假成分,愿负法律责任。

2.本单位在生产____________________过程中,严格执行有关无公害农产品标准。管理人员、技术人员和生产人员熟悉掌握该产品标准,并保证在生产过程中落实无公害农产品质量控制措施,严格执行该产品生产技术规范(程),决不使用国家禁止使用的各类农业投入品,规范使用各类农业投入品,确保本产品符合质量安全要求。

3.申请换证的产品,如果通过无公害农产品换证申请,将保证严格按照《无公害农产品标志管理办法》(农业部、国家认监委第231号公告)的规定,在换证产品或产品包装上加贴使用全国统一的无公害农产品标志。

4.继续接受各级无公害农产品产地认定和产品认证机构及有关部门对本单位生产无公害农产品和使用无公害农产品标志情况的监督检查。

法人代表:(签字)

申请人:(盖章)

日期:

表一　申请人基本情况

<table>
<tr><td>申请人全称</td><td colspan="6"></td></tr>
<tr><td>法人代表</td><td></td><td>单位性质</td><td></td><td>注册商标</td><td colspan="2"></td></tr>
<tr><td>申请人类型</td><td colspan="6">□自产自销型　□公司＋农户型　□混合型　□其他</td></tr>
<tr><td>联系人</td><td colspan="3"></td><td>联系电话</td><td colspan="2"></td></tr>
<tr><td>手机</td><td colspan="3"></td><td>传真</td><td colspan="2"></td></tr>
<tr><td>E-mail</td><td colspan="6"></td></tr>
<tr><td>通讯地址</td><td colspan="4"></td><td>邮政编码</td><td></td></tr>
<tr><td>职工人数</td><td></td><td>管理人员数</td><td></td><td>技术人员数</td><td colspan="2"></td></tr>
<tr><td>经营范围</td><td colspan="6"></td></tr>
<tr><td>固定资产（万元）</td><td colspan="2"></td><td colspan="2">年总利润（万元）</td><td colspan="2"></td></tr>
<tr><td>年总销售量（吨）</td><td colspan="2"></td><td colspan="2">年总销售额（万元）</td><td colspan="2"></td></tr>
<tr><td>年总出口量（吨）</td><td colspan="2"></td><td colspan="2">年总出口额（万元）</td><td colspan="2"></td></tr>
<tr><td>主要销售区域</td><td colspan="6"></td></tr>
<tr><td colspan="7">产地基本情况</td></tr>
<tr><td>产地名称</td><td colspan="6">______省（区、市）无公害______产地</td></tr>
<tr><td>产地规模（公顷）</td><td colspan="6"></td></tr>
<tr><td>产地所在
具体地址</td><td colspan="6"></td></tr>
<tr><td rowspan="3">生产管
理形式</td><td colspan="3">□分村组生产，统一管理</td><td colspan="2">村组个数</td><td></td></tr>
<tr><td colspan="3">□分户生产，统一管理</td><td colspan="2">户数</td><td></td></tr>
<tr><td colspan="3">□集中生产管理</td><td colspan="3">□其他</td></tr>
<tr><td>产地执行标准
编号及名称</td><td colspan="6"></td></tr>
</table>

填表人：　　　　　　年　　　月　　　日

表二　申报产品情况

产品名称	商品名称	生产规模（公顷、万头、万只）	生产周期	包装规格	年产量（吨）	年销售量（吨）	产品执行标准编号及名称

填表人：　　　　年　　月　　日

表三　产地产品与上次对比变化情况

包括生产主体、注册商标、区域范围、生产规模、环境状况、操作技术规程、质量控制措施、产品种类、农业投入品等方面的变化内容。

填表人：　　　　年　　月　　日

附表 3

材料编号：________________

产品证书编号：________________

原产品证书起止日期：__________

无公害农产品
产地认定与产品认证报告

产品名称	生产规模 （公顷、万头、万羽、万只）：	年产量（吨）

申请人全称：________________

联系人：________________

联系电话：________________

农业部农产品质量安全中心印制

填写说明

1.本报告包含同一产地同时申报的所有产品。

2.封面和表1,表2由县、地和省级工作机构填写,封面的“原证书编号”和“原证书起止日期”栏,首次申请认证的不填写,复查换证的须填写;表3由部直分中心填写;表4由农业部农产品质量安全中心填写。

3.对申报材料的审查(核)和评审,应客观、公正,提出的意见要具体、做出的评审结论要明确。对不符合项要注明原由和依据。

4.实际生产规模应与产地认定规模一致,种植业、渔业单位为公顷(菌类、蜂产品不填写);畜牧业单位为万头、万羽、万只;年产量单位为吨。

5.认证报告的内容用钢笔或蓝黑色签字笔填写,字迹整洁、术语规范准确、印章清晰。

6.报告格式可从www.aqsc.gov.cn网下载后用A_4纸印制。

7.报告内容由农业部农产品质量安全中心负责解释。联系电话:010-62191437,传真:010-62191434。

表1 县、地级工作机构推荐意见

县级工作机构推荐意见	负责人(签字): (加盖县级工作机构印章) 年 月 日
地级工作机构审核意见	负责人(签字): (加盖地级工作机构印章) 年 月 日

表2　省级工作机构产地认定终审和产品认证初审意见

<table>
<tr><td>省级工作机构检查员意见</td><td colspan="2">检查员(签字)：
年　　月　　日</td></tr>
<tr><td rowspan="2">省级工作机构综合审查意见</td><td>(一)产地认定终审意见</td><td>产地认定委员会主任委员(签字)：
(加盖省级农业行政主管部门印章)
年　　月　　日</td></tr>
<tr><td>(二)产品认证初审意见</td><td>省级工作机构负责人(签字)：
(加盖省级工作机构印章)
年　　月　　日</td></tr>
</table>

表3 部直分中心复审意见

<table>
<tr><td>部直分中心检查员意见</td><td>

检查员(签字):
年 月 日</td></tr>
<tr><td>部直分中心复审意见</td><td>

部直分中心主任(签字):
(加盖部直分中心印章)
年 月 日</td></tr>
</table>

表 4　农业部农产品质量安全中心终审意见

农业部农产品质量安全中心终审意见	中心主任(签字)： (加盖中心印章) 年　月　日

附表 4

无公害农产品
产地认定与产品认证现场检查报告

申请人全称:______________________

现场检查结论:____________________

农业部农产品质量安全中心印制

表1　现场检查基本情况表

<table>
<tr><td colspan="2">通讯地址</td><td colspan="3"></td><td>邮编</td><td></td></tr>
<tr><td colspan="2">联系人</td><td></td><td>电话</td><td></td><td>传真</td><td></td></tr>
<tr><td colspan="2">法人代表</td><td colspan="5"></td></tr>
<tr><td>类别</td><td>分工</td><td>姓名</td><td>单位</td><td>职务/职称</td><td>联系电话</td><td>备注</td></tr>
<tr><td rowspan="5">检查组</td><td>组长</td><td></td><td></td><td></td><td></td><td></td></tr>
<tr><td rowspan="4">成员</td><td></td><td></td><td></td><td></td><td></td></tr>
<tr><td></td><td></td><td></td><td></td><td></td></tr>
<tr><td></td><td></td><td></td><td></td><td></td></tr>
<tr><td></td><td></td><td></td><td></td><td></td></tr>
<tr><td colspan="2" rowspan="5">参加人员</td><td></td><td></td><td></td><td></td><td></td></tr>
<tr><td></td><td></td><td></td><td></td><td></td></tr>
<tr><td></td><td></td><td></td><td></td><td></td></tr>
<tr><td></td><td></td><td></td><td></td><td></td></tr>
<tr><td></td><td></td><td></td><td></td><td></td></tr>
<tr><td colspan="7">______年______月______日至______年______月______日，以________同志为组长的检查组按照现场检查计划的安排，对________________进行了现场检查。</td></tr>
</table>

表 2 现场检查总体评价和结论表

<table>
<tr><td colspan="4">总体评价：</td></tr>
<tr><td>现场
检查
结论</td><td colspan="3">□通过
□基本通过，限期整改和报送整改结果
□不通过，限期整改并届时派员对整改结果进行确认</td></tr>
<tr><td rowspan="5">现场
检查组
同志
签字</td><td>组长</td><td></td><td>年 月 日</td></tr>
<tr><td rowspan="4">成员</td><td></td><td>年 月 日</td></tr>
<tr><td></td><td>年 月 日</td></tr>
<tr><td></td><td>年 月 日</td></tr>
<tr><td></td><td>年 月 日</td></tr>
<tr><td>整改
结果
备注</td><td colspan="3"></td></tr>
</table>

附件2

无公害农产品产地认定与产品认证一体化推进前后申请材料及审查流程对比分析

一、申请材料前后对比

原程序规定材料	一体化需要材料
(一)产地: 1.《无公害农产品产地认定申请书》; 2.产地的区域范围和生产规模; 3.产地环境状况说明; 4.无公害农产品生产计划; 5.无公害农产品质量控制措施; 6.专业技术人员的资质证明; 7.保证执行无公害农产品标准和规范的声明; 8.产地《环境检验报告》和《环境现状评价报告》; 9.要求提交的其他有关材料。 (二)产品: 1.《无公害农产品认证申请书》; 2.《无公害农产品产地认定证书》; 3.无公害农产品质量控制措施; 4.无公害农产品生产操作规程; 5.保证执行无公害农产品标准和规范的声明; 6.无公害农产品有关培训情况和计划; 7.申请认证产品的生产过程记录档案; 8."公司加农户"形式的申请人应当提供公司和农户签订的购销合同范本、农户名单以及管理措施; 9.初级加工产品提供初级产品加工厂卫生许可证复印件; 10.《产品检验报告》; 11.要求提交的其他材料。	1.《无公害农产品产地认定与产品认证申请书》; 2.国家法律法规规定申请者必须具备的资质证明文件; 3.无公害农产品质量控制措施; 4.无公害农产品生产操作规程; 5.《产地环境检验报告》和《产地环境现状评价报告》或符合无公害农产品产地要求的《产地环境调查报告》; 6.《产品检验报告》(一年之内); 7.要求提交的其他有关材料。

二、审查流程图

原产地认定和产品认证审查流程简图

产地认定审查

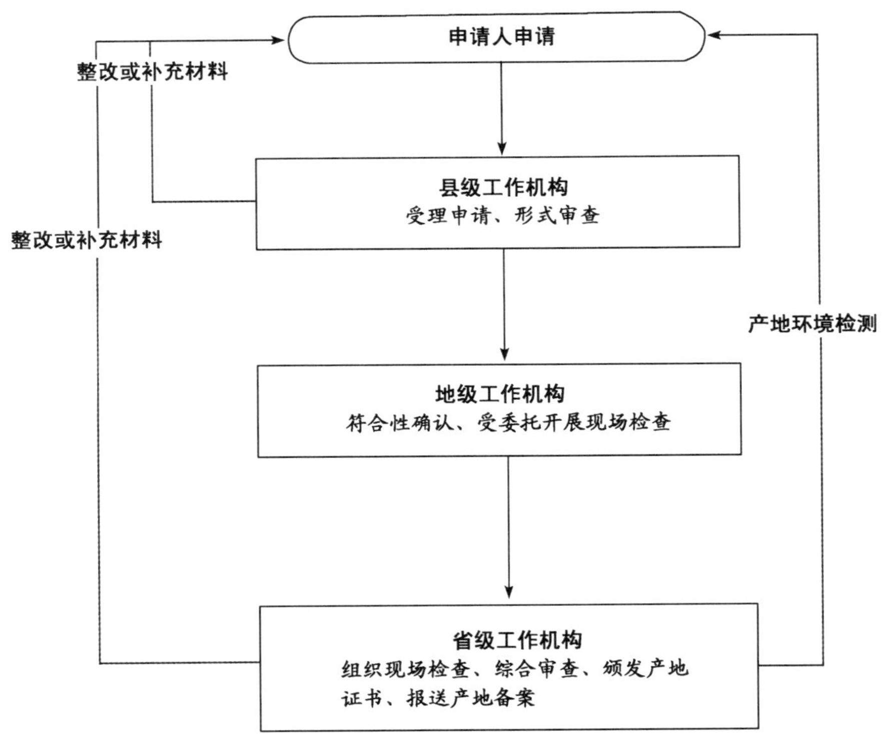

产品认证审查

申请人申请
整改或补充材料
县级工作机构
受理申请、形式审查
整改或补充材料
产品检测
地级工作机构
符合性确认、受委托实施现场检查
省级工作机构
需要时组织现场检查、初审、代领产品证书
整改或补充材料
部直分中心
需要时组织现场核查、复审
整改或补充材料
通知
农业部农产品质量安全中心
认定产地备案、产品认证终审、颁发产品证书

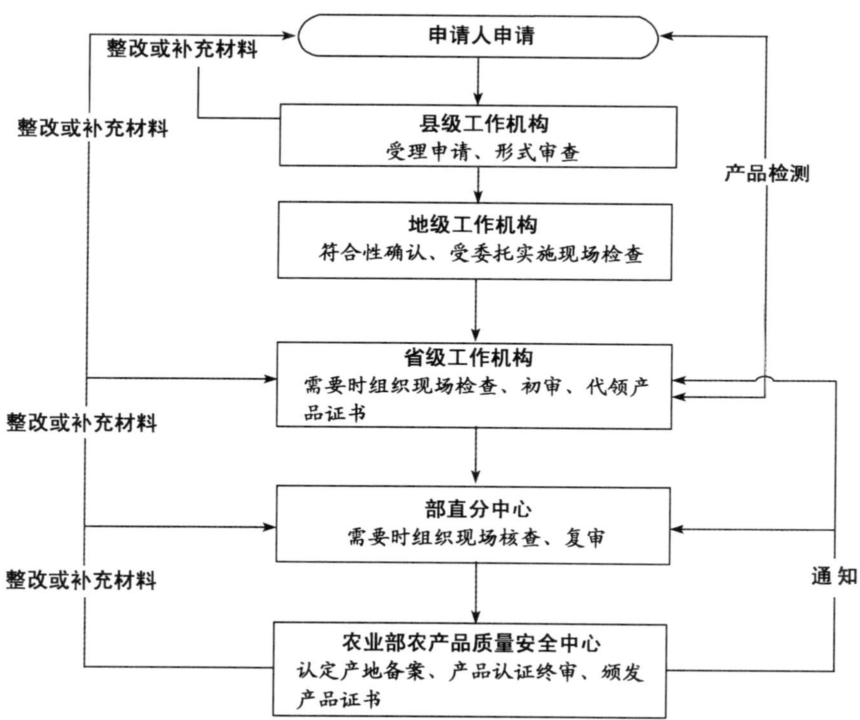

产地认定与产品认证一体化审查流程简图

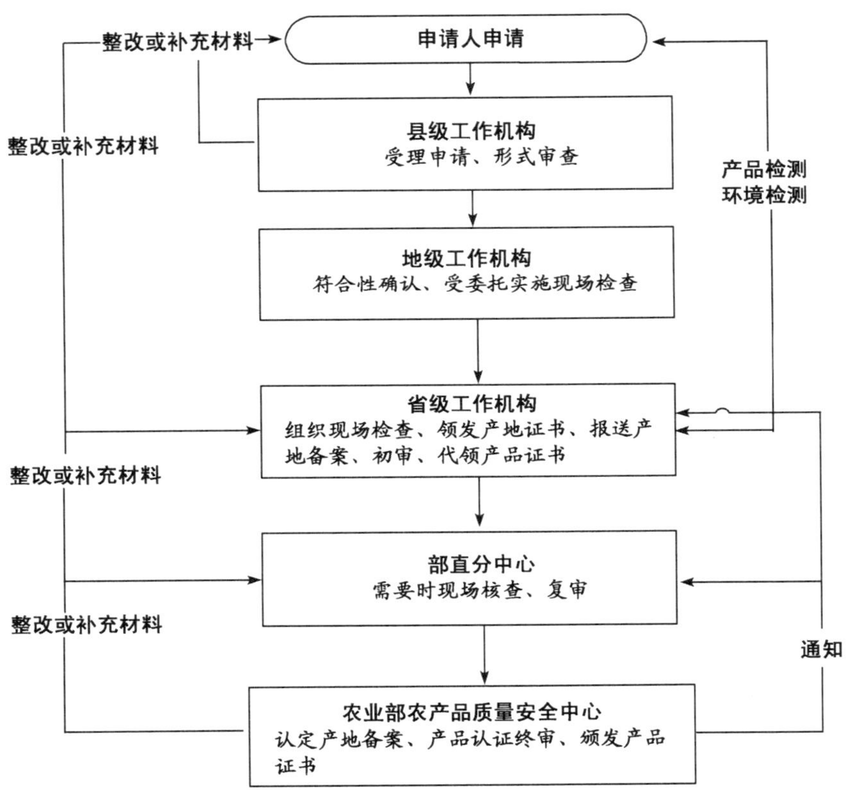

无公害农产品(畜牧业产品)一体化认证现场检查工作补充要求

对无公害农产品(畜牧业产品)一体化认证中公司加农户、畜禽养殖协会以及农业经济合作组织等带有农户的申请人开展现场检查时,除了按照《无公害农产品认证现场检查规范》(农质安发[2005]5号)和《无公害农产品(畜牧业产品)认证现场检查评定细则》(农质安发[2007]9号)要求开展现场检查外,应对其所带农户养殖情况进行抽查。

一、抽查的比例,对所带农户总数小于或等于100户的申请人至少抽查4户,大于100户的申请人至少抽查8户。

二、对抽查农户的养殖情况要按照《无公害农产品(畜牧业产品)认证现场检查评定细则》(农质安发[2007]9号)判定,其中有一户判定为不通过时,则本次现场检查不通过,要限期整改并派员对整改结果进行确认。

三、对农户养殖情况的抽查结果要在现场检查报告中进行描述。

食品召回管理规定

国家质量监督检验检疫总局令第98号

《食品召回管理规定》已经2007年7月24日国家质量监督检验检疫总局局务会议审议通过，现予公布，自公布之日起施行。

局长　李长江

二〇〇七年八月二十七日

第一章　总　　则

第一条　为了加强食品安全监管，避免和减少不安全食品的危害，保护消费者的身体健康和生命安全，根据《中华人民共和国产品质量法》、《中华人民共和国食品卫生法》、《国务院关于加强食品等产品安全监督管理的特别规定》等法律法规，制定本规定。

第二条　在中华人民共和国境内生产、销售的食品的召回及其监督管理活动，应当遵守本规定。

第三条　本规定所称不安全食品，是指有证据证明对人体健康已经或可能造成危害的食品，包括：

(一)已经诱发食品污染、食源性疾病或对人体健康造成危害甚至死亡的食品；

(二)可能引发食品污染、食源性疾病或对人体健康造成危害的食品；

(三)含有对特定人群可能引发健康危害的成分而在食品标签和说明书上未予以标识，或标识不全、不明确的食品；

(四)有关法律、法规规定的其他不安全食品。

第四条　本规定所称召回，是指食品生产者按照规定程序，对由其生产原因造成的某一批次或类别的不安全食品，通过换货、退货、补充或修正消费说明等方式，及时消除或减少食品安全危害的活动。

第五条　国家质量监督检验检疫总局(以下简称国家质检总局)在职权范围内统一组织、协调全国食品召回的监督管理工作。

省、自治区和直辖市质量技术监督部门(以下简称省级质监部门)在本行政区域内依法组织开展食品召回的监督管理工作。

第六条　国家质检总局和省级质监部门组织建立食品召回专家委员会(以下简称“专家委员会”)，为食品安全危害调查和食品安全危害评估提供技术支持。

第七条　国家质检总局应当加强食品召回管理信息化建设，组织建立食品召回信息管理系统，统一收集、分析与处理有关食品召回信息。

地方各级质监部门对本行政区域内的食品生产者建立质量安全档案，负责收集、分析与处理本行政区域内的有关食品安全危害和食品召回信息并逐级上报。

第八条　食品生产者应当建立完善的产品质量安全档案和相关管理制度，应当准确记录并保存生产环节中的原辅料采购、生产加工、贮运、销售以及产品标识等信息，保存消费者投诉、食源性疾病事故、食品污染事故记录，以及食品危害纠纷信息等档案。

第九条　食品生产者应当向所在地的省级或市级质监部门及时报告所有相关的食品安全危害信息，包括消费者投诉、食品安全危害事件等，不得隐瞒或虚报其生产的食品危害人体健康的事实。

第二章　食品安全危害调查和评估

第十条　判定食品是否属于不安全食品，应当进行食品安全危害调查和食品安全危害评估。

第十一条　食品安全危害调查的主要内容包括：

(一)是否符合食品安全法律、法规或标准的安全要求；

(二)是否含有非食品用原辅料、添加非食品用化学物质或者将非食品当作食品；

(三)食品的主要消费人群的构成及比例；

(四)可能存在安全危害的食品数量、批次或类别及其流通区域和范围。

第十二条　食品安全危害评估的主要内容包括：

(一)该食品引发的食品污染、食源性疾病、或对人体健康造成的危害，或引发上述危害的可能性；

(二)不安全食品对主要消费人群的危害影响；

(三)危害的严重和紧急程度；

(四)危害发生的短期和长期后果。

第十三条　食品生产者获知其生产的食品可能存在安全危害或接到所在地的省级质监部门的食品安全危害调查书面通知，应当立即进行食品安全危害调查和食品安全危害评估。

食品生产者应当及时通过所在地的市级质监部门向省级质监部门提交食品安全危害调查、评估报告，调查、评估报告的内容应当包括本规定第八条、第十一条和第十二条所述的内容。

第十四条　食品生产者接到通知后未进行食品安全危害调查和评估，或者经调查和评估确认不属于不安全食品的，所在地的省级质监部门应当组织专家委员会进行食品安全危害调查和食品安全危害评估，并做出认定。

第十五条 食品生产者和销售者应当配合省级质监部门组织的食品安全危害调查，不得以食品已通过任何符合性审查为由拒绝。

第十六条 食品生产者的食品安全危害调查和食品安全危害评估的结果与其所在地的省级质监部门所组织的专家委员会的结果不一致时，省级质监部门可以采取听证等方式进行处理，并做出确认结果的决定。

第十七条 经食品安全危害调查和评估，确认属于生产原因造成的不安全食品的，应当确定召回级别，实施召回。

第十八条 根据食品安全危害的严重程度，食品召回级别分为三级：

（一）一级召回：已经或可能诱发食品污染、食源性疾病等对人体健康造成严重危害甚至死亡的，或者流通范围广、社会影响大的不安全食品的召回；

（二）二级召回：已经或可能引发食品污染、食源性疾病等对人体健康造成危害，危害程度一般或流通范围较小、社会影响较小的不安全食品的召回；

（三）三级召回：已经或可能引发食品污染、食源性疾病等对人体健康造成危害，危害程度轻微的，或者属于本规定第三条第（三）项规定的不安全食品的召回。

第三章 食品召回的实施

第一节 主动召回

第十九条 确认食品属于应当召回的不安全食品的，食品生产者应当立即停止生产和销售不安全食品。

第二十条 自确认食品属于应当召回的不安全食品之日起，一级召回应当在1日内，二级召回应当在2日内，三级召回应当在3日内，通知有关销售者停止销售，通知消费者停止消费。

第二十一条 食品生产者向社会发布食品召回有关信息，应当按照有关法律法规和国家质检总局有关规定，向省级以上质监部门报告。

第二十二条 自确认食品属于应当召回的不安全食品之日起，一级召回应在3日内，二级召回应在5日内，三级召回应在7日内，食品生产者通过所在地的市级质监部门向省级质监部门提交食品召回计划。

第二十三条 食品生产者提交的食品召回计划主要内容包括：

（一）停止生产不安全食品的情况；

（二）通知销售者停止销售不安全食品的情况；

（三）通知消费者停止消费不安全食品的情况；

（四）食品安全危害的种类、产生的原因、可能受影响的人群、严重和紧急程度；

（五）召回措施的内容，包括实施组织、联系方式以及召回的具体措施、范围和时限等；

（六）召回的预期效果；

（七）召回食品后的处理措施。

第二十四条　自召回实施之日起，一级召回每 3 日，二级召回每 7 日，三级召回每 15 日，通过所在地的市级质监部门向省级质监部门提交食品召回阶段性进展报告。

食品生产者对召回计划有变更的，应当在食品召回阶段性进展报告中说明。

所在地的市级以上质监部门应当对食品召回阶段性进展报告提出处理意见，通知食品生产者并上报所在地的省级质监部门。

第二节　责令召回

第二十五条　经确认有下列情况之一的，国家质检总局应当责令食品生产者召回不安全食品，并可以发布有关食品安全信息和消费警示信息，或采取其他避免危害发生的措施：

（一）食品生产者故意隐瞒食品安全危害，或者食品生产者应当主动召回而不采取召回行动的；

（二）由于食品生产者的过错造成食品安全危害扩大或再度发生的；

（三）国家监督抽查中发现食品生产者生产的食品存在安全隐患，可能对人体健康和生命安全造成损害的。

食品生产者在接到责令召回通知书后，应当立即停止生产和销售不安全食品。

第二十六条　食品生产者应当在接到责令召回通知书后，按照本规定第二十条规定发出通知。

食品生产者应当同时按照本规定第二十三条规定制定食品召回报告，按照本规定第二十二条规定的时限通过所在地的省级质监部门报国家质检总局核准后，立即实施召回；食品召回报告未通过核准的，食品生产者应当修改报告后，按照要求实施召回。

第二十七条　食品生产者应当按照本规定第二十四条规定，提交食品召回阶段性进展报告。

所在地的市级以上质监部门应当按照本规定第二十四条规定对召回阶段性进展报告提出处理意见，并将有关情况逐级上报国家质检总局。

第三节　召回评估与监督

第二十八条　食品生产者应当保存召回记录，主要内容包括食品召回的批次、数量、比例、原因、结果等。

第二十九条 食品生产者应当在食品召回时限期满15日内，向所在地的省级质监部门提交召回总结报告；责令召回的，应当报告国家质检总局。

第三十条 食品生产者所在地的省级质监部门应当组织专家委员会对召回总结报告进行审查，对召回效果进行评估，并书面通知食品生产者审查结论；责令召回的，应当上报国家质检总局备案。

食品生产者所在地的省级以上质监部门审查认为召回未达到预期效果的，通知食品生产者继续或再次进行食品召回。

第三十一条 食品生产者应当及时对不安全食品进行无害化处理；根据有关规定应当销毁的食品，应当及时予以销毁。

食品生产者对召回食品的后处理应当有详细的记录，并向所在地的市级质监部门报告，接受市级质监部门监督。

第三十二条 市级以上质监部门应当在规定的职权范围内对食品生产者召回进展情况和召回食品的后处理过程进行监督。

第三十三条 任何单位和个人可以对违反本规定规定的行为或有关召回情况，向各级质量技术监督部门投诉或举报，食品生产者不得以任何手段限制。受理投诉或举报的部门应当及时调查处理并为举报人保密。

第四章 法律责任

第三十四条 食品生产者在实施食品召回的同时，不免除其依法承担的其他法律责任。

食品生产者主动实施召回的，可依法从轻或减轻处罚。

第三十五条 食品生产者违反本规定第十九条或第二十五条第二款规定未停止生产销售不安全食品的，予以警告，责令限期改正；逾期未改正的，处以3万元以下罚款；违反有关法律法规规定的，依照有关法律法规的规定处理。

第三十六条 食品生产者有下列情况之一的，予以警告，责令限期改正；逾期未改正的，处以2万元以下罚款。

(一)接到质量技术监督部门食品安全危害调查通知，但未及时进行调查的；

(二)拒绝配合质量技术监督部门进行食品安全危害调查的；

(三)未按本规定要求及时提交食品安全危害调查、评估报告的。

第三十七条 食品生产者违反本规定第二十条、第二十一条、第二十二条、第二十三条、第二十四条、第二十六条、第二十七条、第二十九条规定的，予以警告，责令限期改正；逾期未改正的，处以3万元以下罚款；违反有关法律法规规定的，依照有关法律法规的规定处理。

第三十八条 食品生产者违反本规定第二十八条规定义务的，予以警告，责令限期改正；逾期未改正的，处以2万元以下罚款。

第三十九条　食品生产者违反本规定第三十一条规定义务的，予以警告，责令限期改正；逾期未改正的，处以3万元以下罚款；违反有关法律法规规定的，依照有关法律法规的规定处理。

第四十条　从事食品召回管理的公务人员，以及受委托进行食品安全危害调查、食品安全危害评估的专家或工作人员捏造散布虚假信息、违反保密规定、伪造或者提供有关虚假结论或者意见的，依法给予行政处分；造成损失的，依法承担赔偿责任；构成犯罪的，依法追究刑事责任。

第四十一条　本规定规定的行政处罚，由县级以上质量技术监督部门在职权范围内依法实施。法律、行政法规对行政处罚机关另有规定的，依照有关法律、行政法规的规定执行。

第五章　附　　则

第四十二条　进出口食品的召回管理，由出入境检验检疫机构按照国家质检总局有关规定执行。

第四十三条　本规定所涉及的信息发布、文书格式等具体要求由国家质检总局另行制定。

第四十四条　本规定由国家质检总局负责解释。

第四十五条　本规定自公布之日起施行。

中华人民共和国农业部公告

第 278 号

为加强兽药使用管理，保证动物性产品质量安全，根据《兽药管理条例》规定，我部组织制订了兽药国家标准和专业标准中部分品种的停药期规定（附件 1），并确定了部分不需制订停药期规定的品种（附件 2），现予公告。

本公告自发布之日起执行。以前发布过的与本公告同品种兽药停药期不一致的，以本公告为准。

附件 1　兽药停药期规定

附件 2　不需要制订停药期的兽药品种

二〇〇三年五月二十二日

附件 1

兽药停药期规定

	兽药名称	执行标准	停药期
1	乙酰甲喹片	兽药规范 92 版	牛、猪 35 日
2	二氢吡啶	部颁标准	牛、肉鸡 7 日，弃奶期 7 日
3	二硝托胺预混剂	兽药典 2000 版	鸡 3 日，产蛋期禁用
4	土霉素片	兽药典 2000 版	牛、羊、猪 7 日，禽 5 日，弃蛋期 2 日，弃奶期 3 日
5	土霉素注射液	部颁标准	牛、羊、猪 28 日，弃奶期 7 日
6	马杜霉素预混剂	部颁标准	鸡 5 日，产蛋期禁用
7	双甲脒溶液	兽药典 2000 版	牛、羊 21 日，猪 8 日，弃奶期 48 小时，禁用于产奶羊
8	巴胺磷溶液	部颁标准	羊 14 日
9	水杨酸钠注射液	兽药规范 65 版	牛 0 日，弃奶期 48 小时
10	四环素片	兽药典 90 版	牛 12 日、猪 10 日、鸡 4 日，产蛋期禁用，产奶期禁用
11	甲砜霉素片	部颁标准	28 日，弃奶期 7 日
12	甲砜霉素散	部颁标准	28 日，弃奶期 7 日，鱼 500 度日
13	甲基前列腺素 F2a 注射液	部颁标准	牛 1 日，猪 1 日，羊 1 日
14	甲硝唑片	兽药典 2000 版	牛 28 日
15	甲磺酸达氟沙星注射液	部颁标准	猪 25 日
16	甲磺酸达氟沙星粉	部颁标准	鸡 5 日，产蛋鸡禁用
17	甲磺酸达氟沙星溶液	部颁标准	鸡 5 日，产蛋鸡禁用

18	甲磺酸培氟沙星可溶性粉	部颁标准	28 日,产蛋鸡禁用
19	甲磺酸培氟沙星注射液	部颁标准	28 日,产蛋鸡禁用
20	甲磺酸培氟沙星颗粒	部颁标准	28 日,产蛋鸡禁用
21	亚硒酸钠维生素 E 注射液	兽药典 2000 版	牛、羊、猪 28 日
22	亚硒酸钠维生素 E 预混剂	兽药典 2000 版	牛、羊、猪 28 日
23	亚硫酸氢钠甲萘醌注射液	兽药典 2000 版	0 日
24	伊维菌素注射液	兽药典 2000 版	牛、羊 35 日,猪 28 日,泌乳期禁用
25	吉他霉素片	兽药典 2000 版	猪、鸡 7 日,产蛋期禁用
26	吉他霉素预混剂	部颁标准	猪、鸡 7 日,产蛋期禁用
27	地西泮注射液	兽药典 2000 版	28 日
28	地克珠利预混剂	部颁标准	鸡 5 日,产蛋期禁用
29	地克珠利溶液	部颁标准	鸡 5 日,产蛋期禁用
30	地美硝唑预混剂	兽药典 2000 版	猪、鸡 28 日,产蛋期禁用
31	地塞米松磷酸钠注射液	兽药典 2000 版	牛、羊、猪 21 日,弃奶期 3 日
32	安乃近片	兽药典 2000 版	牛、羊、猪 28 日,弃奶期 7 日
33	安乃近注射液	兽药典 2000 版	牛、羊、猪 28 日,弃奶期 7 日
34	安钠咖注射液	兽药典 2000 版	牛、羊、猪 28 日,弃奶期 7 日
35	那西肽预混剂	部颁标准	鸡 7 日,产蛋期禁用
36	吡喹酮片	兽药典 2000 版	28 日,弃奶期 7 日
37	芬苯哒唑片	兽药典 2000 版	牛、羊 21 日,猪 3 日,弃奶期 7 日
38	芬苯哒唑粉(苯硫苯咪唑粉剂)	兽药典 2000 版	牛、羊 14 日,猪 3 日,弃奶期 5 日
39	苄星邻氯青霉素注射液	部颁标准	牛 28 日,产犊后 4 日禁用,泌乳期禁用
40	阿司匹林片	兽药典 2000 版	0 日
41	阿苯达唑片	兽药典 2000 版	牛 14 日,羊 4 日,猪 7 日,禽 4 日,弃奶期 60 小时
42	阿莫西林可溶性粉	部颁标准	鸡 7 日,产蛋鸡禁用
43	阿维菌素片	部颁标准	羊 35 日,猪 28 日,泌乳期禁用
44	阿维菌素注射液	部颁标准	羊 35 日,猪 28 日,泌乳期禁用
45	阿维菌素粉	部颁标准	羊 35 日,猪 28 日,泌乳期禁用
46	阿维菌素胶囊	部颁标准	羊 35 日,猪 28 日,泌乳期禁用
47	阿维菌素透皮溶液	部颁标准	牛、猪 42 日,泌乳期禁用
48	乳酸环丙沙星可溶性粉	部颁标准	禽 8 日,产蛋鸡禁用
49	乳酸环丙沙星注射液	部颁标准	牛 14 日,猪 10 日,禽 28 日,弃奶期 84 小时
50	乳酸诺氟沙星可溶性粉	部颁标准	禽 8 日,产蛋鸡禁用
51	注射用三氮脒	兽药典 2000 版	28 日,弃奶期 7 日

52	注射用苄星青霉素(注射用苄星青霉素G)	兽药规范78版	牛、羊4日,猪5日,弃奶期3日
53	注射用乳糖酸红霉素	兽药典2000版	牛14日,羊3日,猪7日,弃奶期3日
54	注射用苯巴比妥钠	兽药典2000版	28日,弃奶期7日
55	注射用苯唑西林钠	兽药典2000版	牛、羊14日,猪5日,弃奶期3日
56	注射用青霉素钠	兽药典2000版	0日,弃奶期3日
57	注射用青霉素钾	兽药典2000版	0日,弃奶期3日
58	注射用氨苄青霉素钠	兽药典2000版	牛6日,猪15日,弃奶期48小时
59	注射用盐酸土霉素	兽药典2000版	牛、羊、猪8日,弃奶期48小时
60	注射用盐酸四环素	兽药典2000版	牛、羊、猪8日,弃奶期48小时
61	注射用酒石酸泰乐菌素	部颁标准	牛28日,猪21日,弃奶期96小时
62	注射用喹嘧胺	兽药典2000版	28日,弃奶期7日
63	注射用氯唑西林钠	兽药典2000版	牛10日,弃奶期2日
64	注射用硫酸双氢链霉素	兽药典90版	牛、羊、猪18日,弃奶期72小时
65	注射用硫酸卡那霉素	兽药典2000版	28日,弃奶期7日
66	注射用硫酸链霉素	兽药典2000版	牛、羊、猪18日,弃奶期72小时
67	环丙氨嗪预混剂(1%)	部颁标准	鸡3日
68	苯丙酸诺龙注射液	兽药典2000版	28日,弃奶期7日
69	苯甲酸雌二醇注射液	兽药典2000版	28日,弃奶期7日
70	复方水杨酸钠注射液	兽药规范78版	28日,弃奶期7日
71	复方甲苯咪唑粉	部颁标准	鳗150度日
72	复方阿莫西林粉	部颁标准	鸡7日,产蛋期禁用
73	复方氨苄西林片	部颁标准	鸡7日,产蛋期禁用
74	复方氨苄西林粉	部颁标准	鸡7日,产蛋期禁用
75	复方氨基比林注射液	兽药典2000版	28日,弃奶期7日
76	复方磺胺对甲氧嘧啶片	兽药典2000版	28日,弃奶期7日
77	复方磺胺对甲氧嘧啶钠注射液	兽药典2000版	28日,弃奶期7日
78	复方磺胺甲噁唑片	兽药典2000版	28日,弃奶期7日
79	复方磺胺氯哒嗪钠粉	部颁标准	猪4日,鸡2日,产蛋期禁用
80	复方磺胺嘧啶钠注射液	兽药典2000版	牛、羊12日,猪20日,弃奶期48小时
81	枸橼酸乙胺嗪片	兽药典2000版	28日,弃奶期7日
82	枸橼酸哌嗪片	兽药典2000版	牛、羊28日,猪21日,禽14日
83	氟苯尼考注射液	部颁标准	猪14日,鸡28日,鱼375度日
84	氟苯尼考粉	部颁标准	猪20日,鸡5日,鱼375度日
85	氟苯尼考溶液	部颁标准	鸡5日,产蛋期禁用

86	氟胺氰菊酯条	部颁标准	流蜜期禁用
87	氢化可的松注射液	兽药典 2000 版	0 日
88	氢溴酸东莨菪碱注射液	兽药典 2000 版	28 日，弃奶期 7 日
89	洛克沙胂预混剂	部颁标准	5 日，产蛋期禁用
90	恩诺沙星片	兽药典 2000 版	鸡 8 日，产蛋鸡禁用
91	恩诺沙星可溶性粉	部颁标准	鸡 8 日，产蛋鸡禁用
92	恩诺沙星注射液	兽药典 2000 版	牛、羊 14 日，猪 10 日，兔 14 日
93	恩诺沙星溶液	兽药典 2000 版	禽 8 日，产蛋鸡禁用
94	氧阿苯达唑片	部颁标准	羊 4 日
95	氧氟沙星片 58	部颁标准	28 日，产蛋鸡禁用
96	氧氟沙星可溶性粉	部颁标准	28 日，产蛋鸡禁用
97	氧氟沙星注射液	部颁标准	28 日，弃奶期 7 日，产蛋鸡禁用
98	氧氟沙星溶液(碱性)	部颁标准	28 日，产蛋鸡禁用
99	氧氟沙星溶液(酸性)	部颁标准	28 日，产蛋鸡禁用
100	氨苯胂酸预混剂	部颁标准	5 日，产蛋鸡禁用
101	氨茶碱注射液	兽药典 2000 版	28 日，弃奶期 7 日
102	海南霉素钠预混剂	部颁标准	鸡 7 日，产蛋期禁用
103	烟酸诺氟沙星可溶性粉	部颁标准	28 日，产蛋鸡禁用
104	烟酸诺氟沙星注射液	部颁标准	28 日
105	烟酸诺氟沙星溶液	部颁标准	28 日，产蛋鸡禁用
106	盐酸二氟沙星片	部颁标准	鸡 1 日
107	盐酸二氟沙星注射液	部颁标准	猪 45 日
108	盐酸二氟沙星粉	部颁标准	鸡 1 日
109	盐酸二氟沙星溶液	部颁标准	鸡 1 日
110	盐酸大观霉素可溶性粉	兽药典 2000 版	鸡 5 日，产蛋期禁用
111	盐酸左旋咪唑	兽药典 2000 版	牛 2 日，羊 3 日，猪 3 日，禽 28 日，泌乳期禁用
112	盐酸左旋咪唑注射液	兽药典 2000 版	牛 14 日，羊 28 日，猪 28 日，泌乳期禁用
113	盐酸多西环素片	兽药典 2000 版	28 日
114	盐酸异丙嗪片	兽药典 2000 版	28 日
115	盐酸异丙嗪注射液	兽药典 2000 版	28 日，弃奶期 7 日
116	盐酸沙拉沙星可溶性粉	部颁标准	鸡 0 日，产蛋期禁用
117	盐酸沙拉沙星注射液	部颁标准	猪 0 日，鸡 0 日，产蛋期禁用
118	盐酸沙拉沙星溶液	部颁标准	鸡 0 日，产蛋期禁用
119	盐酸沙拉沙星片	部颁标准	鸡 0 日，产蛋期禁用
120	盐酸林可霉素片	兽药典 2000 版	猪 6 日

121	盐酸林可霉素注射液	兽药典 2000 版	猪 2 日
122	盐酸环丙沙星、盐酸小檗碱预混剂	部颁标准	500 度日
123	盐酸环丙沙星可溶性粉	部颁标准	28 日，产蛋鸡禁用
124	盐酸环丙沙星注射液	部颁标准	28 日，产蛋鸡禁用
125	盐酸苯海拉明注射液	兽药典 2000 版	28 日，弃奶期 7 日
126	盐酸洛美沙星片	部颁标准	28 日，弃奶期 7 日，产蛋鸡禁用
127	盐酸洛美沙星可溶性粉	部颁标准	28 日，产蛋鸡禁用
128	盐酸洛美沙星注射液	部颁标准	28 日，弃奶期 7 日
129	盐酸氨丙啉、乙氧酰胺苯甲酯、磺胺喹噁啉预混剂	兽药典 2000 版	鸡 10 日，产蛋鸡禁用
130	盐酸氨丙啉、乙氧酰胺苯甲酯预混剂	兽药典 2000 版	鸡 3 日，产蛋期禁用
131	盐酸氯丙嗪片	兽药典 2000 版	28 日，弃奶期 7 日
132	盐酸氯丙嗪注射液	兽药典 2000 版	28 日，弃奶期 7 日
133	盐酸氯苯胍片	兽药典 2000 版	鸡 5 日，兔 7 日，产蛋期禁用
134	盐酸氯苯胍预混剂	兽药典 2000 版	鸡 5 日，兔 7 日，产蛋期禁用
135	盐酸氯胺酮注射液	兽药典 2000 版	28 日，弃奶期 7 日
136	盐酸赛拉唑注射液	兽药典 2000 版	28 日，弃奶期 7 日
137	盐酸赛拉嗪注射液	兽药典 2000 版	牛、羊 14 日，鹿 15 日
138	盐霉素钠预混剂	兽药典 2000 版	鸡 5 日，产蛋期禁用
139	诺氟沙星、盐酸小檗碱预混剂	部颁标准	500 度日
140	酒石酸吉他霉素可溶性粉	兽药典 2000 版	鸡 7 日，产蛋期禁用
141	酒石酸泰乐菌素可溶性粉	兽药典 2000 版	鸡 1 日，产蛋期禁用
142	维生素 B_{12} 注射液	兽药典 2000 版	0 日
143	维生素 B_1 片	兽药典 2000 版	0 日
144	维生素 B_1 注射液	兽药典 2000 版	0 日
145	维生素 B_2 片	兽药典 2000 版	0 日
146	维生素 B_2 注射液	兽药典 2000 版	0 日
147	维生素 B_6 片	兽药典 2000 版	0 日
148	维生素 B_6 注射液	兽药典 2000 版	0 日
149	维生素 C 片	兽药典 2000 版	0 日
150	维生素 C 注射液	兽药典 2000 版	0 日
151	维生素 C 磷酸酯镁、盐酸环丙沙星预混剂	部颁标准	500 度日
152	维生素 D_3 注射液	兽药典 2000 版	28 日，弃奶期 7 日
153	维生素 E 注射液	兽药典 2000 版	牛、羊、猪 28 日

154	维生素 K_1 注射液	兽药典 2000 版	0 日
155	喹乙醇预混剂	兽药典 2000 版	猪 35 日，禁用于禽、鱼、35 kg 以上的猪
156	奥芬达唑片（苯亚砜哒唑）	兽药典 2000 版	牛、羊、猪 7 日，产奶期禁用
157	普鲁卡因青霉素注射液	兽药典 2000 版	牛 10 日，羊 9 日，猪 7 日，弃奶期 48 小时
158	氯羟吡啶预混剂	兽药典 2000 版	鸡 5 日，兔 5 日，产蛋期禁用
159	氯氰碘柳胺钠注射液	部颁标准	28 日，弃奶期 28 日
160	氯硝柳胺片	兽药典 2000 版	牛、羊 28 日
161	氰戊菊酯溶液	部颁标准	28 日
162	硝氯酚片	兽药典 2000 版	28 日
163	硝碘酚腈注射液（克虫清）	部颁标准	羊 30 日，弃奶期 5 日
164	硫氰酸红霉素可溶性粉	兽药典 2000 版	鸡 3 日，产蛋期禁用
165	硫酸卡那霉素注射液（单硫酸盐）	兽药典 2000 版	28 日
166	硫酸安普霉素可溶性粉	部颁标准	猪 21 日，鸡 7 日，产蛋期禁用
167	硫酸安普霉素预混剂	部颁标准	猪 21 日
168	硫酸庆大—小诺霉素注射液	部颁标准	猪、鸡 40 日
169	硫酸庆大霉素注射液	兽药典 2000 版	猪 40 日
170	硫酸粘菌素可溶性粉	部颁标准	7 日，产蛋期禁用
171	硫酸粘菌素预混剂	部颁标准	7 日，产蛋期禁用
172	硫酸新霉素可溶性粉	兽药典 2000 版	鸡 5 日，火鸡 14 日，产蛋期禁用
173	越霉素 A 预混剂	部颁标准	猪 15 日，鸡 3 日，产蛋期禁用
174	碘硝酚注射液	部颁标准	羊 90 日，弃奶期 90 日
175	碘醚柳胺混悬液	兽药典 2000 版	牛、羊 60 日，泌乳期禁用
176	精制马拉硫磷溶液	部颁标准	28 日
177	精制敌百虫片	兽药规范 92 版	28 日
178	蝇毒磷溶液	部颁标准	28 日
179	醋酸地塞米松片	兽药典 2000 版	马、牛 0 日
180	醋酸泼尼松片	兽药典 2000 版	0 日
181	醋酸氟孕酮阴道海绵	部颁标准	羊 30 日，泌乳期禁用
182	醋酸氢化可的松注射液	兽药典 2000 版	0 日
183	磺胺二甲嘧啶片	兽药典 2000 版	牛 10 日，猪 15 日，禽 10 日
184	磺胺二甲嘧啶钠注射液	兽药典 2000 版	28 日
185	磺胺对甲氧嘧啶，二甲氧苄氨嘧啶片	兽药规范 92 版	28 日

186	磺胺对甲氧嘧啶、二甲氧苄氨嘧啶预混剂	兽药典 90 版	28 日,产蛋期禁用
187	磺胺对甲氧嘧啶片	兽药典 2000 版	28 日
188	磺胺甲噁唑片	兽药典 2000 版	28 日
189	磺胺间甲氧嘧啶片	兽药典 2000 版	28 日
190	磺胺间甲氧嘧啶钠注射液	兽药典 2000 版	28 日
191	磺胺脒片	兽药典 2000 版	28 日
192	磺胺喹噁啉、二甲氧苄氨嘧啶预混剂	兽药典 2000 版	鸡 10 日,产蛋期禁用
193	磺胺喹噁啉钠可溶性粉	兽药典 2000 版	鸡 10 日,产蛋期禁用
194	磺胺氯吡嗪钠可溶性粉	部颁标准	火鸡 4 日、肉鸡 1 日,产蛋期禁用
195	磺胺嘧啶片	兽药典 2000 版	牛 28 日
196	磺胺嘧啶钠注射液	兽药典 2000 版	牛 10 日,羊 18 日,猪 10 日,弃奶期 3 日
197	磺胺噻唑片	兽药典 2000 版	28 日
198	磺胺噻唑钠注射液	兽药典 2000 版	28 日
199	磷酸左旋咪唑片	兽药典 90 版	牛 2 日,羊 3 日,猪 3 日,禽 28 日,泌乳期禁用
200	磷酸左旋咪唑注射液	兽药典 90 版	牛 14 日,羊 28 日,猪 28 日,泌乳期禁用
201	磷酸哌嗪片(驱蛔灵片)	兽药典 2000 版	牛、羊 28 日、猪 21 日,禽 14 日
202	磷酸泰乐菌素预混剂	部颁标准	鸡、猪 5 日

附件 2

不需要制订停药期的兽药品种

	兽药名称	标准来源
1	乙酰胺注射液	兽药典 2000 版
2	二甲硅油	兽药典 2000 版
3	二巯丙磺钠注射液	兽药典 2000 版
4	三氯异氰脲酸粉	部颁标准
5	大黄碳酸氢钠片	兽药规范 92 版
6	山梨醇注射液	兽药典 2000 版
7	马来酸麦角新碱注射液	兽药典 2000 版
8	马来酸氯苯那敏片	兽药典 2000 版
9	马来酸氯苯那敏注射液	兽药典 2000 版
10	双氢氯噻嗪片	兽药规范 78 版
11	月苄三甲氯铵溶液	部颁标准
12	止血敏注射液	兽药规范 78 版
13	水杨酸软膏	兽药规范 65 版
14	丙酸睾酮注射液	兽药典 2000 版
15	右旋糖酐铁钴液射液(铁钴针注射液)	兽药规范 78 版
16	右旋糖酐 40 氯化钠注射液	兽药典 2000 版
17	右旋糖酐 40 葡萄糖注射液	兽药典 2000 版
18	右旋糖酐 70 氯化钠注射液	兽药典 2000 版
19	叶酸片	兽药典 2000 版
20	四环素醋酸可的松眼膏	兽药规范 78 版
21	对乙酰氨基酚片	兽药典 2000 版
22	对乙酰氨基酚注射液	兽药典 2000 版
23	尼可刹米注射液	兽药典 2000 版
24	甘露醇注射液	兽药典 2000 版
25	甲基硫酸新斯的明注射液	兽药规范 65 版
26	亚硝酸钠注射液	兽药典 2000 版
28	安络血注射液	兽药规范 92 版
29	次硝酸铋(碱式硝酸铋)	兽药典 2000 版
30	次碳酸铋(碱式碳酸铋)	兽药典 2000 版
31	呋塞米片	兽药典 2000 版
32	呋塞米注射液	兽药典 2000 版
33	辛氨乙甘酸溶液	部颁标准
34	乳酸钠注射液	兽药典 2000 版

35	注射用异戊巴比妥钠	兽药典2000版
36	注射用血促性素	兽药规范92版
37	注射用抗血促性素血清	部颁标准
38	注射用垂体促黄体素	兽药规范78版
39	注射用促黄体素释放激素A2	部颁标准
40	注射用促黄体素释放激素A3	部颁标准
41	注射用绒促性素	兽药典2000版
42	注射用硫代硫酸钠	兽药规范65版
43	注射用解磷定	兽药规范65版
44	苯扎溴铵溶液	兽药典2000版
45	青蒿琥酯片	部颁标准
46	鱼石脂软膏	兽药规范78版
47	复方氯化钠注射液	兽药典2000版
48	复方氯胺酮注射液	部颁标准
49	复方磺胺噻唑软膏	兽药规范78版
50	复合维生素B注射液	兽药规范78版
51	宫炎清溶液	部颁标准
52	枸橼酸钠注射液	兽药规范92版
53	毒毛花苷K注射液	兽药典2000版
54	氢氯噻嗪片	兽药典2000版
55	洋地黄毒甙注射液	兽药规范78版
56	浓氯化钠注射液	兽药典2000版
57	重酒石酸去甲肾上腺素注射液	兽药典2000版
58	烟酰胺片	兽药典2000版
59	烟酰胺注射液	兽药典2000版
60	烟酸片	兽药典2000版
61	盐酸大观霉素、盐酸林可霉素可溶性粉	兽药典2000版
62	盐酸利多卡因注射液	兽药典2000版
63	盐酸肾上腺素注射液	兽药规范78版
64	盐酸甜菜碱预混剂	部颁标准
65	盐酸麻黄碱注射液	兽药规范78版
66	萘普生注射液	兽药典2000版
67	酚磺乙胺注射液	兽药典2000版
68	黄体酮注射液	兽药典2000版
69	氯化胆碱溶液	部颁标准
70	氯化钙注射液	兽药典2000版
71	氯化钙葡萄糖注射液	兽药典2000版

72	氯化氨甲酰甲胆碱注射液	兽药典 2000 版
73	氯化钾注射液	兽药典 2000 版
74	氯化琥珀胆碱注射液	兽药典 2000 版
75	氯甲酚溶液	部颁标准
76	硫代硫酸钠注射液	兽药典 2000 版
77	硫酸新霉素软膏	兽药规范 78 版
78	硫酸镁注射液	兽药典 2000 版
79	葡萄糖酸钙注射液	兽药典 2000 版
80	溴化钙注射液	兽药规范 78 版
81	碘化钾片	兽药典 2000 版
82	碱式碳酸铋片	兽药典 2000 版
83	碳酸氢钠片	兽药典 2000 版
84	碳酸氢钠注射液	兽药典 2000 版
85	醋酸泼尼松眼膏	兽药典 2000 版
86	醋酸氟轻松软膏	兽药典 2000 版
87	硼葡萄糖酸钙注射液	部颁标准
88	输血用枸橼酸钠注射液	兽药规范 78 版
89	硝酸士的宁注射液	兽药典 2000 版
90	醋酸可的松注射液	兽药典 2000 版
91	碘解磷定注射液	兽药典 2000 版
92	中药及中药成分制剂、维生素类、微量元素类、兽用消毒剂、生物制品类等五类产品（产品质量标准中有除外）	

中华人民共和国农业部公告

第193号

为保证动物源性食品安全，维护人民身体健康，根据《兽药管理条例》的规定，我部制定了《食品动物禁用的兽药及其他化合物清单》(以下简称《禁用清单》)，现公告如下：

一、《禁用清单》序号1至18所列品种的原料药及其单方、复方制剂产品停止生产，已在兽药国家标准、农业部专业标准及兽药地方标准中收载的品种，废止其质量标准，撤销其产品批准文号；已在我国注册登记的进口兽药，废止其进口兽药质量标准，注销其《进口兽药登记许可证》。

二、截止2002年5月15日，《禁用清单》序号1至18所列品种的原料药及其单方、复方制剂产品停止经营和使用。

三、《禁用清单》序号19至21所列品种的原料药及其单方、复方制剂产品不准以抗应激、提高饲料报酬、促进动物生长为目的在食品动物饲养过程中使用。

食品动物禁用的兽药及其他化合物清单序号、兽药及其他化合物名称禁止用途禁用动物。

1. 兴奋剂类：克仑特罗 Clenbuterol、沙丁胺醇 Salbutamol、西马特罗 Cimaterol 及其盐、酯及制剂 所有用途 所有食品动物。

2. 性激素类：己烯雌酚 Diethylstilbestrol 及其盐、酯及制剂所有用途所有食品动物。

3. 具有雌激素样作用的物质：玉米赤霉醇 Zeranol、去甲雄三烯醇酮 Trenbolone、醋酸甲孕酮 Mengestrol Acetate 及制剂 所有用途 所有食品动物。

4. 氯霉素 Chloramphenicol、及其盐、酯(包括：琥珀氯霉素 Chloramphenicol Succinate)及制剂所有用途所有食品动物。

5. 氨苯砜 Dapsone 及制剂 所有用途 所有食品动物。

6. 硝基呋喃类：呋喃唑酮 Furazolidone、呋喃它酮 Furaltadone、呋喃苯烯酸钠 Nifurstyrenate sodium 及制剂 所有用途 所有食品动物。

7. 硝基化合物：硝基酚钠 Sodium nitrophenolate、硝呋烯腙 Nitrovin 及制剂 所有用途 所有食品动物。

8. 催眠、镇静类：安眠酮 Methaqualone 及制剂 所有用途 所有食品动物。

9. 林丹(丙体六六六)Lindane 杀虫剂 所有食品动物。

10. 毒杀芬(氯化烯)Camahechlor 杀虫剂、清塘剂 所有食品动物。

11. 呋喃丹(克百威)Carbofuran 杀虫剂 所有食品动物。

12. 杀虫脒(克死螨)Chlordimeform 杀虫剂 所有食品动物。

13. 双甲脒 Amitraz 杀虫剂 水生食品动物。

14. 酒石酸锑钾 Antimony potassium tartrate 杀虫剂 所有食品动物。

15. 锥虫胂胺 Tryparsamide 杀虫剂 所有食品动物。

16. 孔雀石绿 Malachite green 抗菌、杀虫剂 所有食品动物。

17. 五氯酚酸钠 Pentachlorophenol sodium 杀螺剂 所有食品动物。

18. 各种汞制剂包括:氯化亚汞(甘汞)Calomel、硝酸亚汞 Mercurous nitrate、醋酸汞 Mercurous acetate、吡啶基醋酸汞 Pyridyl mercurous acetate 杀虫剂 所有食品动物。

19. 性激素类:甲基睾丸酮 Methyltestosterone、丙酸睾酮 Testosterone Propionate 苯丙酸诺龙 Nandrolone Phenylpropionate、苯甲酸雌二醇 Estradiol Benzoate 及其盐、酯及制剂 促生长 所有食品动物。

20. 催眠、镇静类:氯丙嗪 Chlorpromazine、地西泮(安定)Diazepam 及其盐、酯及制剂 促生长 所有食品动物。

21. 硝基咪唑类:甲硝唑 Metronidazole、地美硝唑 Dimetronidazole 及其盐、酯及制剂 促生长 所有食品动物。

注:食品动物是指各种供人食用或其产品供人食用的动物。

二○○二年四月

中华人民共和国农业部公告

第 168 号

饲料药物添加剂使用规范

二硝托胺预混剂

Dinitolmide Premix

[有效成分]二硝托胺

[含量规格]每 1 000 g 中含二硝托胺 250 g。

[适用动物]鸡

[作用与用途]用于禽球虫病。

[用法与用量]混饲。每 1 000 kg 饲料添加本品 500 g。

[注意]蛋鸡产蛋期禁用;休药期 3 天。

注:摘自 2000 年版《中国兽药典》。

马杜霉素铵预混剂

Maduramicin Ammonium Premix

[有效成分]马杜霉素铵

[含量规格]每 1 000 g 中含马杜霉素 10 g。

[适用动物]鸡

[作用与用途]用于鸡球虫病。

[用法与用量]混饲。每 1 000 kg 饲料添加本品 500 g。

[注意]蛋鸡产蛋期禁用;不得用于其他动物;在无球虫病时,含百万分之六以上马杜霉素铵盐的饲料对生长有明显抑制作用,也不改善饲料报酬;休药期 5 天。

[商品名称]加福、抗球王

注:摘自《进口兽药质量标准》(1999 年版)和《兽药质量标准》(第一册)。

尼卡巴嗪预混剂

Nicarbazin Premix

[有效成分]尼卡巴嗪

[含量规格]每 1 000 g 中含尼卡巴嗪 200 g。

[适用动物]鸡

[作用与用途]用于鸡球虫病。

[用法与用量]混饲。每 1 000 kg 饲料添加本品 100～125 g。

[注意]蛋鸡产蛋期禁用;高温季节慎用;休药期 4 天。

[商品名称]杀球宁

注:摘自《进口兽药质量标准》(1999 年版)。

尼卡巴嗪、乙氧酰胺苯甲酯预混剂

Nicarbazin and Ethopabate Premix

[有效成分]尼卡巴嗪和乙氧酰胺苯甲酯

[含量规格]每 1 000 g 中含尼卡巴嗪 250 g 和乙氧酰胺苯甲酯 16 g。

[适用动物]鸡

[作用与用途]用于鸡球虫病。

[用法与用量]混饲。每 1 000 kg 饲料添加本品 500 g。

[注意]蛋鸡产蛋期和种鸡禁用;高温季节慎用;休药期 9 天。

[商品名称]球净

注:摘自《进口兽药质量标准》(1999 年版)。

甲基盐霉素预混剂

Narasin Premix

[有效成分]甲基盐霉素

[含量规格]每 1 000 g 中含甲基盐霉素 100 g。

[适用动物]鸡

[作用与用途]用于鸡球虫病。

[用法与用量]混饲。每 1 000 kg 饲料添加本品 600～800 g。

[注意]蛋鸡产蛋期禁用;马属动物禁用;禁止与泰妙菌素、竹桃霉素并用;防止与人眼接触;休药期 5 天。

[商品名称]禽安

注:摘自《进口兽药质量标准》(1999 年版)。

甲基盐霉素、尼卡巴嗪预混剂

Narasin and Nicarbazin Premix

[有效成分]甲基盐霉素和尼卡巴嗪

[含量规格]每 1 000 g 中含甲基盐霉素 80 g 和尼卡巴嗪 80 g。

[适用动物]鸡

[作用与用途]用于鸡球虫病。

[用法与用量]混饲。每 1 000 kg 饲料添加本品 310～560 g。

[注意]蛋鸡产蛋期禁用;马属动物忌用;禁止与泰妙菌素、竹桃霉素并用;高温季节慎用;休药期 5 天。

[商品名称]猛安

注:摘自《进口兽药质量标准》(1999 年版)。

拉沙洛西钠预混剂

Lasalocid Sodium Premix

[有效成分]拉沙洛西钠

[含量规格]每 1 000 g 中含拉沙洛西 150 g 或 450 g。

[适用动物]鸡

[作用与用途]用于鸡球虫病。

[用法与用量]混饲。每 1 000 kg 饲料添加 75～125 g(以有效成分计)。

[注意]马属动物禁用;休药期 3 天。

[商品名称]球安

注:摘自《进口兽药质量标准》(1999 年版)。

氢溴酸常山酮预混剂

Halofuginone Hydrobromide Premix

[有效成分]氢溴酸常山酮

[含量规格]每 1 000 g 中含氢溴酸常山酮 6 g。

[适用动物]鸡

[作用与用途]用于防治鸡球虫病。

[用法与用量]混饲。每 1 000 kg 饲料添加本品 500 g。

[注意]蛋鸡产蛋期禁用;休药期 5 天。

[商品名称]速丹

注:摘自《进口兽药质量标准》(1999 年版)。

盐酸氯苯胍预混剂

Robenidine Hydrochloride Premix

[有效成分]盐酸氯苯胍

[含量规格]每 1 000 g 中含盐酸氯苯胍 100 g。

[适用动物]鸡、兔

[作用与用途]用于鸡兔球虫病。

[用法与用量]混饲。每 1 000 kg 饲料添加本品，鸡 300～600 g，兔 1 000～1 500 g。

[注意]蛋鸡产蛋期禁用。休药期鸡 5 天，兔 7 天。

注：摘自 2000 年版《中国兽药典》。

盐酸氨丙啉、乙氧酰胺苯甲酯预混剂

Amprolium Hydrochloride and Ethopabate Premix

[有效成分]盐酸氨丙啉和乙氧酰胺苯甲酯

[含量规格]每 1 000 g 中含盐酸氨丙啉 250 g 和乙氧酰胺苯甲酯 16 g。

[适用动物]家禽

[作用与用途]用于禽球虫病。

[用法与用量]混饲。每 1 000 kg 饲料添加本品 500 g。

[注意]蛋鸡产蛋期禁用；每 1 000 kg 饲料中维生素 B_1 大于 10 g 时明显拮抗；休药期 3 天。

[商品名称]加强安保乐

注：摘自 2000 年版《中国兽药典》，其中[注意]中“每 1 000 kg 饲料中维生素 B_1 大于 10 g 时明显拮抗”摘自《进口兽药质量标准》(1999 年版)。

盐酸氨丙啉、乙氧酰胺苯甲酯、磺胺喹噁啉预混剂

Amprolium Hydrochloride、Ethopabate and
Sulfaquinoxaline Premix

[有效成分]盐酸氨丙啉、乙氧酰胺苯甲酯和磺胺喹噁啉

[含量规格]每 1 000 g 中含盐酸氨丙啉 200 g、乙氧酰胺苯甲酯 10 g 和磺胺喹噁啉 120 g。

[适用动物]家禽

[作用与用途]用于禽球虫病。

[用法与用量]混饲。每 1 000 kg 饲料添加本品 500 g。

[注意]蛋鸡产蛋期禁用；每 1 000 kg 中维生素 B_1 大于 10 g 时明显拮抗；休药期 7 天。

[商品名称]百球清

注：同：“盐酸氨丙啉和乙氧酰胺苯甲酯预混剂”。

氯羟吡啶预混剂

Clopidol Premix

[有效成分]氯羟吡啶

[含量规格]每 1 000 g 中含氯羟吡啶 250 g。

[适用动物]家禽和兔

[作用与用途]用于禽、兔球虫病。

[用法与用量]混饲。每 1 000 kg 饲料添加本品,鸡 500 g,兔 800 g。

[注意]蛋鸡产蛋期禁用;休药期 5 天。

注:摘自 2000 年版《中国兽药典》。

海南霉素钠预混剂

Hainanmycin Sodium Premix

[有效成分]海南霉素钠

[含量规格]每 1 000 g 中含海南霉素 10 g。

[适用动物]鸡

[作用与用途]用于鸡球虫病。

[用法与用量]混饲。每 1 000 kg 饲料添加本品 500~750 g。

[注意]蛋鸡产蛋期禁用;休药期 7 天。

注:摘自《兽药质量标准》(第一册)。

赛杜霉素钠预混剂

Semduramicin Sodium Premix

[有效成分]赛杜霉素钠

[含量规格]每 1 000 g 中含赛杜霉素 50 g。

[适用动物]鸡

[作用与用途]用于鸡球虫病。

[用法与用量]混饲。每 1 000 kg 饲料添加本品 500 g。

[注意]蛋鸡产蛋期禁用;休药期 5 天。

[商品名称]禽旺

注:摘自《进口兽药质量标准》(1999 年版)。

地克珠利预混剂

Diclazuril Premix

[有效成分]地克珠利

[含量规格]每 1 000 g 中含地克珠利 2 g 或 5 g。
[适用动物]畜禽
[作用与用途]用于畜禽球虫病。
[用法与用量]混饲。每 1 000 kg 饲料添加 1 g(以有效成分计)。
[注意]蛋鸡产蛋期禁用。
注:摘自《进口兽药质量标准》(1999 年版)和《兽药质量标准》(第二册)。

复方硝基酚钠预混剂

Compound Sodium Nitrophenolate Premix

[有效成分]邻硝基苯酚钠、对硝基苯酚钠、5-硝基愈创木酚钠、磷酸氢钙和硫酸镁

[含量规格]每 1 000 g 中含邻硝基苯酚钠 0.6 g、对硝基苯酚钠 0.9 g、5-硝基愈创木酚钠 0.3 g、磷酸氢钙 898.2 g 和硫酸镁 100 g。
[适用动物]虾、蟹
[作用与用途]主用于虾、蟹等甲壳类动物的促生长。
[用法与用量]混饲。每 1 000 kg 饲料添加本品 5～10 kg。
[注意]休药期 7 天。
[商品名称]爱多收
注:摘自《进口兽药质量标准》(1999 年版)。

氨苯砷酸预混剂

Arsanilic Acid Premix

[有效成分]氨苯砷酸
[含量规格]每 1 000 g 中含氨苯砷酸 100 g。
[适用动物]猪、鸡
[作用与用途]用于促进猪、鸡生长。
[用法与用量]混饲。每 1 000 kg 饲料添加本品 1 000 g。
[注意]休药期 5 天
注:摘自《兽药质量标准》(第一册)。

洛克沙胂预混剂

Arsanilic Acid Premix

[有效成分]洛克沙胂
[含量规格]每 1 000 g 中含洛克沙胂 50 g 或 100 g。
[适用动物]猪、鸡

[作用与用途]用于促进猪、鸡生长。

[用法与用量]混饲。每 1 000 kg 饲料添加本品 50 g(以有效成分计)。

[注意]蛋鸡产蛋期禁用;休药期 5 天。

注:摘自《兽药质量标准》(第二册)。

莫能菌素钠预混剂

Monensin Sodium Premix

[有效成分]莫能菌素钠

[含量规格]每 1 000 g 中含莫能菌素 50 g 或 100 g 或 200 g。

[适用动物]牛、鸡

[作用与用途]用于鸡球虫病和肉牛促生长。

[用法与用量]混饲。鸡,每 1 000 kg 饲料添加 90～110 g;肉牛,每头每天 200～360 mg。以上均以有效成分计。

[注意]蛋鸡产蛋期禁用;泌乳期的奶牛及马属动物禁用;禁止与泰妙菌素、竹桃霉素并用;搅拌配料时禁止与人的皮肤、眼睛接触;休药期 5 天。

[商品名称]瘤胃素、欲可胖

注:摘自《进口兽药质量标准》(1999 年版)和《兽药质量标准》(第一册)。

杆菌肽锌预混剂

Bacitracin Zinc Premix

[有效成分]杆菌肽锌

[含量规格]每 1 000 g 中含杆菌肽 100 g 或 150 g。

[适用动物]牛、猪、禽

[作用与用途]用于促进畜禽生长。

[用法与用量]混饲。每 1 000 kg 饲料添加,犊牛 10～100 g(3 月龄以下)、4～40 g(6 月龄以下),猪 4～40 g(4 月龄以下),鸡 4～40 g(16 周龄以下)。以上均以有效成分计。

[注意]休药期 0 天。

注:摘自 2000 年版《中国兽药典》。

黄霉素预混剂

Flavomycin Premix

[有效成分]黄霉素

[含量规格]每 1 000 g 中含黄霉素 40 g 或 80 g。

[适用动物]牛、猪、鸡

[作用与用途]用于促进畜禽生长。

[用法与用量]混饲。每 1 000 kg 饲料添加,仔猪 10～25 g,生长、育肥猪 5 g,肉鸡 5 g,肉牛每头每天 30～50 mg。以上均以有效成分计。

[注意]休药期 0 天。

[商品名称]富乐旺

注:摘自《进口兽药质量标准》(1999 年版)。

维吉尼亚霉素预混剂

Virginiamycin Premix

[有效成分]维吉尼亚霉素

[含量规格]每 1 000 g 中含维吉尼亚霉素 500 g。

[适用动物]猪、鸡

[作用与用途]用于促进畜禽生长。

[用法与用量]混饲。每 1 000 kg 饲料添加本品,猪 20～50 g,鸡 10～40 g。

[注意]休药期 1 天。

[商品名称]速大肥

注:摘自《进口兽药质量标准》(1999 年版)。

喹乙醇预混剂

Olaquindox Premix

[有效成分]喹乙醇

[含量规格]每 1 000 g 中含喹乙醇 50 g。

[适用动物]猪

[作用与用途]用于猪促生长。

[用法与用量]混饲。每 1 000 kg 饲料添加 1 000～2 000 g。

[注意]禁用于禽;禁用于体重超过 35 kg 的猪;休药期 35 天。

注:摘自 2000 年版《中国兽药典》。

那西肽预混剂

Nosiheptide Premix

[有效成分]那西肽

[含量规格]每 1 000 g 中含那西肽 2.5 g。

[适用动物]鸡

[作用与用途]用于鸡促进生长。

[用法与用量]混饲。每 1 000 kg 饲料添加本品 1 000 g。

[注意]休药期 3 天。

注：摘自《兽药质量标准》(第二册)。

阿美拉霉素预混剂

Avilamycin Premix

[有效成分]阿美拉霉素

[含量规格]每 1 000 g 中含阿美拉霉素 100 g。

[适用动物]猪、鸡

[作用与用途]用于猪和肉鸡的促生长。

[用法与用量]混饲。每 1 000 kg 饲料添加本品，猪 200～400 g(4 月龄以内)，100～200 g(4～6 月龄)，肉鸡 50～100 g。

[注意]休药期 0 天。

[商品名称]效美素

注：摘自部颁进口兽药质量标准。

盐霉素钠预混剂

Salinomycin Sodium Premix

[有效成分]盐霉素钠

[含量规格]每 1 000 g 中含盐霉素 50 g 或 60 g 或 100 g 或 120 g 或 450 g 或 500 g。

[适用动物]牛、猪、鸡

[作用与用途]用于鸡球虫病和促进畜禽生长。

[用法与用量]混饲。每 1 000 kg 饲料添加，鸡 50～70 g；猪 25～75 g；牛 10～30 g。以上均以有效成分计。

[注意]蛋鸡产蛋期禁用；马属动物禁用；禁止与泰妙菌素、竹桃霉素并用；休药期 5 天。

[商品名称]优素精、赛可喜

注：摘自《进口兽药质量标准》(1999 年版)。

硫酸粘杆菌素预混剂

Colistin Sulfate Premix

[有效成分]硫酸粘杆菌素

[含量规格]每 1 000 g 中含粘杆菌素 20 g 或 40 g 或 100 g。

[适用动物]牛、猪、鸡

[作用与用途]用于革兰氏阴性杆菌引起的肠道感染,并有一定的促生长作用。

[用法与用量]混饲。每 1 000 kg 饲料添加,犊牛 5～40 g,仔猪 2～20 g,鸡 2～20 g。以上均以有效成分计。

[注意]蛋鸡产蛋期禁用;休药期 7 天。

[商品名称]抗敌素

注:摘自《进口兽药质量标准》(1999 年版)。

牛至油预混剂

Oregano Oil Premix

[有效成分]5-甲基-2-异丙基苯酚和 2-甲基-5-异丙基苯酚

[含量规格]每 1 000 g 中含 5-甲基-2-异丙基苯酚和 2-甲基-5-异丙基苯酚 25 g。

[适用动物]猪、鸡

[作用与用途]用于预防及治疗猪、鸡大肠杆菌、沙门氏菌所致的下痢,促进畜禽生长。

[用法与用量]混饲。每 1 000 kg 饲料添加本品,用于预防疾病,猪 500～700 g,鸡 450 g;用于治疗疾病,猪 1 000～1 300 g,鸡 900 g,连用 7 天;用于促生长,猪、鸡 50～500 g。

[商品名称]诺必达

注:摘自《进口兽药质量标准》(1999 年版)。

杆菌肽锌、硫酸粘杆菌素预混剂

Bacitracin Zinc and Colistin Sulfate Premix

[有效成分]杆菌肽锌和硫酸粘杆菌素

[含量规格]每 1 000 g 中含杆菌肽 50 g 和粘杆菌素 10 g。

[适用动物]猪、鸡

[作用与用途]用于革兰氏阳性菌和阴性菌感染,并具有一定的促进生长作用。

[用法与用量]混饲。每 1 000 kg 饲料添加,猪 2～40 g(2 月龄以下)、2～20 g(4 月龄以下),鸡 2～20 g。以上均以有效成分计。

[注意]蛋鸡产蛋期禁用;休药期 7 天。

[商品名称]万能肥素

注:摘自《进口兽药质量标准》(1999 年版)。

土霉素钙

Oxytetracycline Calcium

[有效成分]土霉素钙

[含量规格]每 1 000 g 中含土霉素 50 g 或 100 g 或 200 g。

[适用动物]猪、鸡

[作用与用途]抗生素类药。对革兰氏阳性菌和阴性菌均有抑制作用,用于促进猪、鸡生长。

[用法与用量]混饲。每 1 000 kg 饲料添加,猪 10～50 g(4 月龄以内),鸡 10～50 g(10 周龄以内)。以上均以有效成分计。

[注意]蛋鸡产蛋期禁用;添加于低钙饲料(饲料含钙量 0.18%～0.55%)时,连续用药不超过 5 天。

吉他霉素预混剂

Kitasamycin Premix

[有效成分]吉他霉素

[含量规格]每 1 000 g 中含吉他霉素 22 g 或 110 g 或 550 g 或 950 g。

[适用动物]猪、鸡

[作用与用途]用于防治慢性呼吸系统疾病,也用于促进畜禽生长。

[用法与用量]混饲。每 1 000 kg 饲料添加,用于促生长,猪 5～55 g,鸡 5～11 g;用于防治疾病,猪 80～330 g,鸡 100～330 g,连用 5～7 天。以上均以有效成分计。

[注意]蛋鸡产蛋期禁用;休药期 7 天。

注:摘自《进口兽药质量标准》(1999 年版)和《兽药质量标准》(第一册)。

金霉素(饲料级)预混剂

Chlortetracycline(Feed Grade)Premix

[有效成分]金霉素

[含量规格]每 1 000 g 中含金霉素 100 g 或 150 g。

[适用动物]猪、鸡

[作用与用途]对革兰氏阳性菌和阴性菌均有抑制作用,用于促进猪、鸡生长。

[用法与用量]混饲。每 1 000 kg 饲料添加,猪 25～75 g(4 月龄以内),鸡 20～50 g(10 周龄以内)。以上均以有效成分计。

[注意]蛋鸡产蛋期禁用;休药期 7 天。

恩拉霉素预混剂

Enramycin Premix

[有效成分]恩拉霉素

[含量规格]每 1 000 g 中含恩拉霉素 40 g 或 80 g。

[适用动物]猪、鸡

[作用与用途]对革兰氏阳性菌有抑制作用,用于促进猪、鸡生长。

[用法与用量]混饲。每 1 000 kg 饲料添加,猪 2.5～20 g,鸡 1～10 g。以上均以有效成分计。

[注意]蛋鸡产蛋期禁用;休药期 7 天。

注:摘自《进口兽药质量标准》(1999 年版)。

磺胺喹噁啉、二甲氧苄啶预混剂

Sulfaquinoxaline and Diaveridine Premix

[有效成分]磺胺喹噁啉和二甲氧苄啶

[含量规格]每 1 000 g 中含磺胺喹噁啉 200 g 和二甲氧苄啶 40 g。

[适用动物]鸡

[作用与用途]用于禽球虫病。

[用法与用量]混饲。每 1 000 kg 饲料添加本品 500 g。

[注意]连续用药不得超过 5 天;蛋鸡产蛋期禁用;休药期 10 天。

注:摘自 2000 年版《中国兽药典》。

越霉素 A 预混剂

Destomycin A Premix

[有效成分]越霉素 A

[含量规格]每 1 000 g 中含越霉素 A 20 g 或 50 g 或 500 g。

[适用动物]猪、鸡

[作用与用途]主用于猪蛔虫病、鞭虫病及鸡蛔虫病。

[用法与用量]混饲。每 1 000 kg 饲料添加 5～10 g(以有效成分计),连用 8 周。

[注意]蛋鸡产蛋期禁用;休药期,猪 15 天,鸡 3 天。

[商品名称]得利肥素

注:摘自《进口兽药质量标准》(1999 年版)。

潮霉素 B 预混剂

Hygromycin B Premix

[有效成分]潮霉素 B

[含量规格]每 1 000 g 中含潮霉素 B 17.6 g。

[适用动物]猪、鸡

[作用与用途]用于驱除猪蛔虫、鞭虫及鸡蛔虫。

[用法与用量]混饲。每 1 000 g 饲料添加,猪 10～13 g,育成猪连用 8 周,母猪产前 8 周至分娩,鸡 8～12 g,连用 8 周。以上均以有效成分计。

[注意]蛋鸡产蛋期禁用;避免与人皮肤、眼睛接触;休药期猪 15 天,鸡 3 天。

[商品名称]效高素

注:摘自《进口兽药质量标准》(1999 年版)。

地美硝唑预混剂

Dimetridazole Premix

[有效成分]地美硝唑

[含量规格]每 1 000 g 中含地美硝唑 200 g。

[适用动物]猪、鸡

[作用与用途]用于猪密螺旋体性痢疾和禽组织滴虫病。

[用法与用量]混饲。每 1 000 kg 饲料添加本品,猪 1 000～2 500 g,鸡 400～2 500 g。

[注意]蛋鸡产蛋期禁用;鸡连续用药不得超过 10 天;休药期猪 3 天,鸡 3 天。

注:摘自 2000 年版《中国兽药典》。

磷酸泰乐菌素预混剂

Tylosin Phosphate Premix

[有效成分]磷酸泰乐菌素

[含量规格]每 1 000 g 中含泰乐菌素 20 g 或 88 g 或 100 g 或 220 g。

[适用动物]猪、鸡

[作用与用途]主用于畜禽细菌及支原体感染。

[用法与用量]混饲。每 1 000 kg 饲料添加,猪 10～100 g,鸡 4～50 g。以上均以有效成分计,连用 5～7 天。

[注意]休药期 5 天。

注:摘自《进口兽药质量标准》(1999 年版)和《兽药质量标准》(第二册)。

硫酸安普霉素预混剂

Apramycin Sulfate Premix

[有效成分]硫酸安普霉素

[含量规格]每 1 000 g 中含安普霉素 20 g 或 30 g 或 100 g 或 165 g。

[适用动物]猪

[作用与用途]用于畜禽肠道革兰氏阴性菌感染。

[用法与用量]混饲。每 1 000 kg 饲料添加 80～100 g(以有效成分计),连用 7 天。

[注意]接触本品时,需戴手套及防尘面罩;休药期 21 天。

[商品名称]安百痢

注:摘自《进口兽药质量标准》(1999 年版)和《兽药质量标准》(第一册)。

盐酸林可霉素预混剂

Lincomycin Hydrochloride Premix

[有效成分]盐酸林可霉素

[含量规格]每 1 000 g 中含林可霉素 8.8 g 或 110 g。

[适用动物]猪、禽

[作用与用途]用于畜禽革兰氏阳性菌感染,也可用于猪密螺旋体、弓形虫感染。

[用法与用量]混饲。每 1 000 kg 饲料添加,猪 44～77 g,鸡 2.2～4.4 g,连用 7～21 天。以上均以有效成分计。

[注意]蛋鸡产蛋期禁用;禁止家兔、马或反刍动物接近含有林可霉素的饲料;休药期 5 天。

[商品名称]可肥素

注:摘自《进口兽药质量标准》(1999 年版)。

赛地卡霉素预混剂

Sedecamycin Premix

[有效成分]赛地卡霉素

[含量规格]每 1 000 g 中含赛地卡霉素 10 g 或 20 g 或 50 g。

[适用动物]猪

[作用与用途]主用于治疗猪密螺旋体引起的血痢。

[用法与用量]混饲。每 1 000 kg 饲料添加 75 g(以有效成分计),连用 15 天。

[注意]休药期 1 天。

[商品名称]克泻痢宁

注:摘自《进口兽药质量标准》(1999 年版)。

伊维菌素预混剂

Ivermectin Premix

[有效成分]伊维菌素

[含量规格]每 1 000 g 中含伊维菌素 6 g。

[适用动物]猪

[作用与用途]对线虫、昆虫和螨均有驱杀活性,主要用于治疗猪的胃肠道线虫病和疥螨病。

[用法与用量]混饲。每 1 000 kg 饲料添加 330 g,连用 7 天。

[注意]休药期 5 天。

注:摘自《进口兽药质量标准》(1999 年版)。

呋喃苯烯酸钠粉

Nifurstyrenate Sodium Powder

[有效成分]呋喃苯烯酸钠

[含量规格]每 1 000 g 中含呋喃苯烯酸钠 100 g。

[适用动物]鱼

[作用与用途]用于鲈目鱼类的类结节菌及鲽目鱼的滑行细菌的感染。

[用法与用量]混饲。每 1 kg 体重,鲈目鱼类每日用本品 0.5 g,连用 3～10 天。

[注意]休药期 2 天。

[商品名称]尼福康

注:摘自《进口兽药质量标准》(1999 年版)。

延胡索酸泰妙菌素预混剂

Tiamulin Fumarate Premix

[有效成分]延胡索酸泰妙菌素

[含量规格]每 1 000 g 中含泰妙菌素 100 g 或 800 g。

[适用动物]猪

[作用与用途]用于猪支原体肺炎和嗜血杆菌胸膜性肺炎,也可用于猪密螺旋体引起的痢疾。

[用法与用量]混饲。每 1 000 kg 饲料添加 40～100 g(以有效成分计),连用

5～10 天。

[注意]避免接触眼及皮肤;禁止与莫能菌素、盐霉素等聚醚类抗生素混合使用;休药期 5 天。

[商品名称]枝原净

注:摘自《进口兽药质量标准》(1999 年版)。

环丙氨嗪预混剂

Cyromazine Premix

[有效成分]环丙氨嗪

[含量规格]每 1 000 g 中含环丙氨嗪 10 g。

[适用动物]鸡

[作用与用途]用于控制动物厩舍内蝇幼虫的繁殖。

[用法与用量]混饲。每 1 000 kg 饲料添加本品 500 g,连用 4～6 周。

[注意]避免儿童接触。

[商品名称]蝇得净

注:摘自《进口兽药质量标准》(1999 年版)。

氟苯咪唑预混剂

Flubendazole Premix

[有效成分]氟苯咪唑

[含量规格]每 1 000 g 中含氟苯咪唑 50 g 或 500 g。

[适用动物]猪、鸡

[作用与用途]用于驱除畜禽胃肠道线虫及绦虫。

[用法与用量]混饲。每 1 000 kg 饲料,猪 30 g,连用 5～10 天;鸡 30 g,连用 4～7 天。以上均以有效成分计。

[注意]休药期 14 天。

[商品名称]弗苯诺

注:摘自《进口兽药质量标准》(1999 年版)。

复方磺胺嘧啶预混剂

Compound Sulfadiazine Premix

[有效成分]磺胺嘧啶和甲氧苄啶

[含量规格]每 1 000 g 中含磺胺嘧啶 125 g 和甲氧苄啶 25 g。

[适用动物]猪、鸡

[作用与用途]用于链球菌、葡萄球菌、肺炎球菌、巴氏杆菌、大肠杆菌和李氏杆菌等感染。

[用法与用量]混饲。每 1 kg 体重,每日添加本品,猪 0.1～0.2 g,连用 5 天;鸡 0.17～0.2 g,连用 10 天。

[注意]蛋鸡产蛋期禁用;休药期猪 5 天,鸡 1 天。

[商品名称]立可灵

注:摘自《进口兽药质量标准》(1999 年版)。

盐酸林可霉素、硫酸大观霉素预混剂

Lincomycin Hydrochloride and Spectinomycin Sulfate Premix

[有效成分]盐酸林可霉素和硫酸大观霉素

[含量规格]每 1 000 g 中含林可霉素 22 g 和大观霉素 22 g。

[适用动物]猪

[作用与用途]用于防治猪赤痢、沙门氏菌病、大肠杆菌肠炎及支原体肺炎。

[用法与用量]混饲。每 1 000 kg 饲料添加本品 1 000 g,连用 7～21 天。

[注意]休药期 5 天。

[商品名称]利高霉素

注:摘自《进口兽药质量标准》(1999 年版)。

硫酸新霉素预混剂

Neomycin Sulfate Premix

[有效成分]硫酸新霉素

[含量规格]每 1 000 g 中含新霉素 154 g。

[适用动物]猪、鸡

[作用与用途]用于治疗畜禽的葡萄球菌、痢疾杆菌、大肠杆菌、变形杆菌感染引起的肠炎。

[用法与用量]混饲。每 1 000 kg 饲料添加本品,猪、鸡 500～1 000 g,连用 3～5 天。

[注意]蛋鸡产蛋期禁用;休药期猪 3 天,鸡 5 天。

[商品名称]新肥素

注:摘自《进口兽药质量标准》(1999 年版)和《兽药质量标准》(第一册)。

磷酸替米考星预混剂

Tilmicosin Phosphate Premix

[有效成分]磷酸替米考星

[含量规格]每 1 000 g 中含替米考星 200 g。

[适用动物]猪

[作用与用途]主用于治疗猪胸膜肺炎放线杆菌、巴氏杆菌及支原体引起的感染。

[用法与用量]混饲。每 1 000 kg 饲料添加本品 2 000 g,连用 15 天。

[注意]休药期 14 天。

注:摘自《进口兽药质量标准》(1999 年版)。

磷酸泰乐菌素、磺胺二甲嘧啶预混剂

Tylosin Phosphate and Sulfamethazine Premix

[有效成分]磷酸泰乐菌素和磺胺二甲嘧啶

[含量规格]每 1 000 g 中含泰乐菌素 22 g 和磺胺二甲嘧啶 22 g、泰乐菌素 88 克和磺胺二甲嘧啶 88 克或泰乐菌素 100 克和磺胺二甲嘧啶 100 g。

[适用动物]猪

[作用与用途]用于预防猪痢疾,用于畜禽细菌及支原体感染。

[用法与用量]混饲。每 1 000 kg 饲料添加本品 200 g(100 g 泰乐菌素+100 g 磺胺二甲嘧啶),连用 5～7 天。

[注意]休药期 15 天。

[商品名称]泰农强

注:摘自《进口兽药质量标准》(1999 年版)。

甲砜霉素散

Thiamphenicol Powder

[有效成分]甲砜霉素

[含量规格]每 1 000 g 中含甲砜霉素 50 g。

[适用动物]鱼

[作用与用途]用于治疗鱼类由嗜水气单孢菌、肠炎菌等引起的细菌性败血症、肠炎、赤皮病等。

[用法与用量]混饲。每 150 kg 鱼加本品 1 000 g,连用 3～4 天,预防量减半。

注:摘自《兽药质量标准》(第二册)。

诺氟沙星、盐酸小檗碱预混剂

Norfloxacin and Berberine Hydrochloride Premix

[有效成分]诺氟沙星和盐酸小檗碱

[含量规格]每 1 000 g 中含诺氟沙星 90 g 和盐酸小檗碱 20 g(鳗用)或诺氟沙星 25 g 和盐酸小檗碱 8 g(鳖用)。

[适用动物]鳗鱼、鳖

[作用与用途]用于鳗鱼嗜水气单胞菌与柱状杆菌引起的赤鳃病与烂鳃病;用于鳖红脖子病,烂皮病。

[用法与用量]混饲。每 1 000 kg 饲料,鳗鱼添加本品 15 kg,连用 3 天;鳖 15 kg。

注:摘自《兽药质量标准》(第二册)。

维生素 C 磷酸酯镁、盐酸环丙沙星预混剂

Magnesium Ascorbic Acid Phosphate and Ciprofloxacin Hydrochloride Premix

[有效成分]维生素 C 磷酸酯镁和盐酸环丙沙星

[含量规格]每 1 000 g 中含维生素 C 磷酸酯镁 100 g 和盐酸环丙沙星 10 g。

[适用动物]鳖

[作用与用途]用于预防细菌性疾病。

[用法与用量]混饲。每 1 000 kg 饲料添加本品 5 kg,连用 3～5 天。

注:摘自《兽药质量标准》(第二册)。

盐酸环丙沙星、盐酸小檗碱预混剂

Ciprofloxacin Hydrochloride and Berberine Hydrochloride Premix

[有效成分]盐酸环丙沙星和盐酸小檗碱

[含量规格]每 1 000 g 中含盐酸环丙沙星 100 g 和盐酸小檗碱 40 g。

[适用动物]鳗鱼

[作用与用途]用于治疗鳗鱼细菌性疾病。

[用法与用量]混饲。每 1 000 kg 饲料添加本品 15 kg,连用 3～4 天。

注:摘自《兽药质量标准》(第二册)。

噁喹酸散

Oxolinic Acid Powder

[有效成分]噁喹酸

[含量规格]每 1 000 g 中含噁喹酸 50 g 或 100 g。

[适用动物]鱼、虾

[作用与用途]用于治疗鱼、虾的细菌性疾病。

[用法与用量]混饲。每 1 kg 体重,每日添加按有效成分计。

鱼类:鲈鱼目鱼类,类结节病 0.01～0.3 g,连用 5～7 天。

鲱鱼目鱼类,疮病 0.05～0.1 g,连用 5～7 天。

弧菌病 0.05～0.2 g,连用 3～5 天。

香鱼,弧菌病 0.05～0.2 g,连用 3～7 天。

鲤鱼目类,肠炎病 0.05～0.1 g,连用 5～7 天。

鳗鱼类,赤鳍病 0.05～0.2 g,连用 4～6 天;赤点病 0.01～0.05 g,连用 3～5 天;溃疡病 0.2 g,连用 5 天。

虾类:对虾,弧菌病 0.06～0.6 g,连用 5 天。

[注意]休药期香鱼 21 天,虹鳟鱼 21 天,鳗鱼 25 天,鲤鱼 21 天,其他鱼类 16 天;鳗鱼使用本品时,食用前 25 日间,鳗鱼饲育水日交换率平均应在 50%以上。

[商品名称]旺速乐

注:摘自《进口兽药质量标准》(1999 年版)。

磺胺氯吡嗪钠可溶性粉

Sulfaclozine Sodium Soluble Powder

[有效成分]磺胺氯吡嗪钠

[含量规格]每 1 000 g 中含磺胺氯吡嗪钠 300 g。

[适用动物]肉鸡、火鸡、兔

[作用与用途]用于鸡、兔球虫病(盲肠球虫)。

[用法与用量]混饲。每 1 000 kg 饲料添加肉鸡、火鸡 600 mg 连用 3 天,兔 600 mg 连用 15 天(以有效成分计)。

[注意]休药期火鸡 4 天,肉鸡 1 天,产蛋期禁用。

[商品名称]三字球虫粉

注:摘自《进口兽药质量标准》(1999 年版)。

中华人民共和国农业部公告

第220号

针对一些地方反映《饲料药物添加剂使用规范》(2001年农业部第168号公告,以下简称“168号公告”)执行过程中存在的问题,我部进行了认真的研究,现就有关事项公告如下:

一、根据需要,养殖场(户)可凭兽医处方将“168号公告”附录二的产品及今后我部批准的同类产品,预混后添加到特定的饲料中使用或委托具有生产和质量控制能力并经省级饲料管理部门认定的饲料厂代加工生产为含药饲料,但须遵守以下规定:

(一)动物养殖场(户)须与饲料厂签订代加工生产合同一式四份,合同须注明兽药名称、含量、加工数量、双方通讯地址和电话等,合同双方及省兽药和饲料管理部门须各执一份合同文本。

(二)饲料厂必须按照合同内容代加工生产含药饲料,并做好生产记录,接受饲料主管部门的监督管理;含药饲料外包装上必须标明兽药有效成分、含量、饲料厂名。

(三)动物养殖场(户)应建立用药记录制度,严格按照法定兽药质量标准使用所加工的含药饲料,并接受兽药管理部门的监督管理。

(四)代加工生产的含药饲料仅限动物养殖场(户)自用,任何单位或个人不得销售或倒买倒卖,违者按照《兽药管理条例》、《饲料和饲料添加剂管理条例》的有关规定进行处罚。

二、为从养殖生产环节控制动物性产品中兽药残留,各地要认真贯彻执行“168号公告”,切实加强饲料药物添加剂质量和使用的监督管理工作,加强对委托加工含药饲料生产、使用活动的监管工作,对监管工作中发现的违规行为要及时进行部门间的沟通,并依法严厉查处,同时请各地将工作中发现的问题和建议及时反馈我部。

中华人民共和国农业部

二〇〇二年九月二日

中华人民共和国农业部公告

第 176 号

禁止在饲料和动物饮用水中使用的药物品种目录

为加强饲料、兽药和人用药品管理，防止在饲料生产、经营、使用和动物饮用水中超范围、超剂量使用兽药和饲料添加剂，杜绝滥用违禁药品的行为，根据《饲料和饲料添加剂管理条例》、《兽药管理条例》、《药品管理法》的规定，农业部、卫生部、国家药品监督管理局联合发布公告，公布了《禁止在饲料和动物饮用水中使用的药物品种目录》，目录收载了 5 类 40 种禁止在饲料和动物饮用水中使用的药物品种。公告要求：

一、凡生产、经营和使用的营养性饲料添加剂和一般饲料添加剂，均应属于《允许使用的饲料添加剂品种目录》（农业部公告第 105 号）中规定的品种及经审批公布的新饲料添加剂，生产饲料添加剂的企业需办理生产许可证和产品批准文号，新饲料添加剂需办理新饲料添加剂证书，经营企业必须按照《饲料和饲料添加剂管理条例》第十六条的规定从事经营活动，不得经营和使用未经批准生产的饲料添加剂。

二、凡生产含有药物饲料添加剂的饲料产品，必须严格执行《饲料药物添加剂使用规范》（农业部公告第 168 号，简称《规范》）的规定，不得添加《规范》附录二中的饲料药物添加剂。凡生产含有《规范》附录一中的饲料药物添加剂的饲料产品，必须执行《饲料标签》标准的规定。

三、凡在饲养过程中使用药物饲料添加剂，需按照《规范》规定执行，不得超范围、超剂量使用药物饲料添加剂。使用药物饲料添加剂必须遵守休药期、配伍禁忌等有关规定。

四、人用药品的生产、销售必须遵守《药品管理法》及相关法规的规定。未办理兽药、饲料添加剂审批手续的人用药品，不得直接用于饲料生产和饲养过程。

五、生产、销售《禁止在饲料和动物饮用水中使用的药物品种目录》所列品种的医药企业或个人，违反《药品管理法》第四十八条规定，向饲料企业和养殖企业（或个人）销售的，由药品监督管理部门按照《药品管理法》第七十四条的规定给予处罚；生产、销售《禁止在饲料和动物饮用水中使用的药物品种目录》所列品种的兽药企业或个人，向饲料企业销售的，由兽药行政管理部门按照《兽药管理条例》第四十条的规定给予处罚；违反《饲料和饲料添加剂管理条例》第十一条、第十七条规定，生产、经营、使用《禁止在饲料和动物饮用水中使用的药物品种目录》所列品种的饲料和饲料添加剂生产企业或个人,由饲料管理部门按照《饲料和饲料添加剂管理条例》第二十六条、第二十七条的规定给予处罚。其他单位和个人生产、经营、使用《禁止在饲料和动物饮用水中使用的药物品种目录》所列品种,用于饲料生产和饲养过程中的,上述有关部门按照谁发现谁查处的原则,依据各自法律法规予以处罚;构成犯罪的,要移送司法机关,依法追究刑事责任。

六、各级饲料、兽药、食品和药品监督管理部门要密切配合,协同行动,加大对饲料生产、经营、使用和动物饮用水中非法使用违禁药物违法行为的打击力度。

禁止在饲料和动物饮用水中使用的药物品种目录(农业部公告第176号)

一、肾上腺素受体激动剂

1. 盐酸克仑特罗(Clenbuterol Hydrochloride):中华人民共和国药典(以下简称药典)2000年二部P605。β_2肾上腺素受体激动药。

2. 沙丁胺醇(Salbutamol):药典2000年二部P316。β_2肾上腺素受体激动药。

3. 硫酸沙丁胺醇(Salbutamol Sulfate):药典2000年二部P870。β_2肾上腺素受体激动药。

4. 莱克多巴胺(Ractopamine):一种β兴奋剂,美国食品和药物管理局(FDA)已批准,中国未批准。

5. 盐酸多巴胺(Dopamine Hydrochloride):药典2000年二部P591。多巴胺受体激动药。

6. 西马特罗(Cimaterol):美国氰胺公司开发的产品,一种β兴奋剂,FDA未批准。

7. 硫酸特布他林(Terbutaline Sulfate):药典2000年二部P890。β_2肾上腺受体激动药。

二、性激素

8. 己烯雌酚(Diethylstibestrol):药典2000年二部P42。雌激素类药。

9. 雌二醇(Estradiol):药典2000年二部P1005。雌激素类药。

10. 戊酸雌二醇(Estradiol Valerate):药典2000年二部P124。雌激素类药。

11. 苯甲酸雌二醇(Estradiol Benzoate):药典2000年二部P369。雌激素类药。中华人民共和国兽药典(以下简称兽药典)2000年版一部P109。雌激素类药。用于发情不明显动物的催情及胎衣滞留、死胎的排除。

12. 氯烯雌醚(Chlorotrianisene):药典2000年二部P919。

13. 炔诺醇(Ethinylestradiol):药典2000年二部P422。

14. 炔诺醚(Quinestrol):药典2000年二部P424。

15. 醋酸氯地孕酮(Chlormadinone acetate):药典 2000 年二部 P1037。

16. 左炔诺孕酮(Levonorgestrel):药典 2000 年二部 P107。

17. 炔诺酮(Norethisterone):药典 2000 年二部 P420。

18. 绒毛膜促性腺激素(绒促性素)(Chorionic Gonadotrophin):药典 2000 年二部 P534。促性腺激素药。兽药典 2000 年版一部 P146。激素类药。用于性功能障碍、习惯性流产及卵巢囊肿等。

19. 促卵泡生长激素(尿促性素主要含卵泡刺激 FSHT 和黄体生成素 LH)(Menotropins):药典 2000 年二部 P321。促性腺激素类药。

三、蛋白同化激素

20. 碘化酪蛋白(Iodinated Casein):蛋白同化激素类,为甲状腺素的前驱物质,具有类似甲状腺素的生理作用。

21. 苯丙酸诺龙及苯丙酸诺龙注射液 (Nandrolone phenylpropionate):药典 2000 年二部 P365。

四、精神药品

22. (盐酸)氯丙嗪(Chlorpromazine Hydrochloride):药典 2000 年二部 P676。抗精神病药。兽药典 2000 年版一部 P177。镇静药。用于强化麻醉以及使动物安静等。

23. 盐酸异丙嗪(Promethazine Hydrochloride):药典 2000 年二部 P602。抗组胺药。兽药典 2000 年版一部 P164。抗组胺药。用于变态反应性疾病,如荨麻疹、血清病等。

24. 安定(地西泮)(Diazepam):药典 2000 年二部 P214。抗焦虑药、抗惊厥药。兽药典 2000 年版一部 P61。镇静药、抗惊厥药。

25. 苯巴比妥(Phenobarbital):药典 2000 年二部 P362。镇静催眠药、抗惊厥药。兽药典 2000 年版一部 P103。巴比妥类药。缓解脑炎、破伤风、士的宁中毒所致的惊厥。

26. 苯巴比妥钠(Phenobarbital Sodium):兽药典 2000 年版一部 P105。巴比妥类药。缓解脑炎、破伤风、士的宁中毒所致的惊厥。

27. 巴比妥(Barbital):兽药典 2000 年版一部 P27。中枢抑制和增强解热镇痛。

28. 异戊巴比妥(Amobarbital):药典 2000 年二部 P252。催眠药、抗惊厥药。

29. 异戊巴比妥钠(Amobarbital Sodium):兽药典 2000 年版一部 P82。巴比妥类药。用于小动物的镇静、抗惊厥和麻醉。

30. 利血平(Reserpine):药典 2000 年二部 P304。抗高血压药。

31. 艾司唑仑(Estazolam)。

32. 甲丙氨脂(Meprobamate)。

33. 咪达唑仑(Midazolam)。

34. 硝西泮(Nitrazepam)。

35. 奥沙西泮(Oxazepam)。

36. 匹莫林(Pemoline)。

37. 三唑仑(Triazolam)。

38. 唑吡旦(Zolpidem)。

39. 其他国家管制的精神药品。

五、各种抗生素滤渣

40. 抗生素滤渣:该类物质是抗生素类产品生产过程中产生的工业三废,因含有微量抗生素成分,在饲料和饲养过程中使用后对动物有一定的促生长作用。但对养殖业的危害很大,一是容易引起耐药性;二是由于未做安全性试验,存在各种安全隐患。

图书在版编目(CIP)数据

无公害畜产品认证现场检查概要/沙玉圣,辛盛鹏主编. —北京:中国农业大学出版社,2009.3

ISBN 978-7-81117-673-5

Ⅰ. 无… Ⅱ. ①沙…②辛… Ⅲ. 无污染技术—农产品—质量管理—认证—中国 Ⅳ. F326.5

中国版本图书馆 CIP 数据核字(2009)第 022725 号

书　　名 无公害畜产品认证现场检查概要

作　　者 沙玉圣　辛盛鹏　主编

策划编辑 魏秀云　董夫才　　**责任编辑** 魏秀云

封面设计 郑　川　　**责任校对** 王晓凤　陈　莹

出版发行 中国农业大学出版社

社　　址 北京市海淀区圆明园西路 2 号　　**邮政编码** 100193

电　　话 发行部 010-62731190,2620　　读者服务部 010-62732336

编辑部 010-62732617,2618　　出　版　部 010-62733440

网　　址 http://www.cau.edu.cn/caup　　**e-mail** cbsszs@cau.edu.cn

经　　销 新华书店

印　　刷 涿州市星河印刷有限公司

版　　次 2009 年 3 月第 1 版　　2009 年 3 月第 1 次印刷

规　　格 787×980　16 开本　22.75 印张　416 千字

印　　数 1～2 000

定　　价 60.00 元